数据库基础

基于MySQL的实例教程

张明月　魏煊　主编

清华大学出版社

北　京

内 容 简 介

本书系统介绍了数据库的基本原理、MySQL 数据库管理系统的安装和应用实例、数据库设计以及与人工智能结合的前沿新技术。全书共分为 12 章，具体内容包括数据库系统的产生和发展、数据库系统的特点、数据库的三级模式结构与两级映像、关系代数、关系数据库结构化查询语言 SQL 的数据增删改查操作、关系的规范化理论、数据库设计的步骤、数据库的安全与保护等。

本书可作为高等院校计算机、信息管理与信息系统等专业"数据库基础"课程的教材，也可以供从事数据库工作的技术人员参考。

图书在版编目(CIP)数据

数据库基础：基于 MySQL 的实例教程/张明月，魏煊主编. —北京：清华大学出版社，2024.5
ISBN 978-7-302-66196-2

Ⅰ.①数…　Ⅱ.①张…②魏…　Ⅲ.①SQL 语言－数据库管理系统－高等学校－教材
Ⅳ.①TP311.132.3

中国国家版本馆 CIP 数据核字(2024)第 086698 号

责任编辑：刘向威　薛　阳
封面设计：文　静
责任校对：王勤勤
责任印制：刘　菲

出版发行：清华大学出版社
　　　　网　　址：https://www.tup.com.cn，https://www.wqxuetang.com
　　　　地　　址：北京清华大学学研大厦 A 座　　　　　邮　　编：100084
　　　　社 总 机：010-83470000　　　　　　　　　　邮　　购：010-62786544
　　　　投稿与读者服务：010-62776969，c-service@tup.tsinghua.edu.cn
　　　　质量反馈：010-62772015，zhiliang@tup.tsinghua.edu.cn
　　　　课件下载：https://www.tup.com.cn，010-83470236
印 装 者：三河市科茂嘉荣印务有限公司
经　　销：全国新华书店
开　　本：185mm×260mm　　　　印　　张：17　　　　字　　数：371 千字
版　　次：2024 年 7 月第 1 版　　　　　　　　　　印　　次：2024 年 7 月第 1 次印刷
印　　数：1～1500
定　　价：59.00 元

产品编号：104082-01

前　言

　　信息技术与经济社会的交汇融合引发了数据迅猛增长,数据已成为国家基础性战略资源,大数据正日益对全球生产、流通、分配、消费活动以及经济运行机制、社会生活方式和国家治理能力产生重要影响。习近平总书记发表讲话,做出"大数据是信息化发展的新阶段"这一重要论断,要求"审时度势精心谋划超前布局力争主动,实施国家大数据战略,加快建设数字中国"。党的二十大报告也明确指出数字技术与实体经济深度融合具有重大意义。作为教育者,有责任将党的精神融入课程,培养更多具备综合素质的学生,为国家的建设和发展提供有力支持。在这个背景下,我们编写了本书,旨在为学生提供坚实的数据库基础知识,同时唤起他们对信息化时代国家治理、创新和安全的思考。

　　在当今数字时代,数据库技术扮演着关键的角色,它是信息管理和存储的支柱,支持着从小型企业到大型全球组织的各种应用程序和系统。它可以组织、存储和检索数据,从而提高数据的可访问性、安全性和可维护性。MySQL是一个关系数据库管理系统,它是目前世界上流行的数据库产品之一,具有开源、免费、跨平台等特点,已被广泛应用。本书面向想要从事与计算机相关的工作,但是还没有数据库基础或基础比较薄弱的读者,书中对数据库技术进行了全面的阐述,并以 MySQL 数据库管理系统为例,介绍了数据查询的基本管理与操作。

　　本书共分为三部分,内容简要介绍如下。

　　第一部分是数据库的相关概念,包括第 1～3 章的内容,主要介绍数据库的核心概念、发展历史、特点、三级模式结构与两级映像,以及数据库管理系统(DBMS)的概念,其中详细介绍了目前使用最广泛的关系模型及其形式化关系查询语言(即关系代数),使读者对数据库技术有初步的认识。

　　第二部分是关系数据库的使用,包括第 4～8 章的内容,以 MySQL 数据库管理系统为例,详细介绍 SQL 的使用。内容包括 MySQL 的安装、配置和基本操作,如数据库的创建,数据的定义、增加、删除、修改、查询等 SQL 操作,以及视图操作。通过学习本章内容,读者可以搭建 MySQL 开发环境,并且根据数据查询需求写出正确的 SQL 语句。

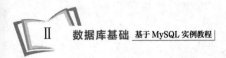

　　第三部分是数据库规范化理论与设计,包括第 9～12 章的内容,主要介绍关系的规范化理论、关系数据库设计的步骤、E-R 图设计、数据流图与数据字典等概念、数据库安全与保护(包括事务管理和并发控制)等内容,并在第 12 章对数据库前沿新技术进行介绍,如分布式数据库、图数据库、时空数据库,以及和人工智能的融合等。通过学习本章内容,读者可以完成数据库从无到有的设计。

　　本书承蒙国家自然科学基金(72272101,72201167)资助,特此感谢! 在本书编写过程中,上海外国语大学的研究生姜越、梁珮瑶、徐裕、余敏、张静参与了部分章节内容的初步整理,在此表达谢意。

　　由于编者水平有限,书中疏漏之处在所难免,欢迎读者朋友提出宝贵意见,我们将不胜感激。

编　者

2023 年 10 月 30 日

目 录

第二部分　关系数据库的使用

第 4 章　MySQL 数据库概述　/65

第 5 章　SQL 数据定义与操纵　/88

第一部分
数据库的相关概念

　　党的二十大精神明确指出,信息技术和数据应用是新时代国家治理的核心。数据库技术是信息时代的支柱,为政府决策、社会管理和经济发展提供智能支持。在现代社会,数据是国家治理的命脉、政府决策的基础、社会问题的解决方案,以及经济增长的驱动力。本书的第一部分将深入介绍数据库的相关概念,不仅是为了帮助读者掌握数据库技术,更是为了唤起读者对数据驱动治理智慧的思考。数据库的应用能提高政府效率、改善社会服务、推动国家发展,帮助决策者制定更具针对性的政策,实现国家治理的精确化。通过数据库知识的学习,我们不仅能掌握技术,更重要的是实现数据库技术与国家治理的有机结合,为国家建设与发展贡献智慧和力量。

第1章

数据库概述

学习目标：

- 掌握数据库的基本概念
- 了解数据库的发展历史
- 掌握数据库的核心特点
- 能够绘制 E-R 图
- 了解数据模型的分类和组成要素

1.1 核 心 概 念

数据处理和管理是计算机应用中非常重要的领域,包括但不限于数据存储、数据查询、数据更新、数据分析等,其中,数据库技术是计算机应用的最主要技术支持之一。一般来说,数据库用来处理信息在时间上的传输,而计算机网络技术用来处理信息在空间上的传输。因此,数据库技术和计算机网络技术构成目前绝大部分计算应用的技术核心。

对于一个国家来说,衡量这个国家信息化程度的重要标志包括:数据库的建设规模、数据库信息量的大小和数据库的使用频度。在社会生活中,数据库也涉及方方面面,如银行业中的存储客户信息、账户、贷款、交易记录,航空公司的预订和时间表信息,大学生的注册信息和成绩信息,销售系统中对于客户信息、产品信息和购买记录的存储,制造业中对于生产、库存、订单、供应链、电子政务、电子商务等各环节中数据的存储都要使用数据库。

本节将介绍数据库涉及的一些基本概念,包括数据和信息的区别、数据管理、数据库、数据库管理系统、数据库系统、数据模型、数据表和数据库操作语言,使得大家在后续学习对上述概念能够加以区分,并根据上下文正确地理解。其中,一些概念如数据模型、数据库操作语言等将在后面的相关章节中详细介绍。

(1) 数据与信息的区别。数据(data)是指无组织的原始事实、数字、符号或文字的集合。它可以是离散的、定量的或定性的,通常以原始形式存在。数据本身通常没有明确的含义,只是一个信息的符号表示,或者称载体。例如,一组数字序列"1,2,3,4,5"就是一组数据。

信息(information)是通过处理和解释数据而得出的有意义的结果。它是对数据进行加工和组织后的产物,可以帮助人们理解事物、做出决策或获得知识。信息是数据的内涵,是数据的语义解释,具有特定的上下文含义,可以传递给接收者并对其产生影响。使用上面的数字序列作为例子,如果将其表示为"1、2、3、4、5 是一个递增的数字序列",那么这就是一条包含了信息的陈述。

总而言之,数据是符号化的信息,而信息是语义化的数据。

(2) 数据管理。数据管理是管理信息系统(management information system,MIS)的中心问题,包括对数据的分类、组织、编码、存储、检索和维护,完成将数据转换成信息的过程。在这一过程中,数据在空间中的传递称为通信,在时间上的传递称为存储,如图 1-1 所示。

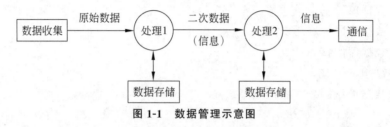

图 1-1 数据管理示意图

(3) 数据库。数据库是存放数据的"仓库",是长期存储在计算机内、有组织、有结构的大量可共享的数据集合。它可以被视为一个电子化的文件柜,用于存储和管理大量的相关数据。数据库提供了一种结构化的方式来组织数据,使得数据的存储、检索、更新和删除等操作更加高效可靠。一般来说,数据库具有以下特征。

① 长期存储的数据集合;

② 按一定的数据模型组织、描述和存储;

③ 具有较小的冗余度、较高的数据独立性和易扩展性;

④ 可以供各种用户共享。

(4) 数据库管理系统。数据库管理系统(database management system,DBMS)由一组用以访问、管理、更新这些数据的程序组成,是位于用户与操作系统之间的一个数据管理软件,用于管理数据库的创建、访问、维护和控制。它提供了一组功能和工具,使用户能够对数据库进行各种操作,同时确保数据的安全性、完整性和一致性。常见的有 MySQL、Oracle、SQL Server 和 PostgreSQL 等。

(5) 数据库系统。数据库系统是在计算机系统中引入数据库和数据库管理系统后的组成,包括硬件、软件、数据库、用户 4 部分。首先,对于硬件平台及数据库,应当要有足够大的内存,用以存放操作系统、DBMS 的核心模块、数据缓冲区和应用程序;还需要有足够大的磁盘等直接存取设备用来存放数据,足够的数据备份存储介质,以及较高的通道能力,以提高数据传输率。其次,软件通常包括 DBMS、支持 DBMS 运行的操作系统、具有与数据库接口的高级语言及其编译系统以便于开发应用程序、以 DBMS 为核心的应用开发工具,以及在特定应用环境开发的应用系统。最后,用户包括数据库管理员、数据库设计人员、应用程序员和普通用户。

(6) 数据模型。数据模型定义了数据在数据库中的组织方式和关系。常见的数据模型有层次模型、网络模型、关系模型和面向对象模型等。其中,关系模型是使用最广泛的模型,它使用表格(又称为关系)来表示数据和数据之间的关系。

(7) 数据表。数据表是关系数据库中的基本组成单元,它由行和列组成。每一行表示一个记录,每一列表示一个属性或字段。数据表用于存储实际的数据,并通过主键(primary key)来唯一标识每一条记录。例如表 1-1 就展示了一个学生分数表的设计,读者可以思考这张表是否是一个好的设计,为什么? 本书第 9 章关系规范化理论将详细分析如何设计一个好的数据表。

表 1-1 学生分数表的设计

Sid	Sname	Ssex	Sage	Specialty	Cid	Cname	Credit	Grade1	Grade2
2023001	赵颖	F	21	MIS	1	DB	4	90	
2023002	李欣怡	F	21	MIS	2	OS	5	86	
2023003	张楚	M	18	CS	1	DB	4	90	
⋮	⋮	⋮	⋮	⋮	⋮	⋮	⋮	⋮	

(8) 数据库语言。最常用的是结构化查询语言(structured query language,SQL),它最早是 IBM 公司为关系数据库管理系统开发的一种查询语言,用于对数据库的各种操作。具体又可以分为数据定义语言(data definition language,DDL)、数据操纵语言(data manipulation language,DML)、数据查询语言(data query language,DQL)、数据控制语言(data control language,DCL),以及事务处理语言(transaction process language,TPL)。本书第二部分数据库的使用中将详细介绍。

1.2 数据库发展历史

数据管理技术随着计算机技术的发展而不断进步,经历了人工管理阶段、文件系统阶段和数据库系统阶段。

1. 人工管理阶段

20 世纪 50 年代中期以前,由于当时的计算机硬件和软件的技术限制,对数据的管理停留在人工管理阶段。从硬件来看,外存只有卡片、纸带和磁带;从软件来看,只有汇编语言,用于将机器语言(即二进制)进行简单的编译,与机器自身的编程环境息息相关,难于推广和移植。因此,当时的计算机主要用于科学计算,一般不用于保存数据。数据通过卡片、纸带或磁带等外部设备来输入,数据的组织方式完全由编程人员自己设计与安排。所以,数据与处理数据的程序是绑定的,即某个应用程序只能处理特定的数据集,所以限制了数据处理的应用和效率,如图 1-2 所示。总体来看,人工管理阶段具有以下特点。

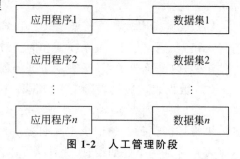

图 1-2 人工管理阶段

- 数据管理者是用户,也是程序员。
- 数据不进行保存。
- 数据面向应用程序,应用程序管理数据。
- 数据不共享。
- 数据不具有独立性。
- 数据不是结构化的。

2. 文件系统阶段

20 世纪 50 年代末到 60 年代中期,随着数据量的增大以及计算机技术、存储技术的快速发展,穿孔纸带这一纸质存储媒介很快就被磁盘、磁鼓等磁性存储设备所取代。在软件方面,操作系统中也出现了专门管理数据的软件,称为文件系统。操作系统提供了文件批处理、联机实时处理等管理方法,并且程序可以通过文件名来访问文件中的数据,不必再寻找数据的物理位置。相较人工管理的方式,文件系统使得管理数据变得更简单,使用者不需要再翻来覆去地查找文件的位置,但是文件内的数据仍然没有被组织起来,程序员需要在脑海中尝试构造出数据与数据的关系,再编写代码才能从文件中提取关键数据。除了数据结构和数据关系不完整的问题外,此时的数据只面向某个应用或者某个程序,数据的共享性也有着一定的问题。此外,文件系统虽然将数据与程序分离,但实际上应用程序依然要反映文件在存储设备上的组织方法、存取方法等物理细节,因而只要数据做了任何修改,程序仍然需要改动,所以数据的独立性仍然较差。总的来看,文件系统提供了数据与程序之间的存取方法,如图 1-3 所示,它具有以下特点。

- 数据可以长期保存在磁盘上。
- 文件系统提供了数据与程序之间的存取方法。
- 数据共享性差,数据冗余度大。
- 文件之间缺乏联系,相互孤立。
- 数据独立性差。
- 并发访问异常。

图 1-3 文件系统阶段

3. 数据库系统阶段

到 20 世纪 60 年代末,随着数据量的增长以及企业对数据共享的要求越来越高,人们开始提出数据库管理系统的概念,对数据模型展开了更深层次的思考,数据管理进入数据库系统阶段。

从文件系统阶段发展到数据库系统阶段是数据管理发展的一个重大变革,它将过去在文件系统中以程序设计为核心、数据服从程序设计的数据管理模式改变为以数据库设计为核心的数据管理模式,如图1-4所示。和文件系统相比,数据库技术有如下特点。

- 数据结构化。
- 数据共享性好,冗余度低。
- 数据独立性高。
- 使用专门的软件系统即数据库管理系统进行数据的管理。

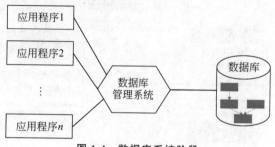

图1-4 数据库系统阶段

在数据库系统的发展过程中,根据数据模型的不同,又先后经历了几类数据库的演变过程。例如,20世纪60年代到70年代,出现了网状数据库和层次数据库,相较于文件系统,网状数据库和层次数据库实现了数据和程序的分离,但是缺乏理论基础,而且也不方便使用;20世纪70年代以来,关系数据库得到了迅速发展并成为至今仍然广为流行的数据库类型;随着数据量的增长和数据类型的多样化,逐渐出现了一些更为复杂的数据库系统,如面向对象数据库系统、对象关系数据库系统、面向应用数据库系统等。

1.3 数据库系统的特点

如前所述,数据库系统包括计算机硬件、软件、数据库、用户等相互独立又相互联系的若干部分,具有以下特点。

(1) 数据结构化。数据库系统实现了整体数据的结构化,这是数据库最主要的特征之一,也是数据库与文件系统的根本区别。这里所说的"整体"结构化,是指在数据库中的数据不再仅针对某个应用,而是面向全组织;不仅数据内部是结构化的,而且整体式结构化,数据之间有联系。因为数据是面向整体的,所以数据可以被多个用户、多个应用程序共享使用,可以大大减少数据冗余,节约存储空间,避免数据之间的不相容性与不一致性。例如,图1-5展示了一个数据库的结构,在描述数据时不仅要描述数据本身,还要描述数据之间的联系。

(2) 数据共享性好,冗余度低,易扩充。

- 数据共享性:数据库系统从整体角度看待和描述数据,数据不再面向某个应用而是面向整个系统。
- 数据冗余度:指同一数据重复存储时的重复程度。

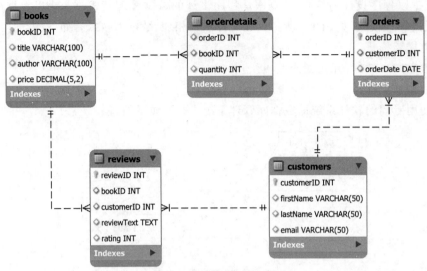

图 1-5　数据结构化示例

- 数据的一致性：指同一数据不同副本的值一样(采用人工管理或文件系统管理时,由于数据被重复存储,当不同的应用使用和修改不同的副本时就易造成数据的不一致)。

由于相同的数据在数据库中一般只存储一次,并且能够为不同的应用程序所共享,所以大大降低了数据的冗余度,提高了共享性,也降低了数据的不一致性。

(3) 数据独立性高。数据独立性又可分为物理数据独立性和逻辑数据独立性。其中,物理数据独立性是指修改物理结构而不需要改变逻辑结构的能力。数据在磁盘上的数据库中如何存储是由 DBMS 管理的,用户程序不需要了解,应用程序要处理的只是数据的逻辑结构,这样一来,当数据的物理存储结构改变时,用户的程序不用改变。这是使用 DBMS 最重要的好处。物理结构包括：①存储介质的选择,如磁盘、磁带、RAID、光盘；②存储文件的结构,如多设备存储、索引和存储分离；③文件组织,使用定长记录或变长记录；④文件中记录的组织,如顺序文件、聚集文件等。

逻辑数据独立性指数据逻辑结构的改变不影响应用程序,即用户的应用程序与数据库的逻辑结构是相互独立的。当数据的总体逻辑结构改变时,通过对映像的相应改变可以保持数据的局部逻辑结构不变,应用程序是依据数据的局部逻辑结构编写的,所以应用程序不必修改。逻辑结构包括以下几方面。

① 数字数据的表示：恰当的数制、范围、类型及精度。

② 数字数据的单位。

③ 字符数据的表示：如使用恰当的字符编码。

④ 数据具体化：一个逻辑字段可能没有对应的存储量(如总量),如何保证这种虚字段的具体化过程是一致的。

⑤ 存储记录结构：需要符合规范设计的要求等。需要注意的是,逻辑数据独立性一般

难以实现,因为应用程序严重依赖于数据的逻辑结构。

（4）数据由 DBMS 统一管理和控制。数据库系统通过 DBMS 集中地控制和管理数据,在数据库系统中设有数据库管理员,由数据库管理员对数据库进行管理和维护,能够较好地保证数据的安全性、完整性,实现并发控制和数据库恢复等功能。

数据的安全性(security)指保护数据,防止不合法使用数据造成数据的泄露和破坏,使每个用户只能按规定对某些数据以某些方式进行访问和处理。

数据的完整性(integrity)指数据的正确性、有效性和相容性,即将数据控制在有效的范围内,或要求数据之间满足一定的关系。

数据库的并发访问控制(concurrency)指当多个用户的并发进程同时存取、修改数据库时,可能会发生相互干扰而得到错误的结果并使得数据库的完整性遭到破坏,因此必须对多用户的并发操作加以控制和协调。

数据库的故障恢复(recovery)指计算机系统的硬件故障和软件故障,操作员的失误以及故意的破坏也会影响数据库中数据的正确性,甚至造成数据库部分或全部数据的丢失。DBMS 必须具有将数据库从错误状态恢复到某一已知的正确状态(又称为完整状态或一致状态)的功能。

1.4　数　据　模　型

1.4.1　数据模型概述

1. 数据模型的分类

数据模型(data model)是数据库系统的核心和基础,用来对现实世界进行模拟和抽象。这个抽象的过程并不是一蹴而就,事物的抽象存在多个层次,需要用不同的模型来进行描述。如图 1-6 所示,信息存在于三个领域中:现实世界、信息世界和机器世界(又叫计算机世界)。现实世界是存在于人们头脑之外的客观世界,事物及其相互联系就处于这个世界中。现实世界由各种各样的实体组成,每个实体具有相关特征和标识。信息世界是现实世界在人们头脑中的反映。客观事物在信息世界中被称为实体记录,反映事物联系的记为概念数据模型。机器世界是信息世界中信息的数据化。现实世界中的事物及其联系在这里用逻辑数据模型描述。信息所处的三个领域的关系如图 1-6 所示。

数据抽象的不同层次需要不同的数据模型来描述,因此,数据模型被划分为三个层次,第一个层次为概念模型(从现实世界抽象到信息世界);第二层次为逻辑模型(从信息世界抽象到机器世界,按照计算机系统的观点对数据进行建模,用于 DBMS 的实现);第三层次为物理模型(用于描述数据在机器世界的磁盘或系统中的表示方式和存取方法)。后续章节中具体介绍概念模型和逻辑模型的表示方法,对物理模型本书不做要求。

2. 数据模型的组成要素

数据模型是一个概念工具的集合,组成要素包括三部分:数据结构、数据操作和数据完

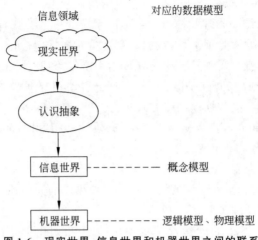

图 1-6 现实世界、信息世界和机器世界之间的联系

整性约束。

　　数据结构是对系统静态特性的描述。主要描述数据的类型、内容、性质以及数据间的联系等。数据结构是数据模型的基础,数据操作和约束都建立在数据结构上。不同的数据结构具有不同的操作和约束。

　　数据操作是对系统动态特性的描述。主要描述在相应的数据结构上的操作类型和操作方式。数据库中主要的操作有查找和更新(插入、删除、修改)两大类。数据模型要为这些操作定义确切的含义、操作规则和实现操作的语言。

　　数据完整性约束是一组完整性规则的集合。主要描述数据结构内数据间的语法、词义联系,它们之间的制约和依存关系以及数据动态变化的规则,以保证数据的正确、有效和相容。

1.4.2　概念数据模型

　　概念数据模型(conceptual data model)是从现实世界到信息世界的一个中间层次,是数据库设计的重要工具,主要用来描述世界的概念化结构。它是数据库设计人员在设计的初始阶段,摆脱计算机系统及 DBMS 的具体技术问题,集中精力分析数据以及数据之间的联系等的工具。其特点是具有丰富的语义表达能力和直接模拟现实世界的能力,易于被用户理解。但是概念数据模型必须转换成逻辑数据模型,才能在 DBMS 中实现。

　　在概念数据模型中最常用的是 E-R(entity-relationship)模型,即实体-联系模型。实体是现实世界中可区别于其他对象的一件"事情"或一个"物体",例如客户、账户、银行分支机构都是实体。数据库中实体由属性(attribute)集合来描述。例如,属性 ID、name、address 可以描述银行的客户信息,组成了实体"客户"的属性。联系是几个实体之间的关联,例如账户 A-101 是由客户 Johnson 拥有。同一类型的所有实体的集合称作实体集(entity set),同一类型的所有联系的集合称作联系集(relationship set)。

E-R 模型在数据库设计中使用广泛,用来表示 E-R 模型的图形化表达方式称为 E-R
图。通常,用矩形表示实体,椭圆形表示实体的属性,菱形表示联系。如图 1-7 所示,实体
customer 拥有属性 customer-id、customer-name、customer-city、customer-street,实体
account 拥有属性 account-number、account-balance,两个实体之间的联系表达为 customer
向 account 中 deposit。

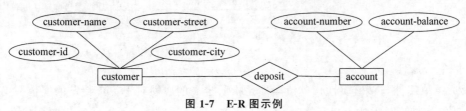

图 1-7　E-R 图示例

1. 实体集

如前所述,实体是客观存在的对象并且可区分于其他对象,例如特定的人、公司、事件,
如图 1-8 所示。实体用一个属性集合来表示,即实体集中所有成员都具有的描述性特征。
如图 1-9 所示,实体集 Instructor 具有属性 ID、name、dept_name、salary,'22222'是属性 ID 的
一个具体属性值,(76543，Singh，Finance，80000)是一个具体的实体。

图 1-8　实体示例

域(domain)是指属性取值的集合。根据属性的取值范围和计算方式可以从不同维度
对属性进行分类,具体包括以下几种。

(1) 简单属性与复合属性。简单属性是指不用划分为更小部分的属性。复合属性则是
可以再划分为一些其他属性的属性,例如 name 属性可被设计为一个包括 first_name、
middle_name、last_name 的复合属性,address 可被设计为一个包括 street、city、state、postal

属性名称 →	ID	name	dept_name	salary
	10101	Srinivasan	Comp. Sci.	65000
	12121	Wu	Finance	90000
	15151	Mozart	Music	40000
属性值 →	22222	Einstein	Physics	95000
一个实体 →	76543	Singh	Finance	80000
	83821	Brandt	Comp. Sci.	92000

图 1-9 实体集示例

_code 的复合属性。

(2) 单值属性与多值属性。单值属性是指所定义的属性对于一个特定的实体只有一个单独的值。例如,对于某个特定的"贷款"(loan)实体而言,loan_number 属性只对应一个贷款号码,则 loan_number 就是一个单值属性。多值属性是指在某些情况下对某个特定实体而言,一个属性可能对应一组值,例如实体"员工"的属性"兴趣"可能对应游泳、读书等多个值;又如对应 empolyee 实体集的属性 phone_number,每个员工可能有多个电话号码,则该属性就是一个多值属性。

(3) 派生属性。这类属性的值可以从别的相关属性或实体计算得来。例如 customer 实体集具有属性 age,表示客户的年龄,可以通过属性 date_of_birth 计算出来,则 date_of_birth 可以称为基础属性,age 是派生属性。派生属性的值不存储,但在需要时可以被计算出来。

2. 联系集

现实世界中事物内部以及事物之间的联系在信息世界中反映为实体内部的联系和实体之间的联系。例如 advisor 联系将一位学生和老师关联在一起,member 联系将一位老师和他(她)所在的系关联在一起。

联系集指相同类型联系的集合。联系集是 $n(n \geqslant 2)$ 个实体集上的数据关系,每个实体取自一个实体集。可以形式化表示为 $\{(e_1, e_2, \cdots, e_n) \mid e_1 \in E_1, e_2 \in E_2, \cdots, e_n \in E_n\}$,其中 $(e_1, e_2, \cdots, e_n)$ 是一个联系,E_i 为实体集。例如,在如图 1-10 所示的联系集中,(98988, 76766) $\in$ advisor,其中 98988 $\in$ student,76766 $\in$ instructor。

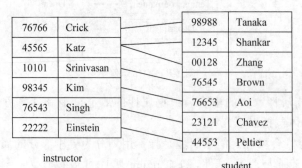

instructor   student

图 1-10 联系集示例 advisor(s_id, i_ID)

此外,联系集也可以具有属性。例如,实体集 instructor 和 student 之间的 advisor 联系集可以有属性 date,如图 1-11 所示。

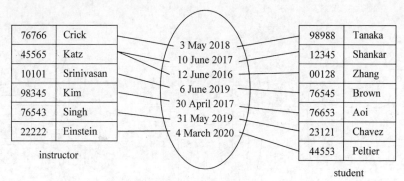

图 1-11　具有属性的联系集示例 advisor(s_ID,i_ID,date)

联系集的度是指参与联系的实体集的个数。联系集可以涉及两个及以上的实体集,其中,涉及两个实体集的联系集称为二元的(即二元联系),涉及多于两个实体集的联系集称为多元联系。例如,假设一个 student 在每个项目上最多只能有一位导师,如图 1-12 所示,这就是一个三元联系,包含三个实体集 instructor、student 和 project。一般地,多于两个实体集之间的联系较少见,数据库系统中的联系集大多是二元的。

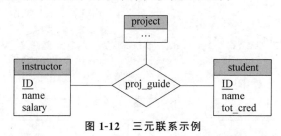

图 1-12　三元联系示例

(1) 二元联系。二元联系是指只有两个实体集参与的联系。二元联系的“映射基数”表达可与一个实体通过联系集进行关联的其他实体的个数。二元联系集的映射基数有以下几种情况(见图 1-13)。

① 一对一联系:如果对于实体集 A 中的每个实体,实体集 B 中至多有一个实体与之联系,反之亦然,则称实体集 A 与实体集 B 具有一对一联系,记为 1∶1。例如,就任总统(总统,国家)是 1∶1 联系。

② 一对多联系(或多对一):如果对于实体集 A 中的每个实体,实体集 B 中有 n 个实体($n \geqslant 0$)与之联系;反之,对于实体集 B 中的每个实体,实体集 A 中至多只有一个实体与之联系,则称实体集 A 与实体集 B 具有一对多联系,记为 1∶n。例如分班情况(班级,学生)是 1∶n 联系,就医(病人,医生)是 n∶1 联系。

③ 多对多联系:如果对于实体集 A 中的每个实体,实体集 B 中有 n 个实体($n \geqslant 0$)与

之联系;反之,对于实体集 B 中的每个实体,实体集 A 中也有 m 个实体($m \geqslant 0$)与之联系,则称实体集 A 与实体集 B 具有多对多联系,记为 $m：n$。例如选课(学生,课程)是 $m：n$ 联系。

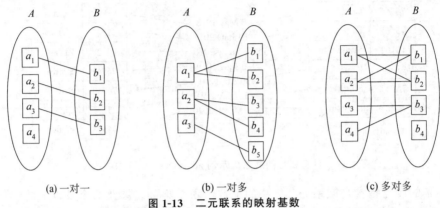

(a) 一对一　　　　　　　　(b) 一对多　　　　　　　　(c) 多对多

图 1-13　二元联系的映射基数

对于二元联系的不同类型的映射基数,E-R 图的基本表达方式如图 1-14 所示。

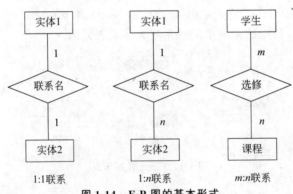

1:1联系　　　　　　　　1:n联系　　　　　　　　m:n联系

图 1-14　E-R 图的基本形式

(2) 多元联系。参与联系的实体集的个数 $n \geqslant 3$ 时,称为多元联系。与二元联系一样,多元联系也可区分为 1：1、1：n 和 $m：n$ 三种。例如,用来描述学生、教师和课程实体集之间的"教学"联系是三元联系,一个教师可以讲授多门课程,并且可以有多个学生学习该课程;一门课程不但可以有多个学生学习,还可以有多个教师来讲授;一个学生可以有多个教师为其讲授多门课程,如图 1-15 所示。若三元联系为多对多对多,通常使用不同的小写字母来表示,如 $m：n：p$。

(3) 自反联系。自反联系描述同一个实体集内的两部分实体之间的联系,是一种特殊的二元联系。类似地,两部分实体之间的联系也可以区分为 1：1、1：n 和 $m：n$ 三种。例如,在"职工"这一实体集中存在普通员工与管理员之间的 1：n 的联系,可以记作"领导",如图 1-16 所示。

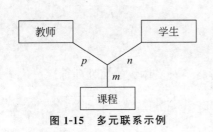

图 1-15 多元联系示例

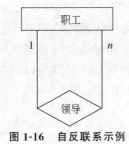

图 1-16 自反联系示例

3. 绘制 E-R 图

在绘制 E-R 图时,实体用矩形表示,矩形框内写明实体名。属性用椭圆形表示,并用无向边将其与相应的实体连接起来。联系用菱形表示,菱形框内写明联系名,并用无向边分别与有关实体连接起来,同时在无向边旁标上联系的类型($1:1$、$1:n$ 或 $m:n$)。如果一个联系具有属性,则这些属性也要用无向边与该联系连接起来。

在进行 E-R 图设计时,通常遵循以下原则。

(1) 尽量减小实体集,能作为属性时不要作为实体集。

(2) "属性"不能再具有需要描述的性质。"属性"必须是不可分割的数据项,不能包括其他属性。

(3) "属性"不能与其他实体具有联系。在 E-R 图中所有的联系必须是实体间的联系,不能有属性与实体之间的联系。

(4) 同一个实体在同一个 E-R 图中只出现一次。

设计 E-R 图的过程为:①首先通过对现实世界的分析、抽象,找出实体集及其属性;②找出实体集之间的联系;③找出实体集之间联系的属性;④绘制 E-R 图。针对具体的应用,一般使用先局部后全局的方法。下面以设计教学管理的 E-R 图为例来讲解具体过程。

(1) 找出教学管理中的相关实体集,有学生(S)、教师(T)、课程(C)、学院(D)。每个实体集的属性分别如下。

S:学号,学生姓名,出生日期,专业,班级。

T:工号,教师姓名,职称,所在系。

C:课程号,课程名称,学时,考核方式。

D:学院代号,学院名称。

(2) 找出实体集之间的联系。

S 与 C 之间是 $m:n$ 联系。

S 与 T 之间是 $m:n$ 联系。

D 与 S 之间是 $1:n$ 联系。

T 与 C 之间是 $m:n$ 联系。

D 与 T 之间是 $1:n$ 联系。

（3）找出实体集之间联系的属性。

S 与 C 之间联系的结果用成绩表示。

S 与 T 之间联系的结果用学号表示。

T 与 C 之间联系的结果以课程号表示。

（4）画出 E-R 图，如图 1-17 所示，这里省略了对实体集的属性的标注。

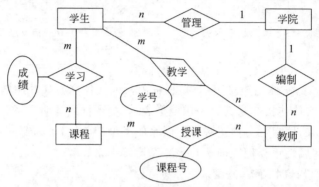

图 1-17　教学管理的 E-R 图

下面需要对 E-R 图进行必要的调整和优化，在图 1-17 中发现教师、学生、课程这三个实体集之间存在两两联系，可以进一步优化为三元联系，S、T、C 之间联系的结果用成绩表示，则优化后的 E-R 图如图 1-18 所示，这里省略了对联系的映射基数的标注。

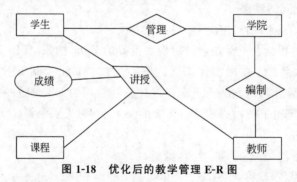

图 1-18　优化后的教学管理 E-R 图

1.4.3　逻辑数据模型

逻辑数据模型（logical data model）是从信息世界到机器世界的一个中间层次，是一种面向数据库系统的模型，主要用于 DBMS 的实现。逻辑数据模型反映的是系统分析设计人员对数据存储的观点，是对概念数据模型进一步的分解和细化。逻辑数据模型的目标是尽可能详细地描述数据，但并不考虑数据在物理上如何实现。逻辑数据建模不仅会影响数据库设计的方向，还间接影响最终数据库的性能和管理。如果在设计逻辑数据模型时投入足够多，那么在物理数据模型设计时就可以有许多可供选择的方法。

常用的逻辑数据模型有三种基本的数据模型,它们是层次模型、网状模型和关系模型。这三种模型是按其数据结构而命名的。前两种采用格式化的结构。在这类结构中实体用记录型表示,而记录型抽象为图的顶点,记录型之间的联系抽象为顶点间的连接弧。整个数据结构与图相对应。其中层次模型的基本结构是树状结构;网状模型的基本结构是一个不加任何限制条件的有向图。关系模型为非格式化的结构,用单一的二维表结构表示实体及实体之间的联系,关系模型是目前数据库中常用的数据模型。除此之外,还有面向对象数据模型、半结构化数据模型等。

1. 层次模型

20 世纪 60 年代末,IBM 的研究人员提出了层次数据库模型。它使用树状结构组织数据,需要满足两个条件,一是有且只有一个结点没有双亲结点,称为根结点;二是根结点以外的其他结点有且只有一个双亲结点。也就是说,父结点可以拥有多个子结点,但每个子结点只能有一个父结点,如图 1-19 所示。这种模型解决了一些文件系统的问题,但对于复杂的数据关系和查询操作仍存在局限性。层次模型的缺点是不能直接表示多对多关系、操作限制多、结构严密、层次命令程序化等。

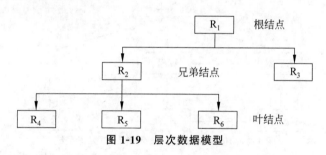

图 1-19　层次数据模型

以学校某个系的组织结构为例,层次模型如图 1-20 所示,"系"是根结点,属性为系编号和系名;"教研室"和"学生"分别是"系"的子结点,教研室的属性有教研室编号和教研室名,学生的属性分别是学号、姓名和成绩;"教师"是教研室这一实体的子结点,其属性有教师编号、教师姓名和研究方向。

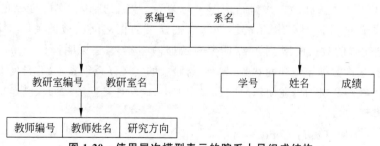

图 1-20　使用层次模型表示的院系人员组成结构

2. 网状模型

在层次数据库模型之后,网状数据库模型出现了。它允许一个以上的结点无双亲,并且一个结点可以有多于一个的双亲,通过指针连接实现数据之间的关联,从图形上来看,是用有向图表示实体和实体之间的联系。这种模型可以更好地表示复杂的数据关系,但应用程序的开发和数据管理较为复杂。

其实,网状数据模型可以看作是放松层次数据模型约束的一种扩展。网状数据模型中所有的结点允许脱离其父结点而存在,也就是说在整个模型中允许存在两个或多个没有根结点的结点,同时也允许一个结点存在一个或者多个父结点,成为一种网状的有向图。结点之间的对应关系不再是 $1:n$,而是一种 $m:n$ 的关系,从而克服了层次数据模型的缺点。

同样以教学管理系统为例,图 1-21 说明了院系的组成中教师、学生和课程之间的关系。从图中可以看出课程(实体)的父结点由专业、教研室、学生构成。以课程和学生之间的关系来说,它们是一种 $m:n$ 的关系,也就是说,一个学生能够选修多门课程,一门课程也可以被多个学生同时选修。

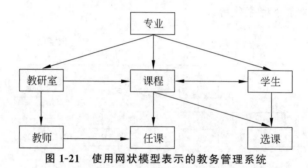

图 1-21　使用网状模型表示的教务管理系统

可以看出,网状数据模型有以下优点:可以很方便地表示现实世界中很多复杂的关系;修改网状数据模型时,没有层次数据模型的那么多严格限制,可以删除一个结点的父结点而依旧保留该结点;也允许插入一个没有任何父结点的结点,这在层次数据模型中是不被允许的,除非是首先插入的根结点。但网状数据模型仍存在很多缺点。例如,它的结构复杂,使用不易,随着应用环境的扩大,数据结构越来越复杂,数据的插入、删除涉及的相关数据太多,不利于数据库的维护和重建。此外,网状数据模型数据之间的彼此关联比较大,该模型其实是一种导航式的数据模型,不仅说明要对数据做些什么,还说明操作记录的路径。

总的来看,层次数据模型和网状数据模型与底层的实现联系很紧密,并且使数据建模复杂化。因此,除了在某些机构仍在使用的旧数据库之中,这两种数据模型如今已经很少使用了。

3. 关系模型

20 世纪 70 年代,Edgar Codd 提出了关系模型的概念,成为数据库领域的重要里程碑。关系模型使用二维表格(称为关系)来组织和表示数据,其中数据以行和列的形式存储。关系模型的优点包括具有坚实的理论基础、表达能力强、数据独立性高、灵活性好和容易理解。

关系数据模型对应的数据库称为关系型数据库,这是目前最流行也是使用最普遍的数据库,它使用结构化查询语言(SQL)进行数据操作和查询。

- 关系数据模型中,无论是实体,还是实体之间的联系都被映射成统一的关系——一张二维表,在关系模型中,操作的对象和结果都是一张二维表。
- 关系型数据库可用于表示实体之间多对多的关系,只是此时要借助第三个关系——表,来实现多对多的关系,如下面学生选课系统中学生和课程之间表现出一种多对多的关系,那么就需要借助第三个表,也就是选课表将二者联系起来。
- 关系必须是规范化的关系,即每个属性是不可分割的,不允许表中表的存在。

下面以学生选课系统为例进行说明。学生选课系统的实体包括学生、教师、课程。其联系一般为:学生与课程之间是多对多的关系,教师与课程之间也是多对多的关系。学生可以同时选择多门课程,一门课程也可以同时被多个学生选择;一名教师可以教授多门课程,一门课程可以由多名教师教授。它们之间的联系用 E-R 图表示,如图 1-22 所示。

将图 1-22 映射为关系数据模型中的表格,如图 1-23 所示,学生、教师和课程之间的多对多联系都被映射成了表格。其中选课表中的 stu_id 和 course_id 分别是引用学生表的 stu_id 和课程表的 course_id 的外键,教课表也是如此。

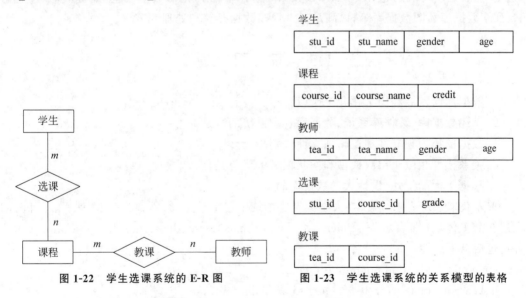

图 1-22 学生选课系统的 E-R 图　　图 1-23 学生选课系统的关系模型的表格

不难看出,关系模型具有以下优点。

(1) 结构简单。关系数据模型是一些表格的框架,实体的属性是表格中列的条目,实体之间的关系也是通过表格的公共属性表示的,结构简单明了。

(2) 关系数据模型中的存取路径对用户而言是完全隐蔽的,使程序和数据具有高度的独立性,其数据语言的非过程化程度较高。

(3) 操作方便。在关系数据模型中操作的基本对象是集合而不是某个元组。

（4）有坚实的数学理论作基础，包括逻辑计算、数学计算等。

但关系模型也存在着一些缺点，主要是查询效率低。关系数据模型提供了较高的数据独立性和非过程化的查询功能（查询的时候只需要指明数据存在的表和需要的数据所在的列，不用指明具体的查找路径），因此加大了系统的负担。此外，由于查询效率较低，因此需要数据库管理系统对查询进行优化，加大了DBMS的负担。

4. 其他逻辑数据模型

其他逻辑数据模型还包括面向对象数据模型和半结构化数据模型。

（1）面向对象数据模型。在关系数据模型之后，面向对象数据模型逐渐发展。面向对象数据模型将面向对象的思想引入数据库中，将数据表示为对象，可以表示复杂的数据结构和继承关系。面向对象数据模型对于某些应用领域，如面向对象的软件开发和嵌入式系统，具有一定的优势。

（2）半结构化数据模型。半结构化数据模型允许那些相同类型的数据项含有不同属性集的数据定义。这和其他数据模型形成了对比，其他数据模型中所有的某种特定类型的数据项必须有相同的属性集。此外，随着互联网和大数据的兴起，非关系数据库（NoSQL）成为另一种数据库发展的趋势。NoSQL数据库采用非结构化的数据模型，如键值对、文档存储、列族数据库和图数据库等，以满足对大规模数据存储和处理的需求。

1.5 练 习 题

1. 数据库的发展经历了哪几个阶段？
2. 简述数据库、数据库系统、数据库管理系统的区别。
3. 数据的物理独立性和逻辑独立性分别指什么？
4. 关系模型相较于层次模型和网状模型的优势是什么？
5. 根据下面的描述，设计大学数据库的E-R图。

首先获取系统需求，假设在大学数据库系统中包括学生、教师、教室、系、课程、上课时间段这6个实体，分别表示为 student、instructor、classroom、department、course、time_slot。各自包括以下属性：

student (student_id, name, tot_credit)；

instructor (instructor_id, name, salary, dept_id)；

classroom (class_id, building, room_number, capacity)；

department (dept_id, dept_name, building, budget)；

course (course_id, title, credits)；

time_slot (time_slot_id, day, start_time, end_time)。

请从现实场景出发，抽象出实体之间的联系，绘制E-R图，并标注好实体间联系的映射基数。

第 2 章

数据库系统结构

学习目标：

- 掌握数据的三级模式和两级映像
- 理解数据的物理独立性和逻辑独立性
- 了解常见的数据库管理系统

2.1 三级模式结构

2.1.1 数据抽象

数据库管理系统的一个主要作用就是隐藏关于数据存储和维护的某些细节，从而为用户提供数据在不同层次上的抽象视图，这就是数据抽象，即不同的使用者从不同的角度去观察数据库中的数据得到的结果。对用户来说，了解数据库中用来表示数据的复杂的数据结构没有太大的必要。在使用数据库系统时，不同的用法需要不同层次的抽象。数据库管理系统通过以下三个层次的抽象来向用户屏蔽复杂性，简化系统的用户界面。

物理层抽象：最低层次的抽象，描述数据实际上是如何存储的。物理层详细描述复杂的低层数据结构，是开发数据库管理系统的数据库供应商应该研究的事情。

逻辑层抽象：比物理层稍高层次的抽象，描述数据库中存储什么数据以及这些数据间存在什么关系。虽然简单的逻辑层结构的实现涉及复杂的物理层结构，但逻辑层的用户不必知道这种复杂性。逻辑层抽象是由数据库管理员和数据库应用开发人员使用的，他们必须确定数据库中应该保存哪些信息。例如，可使用以下方式来描述数据库中存储了 instructor 实体，该实体具有 ID、name、dept_name、salary 四个属性，并且描述了各个属性的数据类型。

```
type    instructor = record
        ID : char(8);
        name : char(30);
        dept_name : char(30);
        salary : numeric(8,2);
end;
```

　　视图层（概念层）抽象：最高层次的抽象，只描述整个数据库的某部分。尽管在逻辑层使用了比较简单的结构，但由于数据库的规模巨大，所以仍存在一定程度的复杂性。数据库系统的多数用户并不需要关注所有的信息，而只需要访问数据库的一部分。视图抽象层的定义正是为了使用户与系统的交互更简单。系统可以为同一数据库提供多个视图，而视图又保证了数据的安全性。

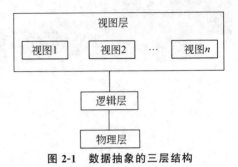

图 2-1　数据抽象的三层结构

　　因此，数据抽象的三层结构可以表示为图 2-1。

2.1.2　模式与实例

　　模式（schema）与实例（instance）的概念类似于编程语言中的类型（type）和变量（variable）的关系，即类型→模式，变量→实例。模式反映的是数据的结构及其关系，而实例反映的是数据库某一时刻的状态。

　　模式是指数据库的总体设计，又可以进一步细分为：①物理模式，指的是在物理层描述数据库的设计，又称"内模式"；②逻辑模式，指的是在逻辑层描述数据库的设计，又称"模式"；③视图层可以有几种模式，又称为外模式或子模式。

　　实例是指特定时刻存储在数据库中的信息的集合，类似于程序中变量的值，即模式的一个具体值称为该模式的一个实例。同一个模式可以有很多实例。模式是相对稳定的，而实例是相对变动的。例如，图 2-2 所示的表头是数据库的模式，具体的两条数据记录对应着该模式的实例。

学号	姓名	性别	年龄	系别	政治面貌

学号	姓名	性别	年龄	系别	政治面貌
20001	刘莉	女	19	计算机	团员
20002	王天明	男	19	信管	群众

图 2-2　模式 vs.实例

　　下面来看几个层次的模式的概念。

　　（1）物理模式（内模式）。内模式也称存储模式，它是数据物理结构和存储结构的描述，是数据在数据库内部的表示方式。例如，记录的存储方式是顺序存储、按照 B 树结构存储还是按哈希方法存储；索引按照什么方式组织；数据是否压缩存储，是否加密；数据的存储记录结构有何规定等。

　　（2）逻辑模式（模式）。模式是数据库中全体数据的逻辑结构和特征的描述，需要以某一种数据模型为基础（例如关系数据模型）。定义模式时不仅要定义数据的逻辑结构，例如数据记录由哪些数据项构成，数据项的名字、类型、取值范围等，而且要定义与数据有关的安全性、完整性要求,定义这些数据之间的联系。

(3) 视图模式(外模式/子模式)。外模式是数据库用户(包括应用程序员和终端用户)能够看见和使用的局部数据的逻辑结构和特征描述,是与某一应用有关的数据的逻辑表示,可以用来保证数据库的安全性,例如员工的工资信息不允许在普通管理员的视图中查看。从逻辑关系上看,视图模式是模式的一部分,从模式用某种规则可以导出外模式。不过,外模式也可以做出不同于模式的改变,例如在外模式中略去模式的某些记录类型、数据项等,改变模式中对于数据的完整性约束条件等。外模式与模式之间的对应关系被称为外模式/模式映像。

2.1.3 数据库的两级映像与数据独立性

数据库系统的三级模式是对数据的三个抽象级别,它把数据的具体组织留给数据库管理系统去做,使用户能逻辑地、抽象地处理数据,而不必关心数据在计算机中的具体表示方式和存储方式。为了实现这三个抽象级别的联系和转换,数据库管理系统在这三级模式之间提供了两级映像,即外模式/模式映像和模式/内模式映像。正是这两级映像保证了数据库系统中的数据能够具有较高的物理独立性和逻辑独立性。数据库的三级模式和两级映像如图 2-3 所示。

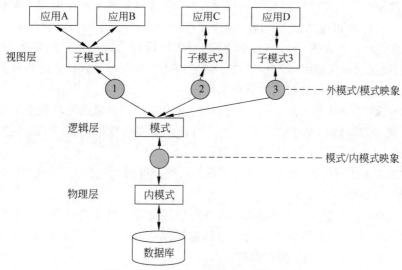

图 2-3 数据库的三级模式和两级映像

1. 外模式/模式映像

模式描述的是数据的全局逻辑结构,外模式描述的是数据的局部逻辑结构。对应同一个模式可以有任意多个外模式。对每一个外模式,都有一个外模式/模式映像。图 2-3 中存在三个外模式(或子模式),则相应地有三个外模式/模式映像。该映像用来定义外模式与模式之间的对应关系,例如这两级的数据结构及数据量纲可能不一致,外模式中的某些数据项可能是由模式的若干数据计算之后导出的,在数据库中并不真实存在等。因此,在该映像中需要说明外模式中的记录类型和数据项如何对应模式中的记录和数据项以及导出规则等。该映像的定义通常包含在各外模式的描述中。

该映像的存在,可以保证数据的逻辑独立性。也就是说,当模式发生改变时,例如增加新的关系、新的属性或改变属性的数据类型等,只要由数据库管理员对各个外模式/模式的映像作相应改变,就可以使外模式尽量保持不变。由于应用程序是根据数据的外模式编写的,从而在应用程序不用修改的条件下,保证了数据与程序之间的逻辑独立性。

2. 模式/内模式映像

数据库只有一个模式,也只有一个内模式,所以模式/内模式映像是唯一的,它定义了数据库全局逻辑结构与存储结构之间的关系。这表现在两方面:一方面是数据结构的变换,另一方面是逻辑数据在物理设备上是如何存储和表示的。该映像定义通常包含在模式的描述中。当数据库的存储结构发生改变时(如存储设备、存储位置、文件组织方法等),由数据库管理员对模式/内模式映像做出相应改变,可以使模式保持不变,从而使应用程序也不必改变,这保证了数据与程序之间的物理独立性。

基于数据库的三级模式和两级映像结构,数据的设计一般分为 8 个步骤。

(1) 需求分析。了解用户的需求和系统要求,明确数据库所需存储的数据类型、数量、关系等信息。与用户和利益相关者进行沟通和讨论,明确数据库的功能和约束条件。

(2) 概念设计。在需求分析的基础上,进行概念设计。这包括创建实体-联系图(E-R图)或类似的高层次概念模型,以表示数据库中的实体、属性和关系。概念设计强调数据库的逻辑结构,而不考虑具体的数据库管理系统。

(3) 逻辑设计。在概念设计的基础上,进行逻辑设计。逻辑设计将概念模型转换为数据库管理系统可以理解和操作的结构。这包括选择适当的数据模型(如关系模型、层次模型、网络模型等),定义表、字段、键和关系等。

(4) 结构优化。例如,对逻辑设计中使用关系模型得到的关系进行标准化,以检查冗余和相关的异常关系结构。

(5) 物理设计。在逻辑设计的基础上,进行物理设计。物理设计将逻辑结构转换为实际的数据库对象,如表、索引、视图等。这包括选择存储引擎、优化查询性能、确定数据类型和大小、定义索引、分区和安全性控制等。

(6) 创建并初始化数据库。在物理设计完成后,开始数据库的实施。这包括创建数据库、表和其他数据库对象,导入现有数据,实施安全性控制和权限管理,以及配置数据库服务器和网络环境。

(7) 数据库测试。对数据库进行全面的测试,包括验证数据库的完整性、一致性和性能。测试可能包括单元测试、集成测试、性能测试和安全性测试等。

(8) 数据库部署和维护。完成测试后,将数据库部署到生产环境中,并进行常规的维护和监控。这包括备份和恢复、性能优化、安全更新、故障排除和升级等。

在以上过程中,核心步骤是从现实世界逐步抽象出概念模型,再转换为逻辑模型和物理模型,实现将现实世界的业务和需求转换到机器世界能表示的数据和存储结构,如图 2-4 所示。需要注意的是,数据库设计是一个迭代的过程,可能需要多次调整和修改设计方案。此外,随着时间的推移,数据库的需求和性能要求可能会发生变化。因此设计的数据库应该具备灵活性和可扩展性,以适应未来的需求变化。将在后续章节中具体介绍数据库的设计步骤。

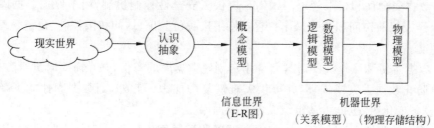

图 2-4　数据库的设计步骤

2.2　数据库管理系统

数据库管理系统(database management system,DBMS)是数据库系统的核心,用于建立和管理数据库,接收和完成用户访问数据库的各种请求,是一种操纵和管理数据库的大型软件。它提供了一系列功能和工具,使用户能够有效地处理和管理大量的数据。

2.2.1　DBMS 的功能

数据库管理系统提供了许多功能来支持数据库的创建、访问、维护和保护,其主要职责就是有效地实现数据库三级模式之间的转换,提供一个可靠、高效和安全的数据管理环境。具体地,DBMS 的常见功能如下。

(1) 数据定义。DBMS 提供数据定义语言(data definition language,DDL)用于创建、修改和删除数据库对象(如表、视图、索引、存储过程等)的语言。DDL 语句用于定义数据库的结构和约束。

(2) 数据操纵。DBMS 提供数据操纵语言(data manipulation language,DML)用于对数据库中的数据进行操纵,包括插入、更新和删除数据库中的数据。

(3) 数据查询。数据查询语言(data query language,DQL)是用于从数据库中检索数据的语言。最常见的 DQL 是结构化查询语言(structured query language,SQL),它允许用户执行复杂的查询操作。用户只需要根据外模式给出操作要求,其处理过程的确定和优化则由 DBMS 完成。查询处理和优化机制的好坏直接反映了 DBMS 的性能。

（4）数据库性能优化。DBMS 提供了一系列性能优化技术，以提高数据库的查询和事务处理速度。这包括索引、查询优化器、分区和缓存管理等功能。

（5）数据完整性。DBMS 提供了一些机制来确保数据库中的数据完整性。这包括定义主键、外键和唯一约束，以及触发器和检查约束等。

（6）并发控制。DBMS 有管理并发访问数据库的能力，以确保多个用户或应用程序可以同时访问数据库，而不会引发数据冲突或一致性问题。它使用锁定机制和事务隔离级别来实现并发控制。

（7）数据安全性和权限管理。DBMS 提供了安全性控制机制，用于保护数据库中的数据免受未经授权的访问和恶意操作。它支持用户身份验证、访问权限控制、角色管理和数据加密等功能。

（8）数据备份和恢复。DBMS 允许用户创建数据库的备份，并在需要时进行数据恢复。这样可以防止数据丢失或损坏，并提供灾难恢复的能力。此外，当数据库性能下降或系统软/硬件设备变化时，也能重新组织或更新数据库。

（9）数据库监控和日志记录。DBMS 可以监控数据库的性能和健康状况，并记录关键事件和操作的日志。这有助于故障排除、性能调优和安全审计等。

（10）数据库连接和远程访问。数据库一旦设计完成，即可供多类用户使用，包括常规用户、应用程序的开发者、数据库管理员等。为适应不同用户的需求，DBMS 提供了合适的协议和接口，以支持客户端应用程序与数据库之间的连接和通信，以便用户可以从远程位置访问数据库。

以上核心功能可能会根据不同的 DBMS 和其版本而有所差异，但总体上，DBMS 应该具备灵活性和可扩展性，以适应不断变化的需求和增长的数据量。它应该能够支持更改数据库结构、添加新的数据对象和调整性能参数等操作，而不会对现有的应用程序和数据造成影响。此外，DBMS 还应该能够在不同的操作系统和硬件平台上运行，并具备与其他系统和工具的交互操作能力。它应该支持标准的数据交换格式和协议，以便与其他应用程序和数据库进行数据交互。

2.2.2　数据库管理员

DBMS 中的重要用户角色是数据库管理员（database administrator，DBA），他们负责全面管理和控制数据库系统，确保数据库系统的正常运行、安全性和性能优化。主要职责如下：

（1）决定数据库中的信息内容和结构。数据库管理员负责根据系统需求和业务规则设计和创建数据库。他们会定义数据库的结构、表、字段和约束等，并确保数据库的逻辑和物理设计符合最佳实践。

（2）数据库安装和配置。数据库管理员负责安装和配置 DBMS。他们会选择适当的 DBMS 版本，并根据系统要求进行设置和优化。他们还会处理数据库服务器的硬件和软件配置,以确保数据库环境的稳定性和可靠性。

(3)监控数据库使用和负责性能优化。数据库管理员负责监控数据库的性能,并采取必要的措施进行性能优化。他们会分析查询执行计划、优化索引、调整缓存设置和查询优化器等,以提高数据库的查询和事务处理效率。数据库管理员负责数据库系统的升级和维护工作。他们会跟踪最新的DBMS版本和补丁,并评估其对现有环境的影响。他们会制订升级计划、执行升级过程,并确保升级后的数据库系统的稳定性和兼容性。

(4)故障排除和支持。数据库管理员负责解决数据库系统的故障和问题。他们会监控数据库的运行状况,识别和排除潜在的故障原因,并进行故障恢复。他们还会提供对用户和应用程序的数据库支持,并解决用户在使用数据库时遇到的问题。

(5)数据库的安全管理。数据库管理员负责制订和执行数据库备份和恢复策略。他们会定期备份数据库,并测试备份的可恢复性。在数据损坏、灾难恢复或意外事件发生时,他们会负责恢复数据库到最新的可用状态。此外,数据库管理员负责确保数据库的安全性。他们会设置和管理用户的访问权限,实施身份验证和授权机制,以防止未经授权的访问和数据泄露。他们还会监控数据库的安全事件,如入侵尝试和异常活动,并采取相应的措施进行响应和应对。

除了以上职责,数据库管理员还可能涉及数据库容量规划、数据迁移、数据库性能监控、安全审计、备灾恢复计划等任务。

2.2.3　DBMS 的程序组成

如上节所述,数据库管理系统提供数据存储、查询处理、事务管理、安全性和完整性等功能,通常包含以下主要程序。

(1)查询处理器(query processor)。查询处理器是 DBMS 中的核心组件之一,负责解析和执行用户提交的查询请求。它包括查询解析器、查询优化器和查询执行器。查询解析器将用户提交的查询语句解析为内部数据结构,查询优化器优化查询执行计划,查询执行器执行最优的查询计划并返回结果。

(2)数据库引擎(database engine)。数据库引擎是 DBMS 的主要执行引擎,负责管理和操作数据库中的数据。它包括存储管理器、缓存管理器、事务管理器和并发控制器等组件。存储管理器负责将数据存储在磁盘或其他存储介质上,并管理数据的访问和检索。缓存管理器负责管理数据库缓存,以提高数据访问的性能。事务管理器负责处理事务的提交和回滚操作,以确保数据的一致性和完整性。并发控制器负责管理并发访问数据库的能力,以避免数据冲突和一致性问题。

(3)数据库管理工具(database administration tools)。这些工具用于管理和维护数据库系统。它们包括备份和恢复工具、性能监控工具、安全管理工具和数据字典等。备份和恢复工具用于创建数据库备份并进行数据恢复操作。性能监控工具用于监控数据库的性能指标,如查询响应时间、资源利用率等。安全管理工具用于设置和管理数据库的访问权限和安全策略。数据字典存储数据库的结构和元数据信息,供 DBMS 和管理员使用。

(4) 用户界面(user interface)。用户界面是用户与 DBMS 进行交互的接口。它可以是命令行界面(如命令行终端),也可以是图形用户界面(如图形界面应用程序)。用户界面允许用户提交查询、执行操作、管理数据和配置数据库等。

数据库管理系统还可能包括其他组件,如报告生成工具、数据集成工具、数据清洗工具和数据分析工具等,以提供更丰富的功能和服务。

2.2.4　常见的数据库管理系统

关系型数据库是最常见和广泛使用的数据库类型,使用结构化查询语言(SQL)进行数据管理和查询。以关系型数据库为基础的 DBMS 称为关系型数据库管理系统(RDMBS)。市场上有许多关系数据库管理系统的产品,其中主流产品包括以下几种。

(1) 甲骨文(Oracle)。Oracle 是全球最大的信息管理软件及服务供应商,它所开发的Oracle 数据库管理系统是较早商业化的关系型数据库管理系统之一,目前是业界较为流行和广泛使用的商业数据库之一。它的系统可移植性好、使用方便、功能强,被广泛应用于企业级的应用程序和数据管理。

作为一个通用的数据库系统,它具有完整的数据管理功能;作为一个关系数据库,它是一个完备关系的产品;作为分布式数据库,它实现了分布式处理功能。2023 年 5 月,甲骨文在北京举行中国媒体沟通会,对当时推出的 Oracle Database 23c 开发者版本进行了介绍。

(2) SAP(Sybase)。SAP Sybase 是由德国 SAP 公司收购的 Sybase 公司所开发的一系列软件产品。Sybase 公司成立于 1984 年,最初以其关系型数据库管理系统和事务处理系统而闻名。随着时间的推移,Sybase 逐渐扩展其产品线,包括数据管理、移动应用开发、企业应用集成和分析等领域。SAP Sybase 软件产品的综合功能和可扩展性使其成为企业级应用程序开发、数据管理和分析的重要工具。它们被广泛应用于各个行业和领域,包括金融服务、制造业、零售、电信和能源等。其主要软件产品包括:

① Sybase ASE 是一款高性能的关系型数据库管理系统,广泛用于企业级应用程序和大规模数据处理。它具备强大的事务处理能力、高度并发性和可伸缩性,并提供高级数据管理功能,如分区、复制、数据压缩和高可用性选项等。

② Sybase IQ 是一款专为大规模数据分析和商业智能应用而设计的列式数据库管理系统(Columnar DBMS)。它具备快速查询和高度压缩的特点,适用于处理大量的复杂分析查询,例如数据挖掘、报告生成和决策支持等。

③ Sybase Replication Server 是一款用于实时数据复制和数据同步的软件。它支持异构数据库之间的实时数据复制,使得数据能够在不同的数据库之间保持同步。

④ Sybase SQL Anywhere 是一款嵌入式数据库管理系统(embedded DBMS),旨在支持移动设备和边缘计算环境中的应用程序。它具备轻量级和高度可靠的特点,适用于移动

应用开发和离线数据同步。

（3）IBM(DB2)。IBM 是世界上最大的 DBMS 供应商之一，DB2 是其所开发和维护的一系列数据库管理系统产品，被广泛应用于企业级应用程序和大规模数据处理。DB2 具有较好的可伸缩性，可支持从大型机到单用户环境，应用于所有常见的服务器操作系统平台下（包括 UNIX、Linux、z/OS，以及 Windows 服务器版本等）。DB2 提供了高层次的数据利用性、完整性、安全性、可恢复性，以及小规模到大规模应用程序的执行能力，具有与平台无关的基本功能和 SQL 命令。DB2 采用了数据分级技术，能够使大型机数据很方便地下载到 LAN 数据库服务器，使得客户机/服务器用户和基于 LAN 的应用程序可以访问大型机数据，并使数据库本地化及远程连接透明化。

（4）微软的 SQL Server 以及 Access。微软公司提供了多个数据库管理系统产品，其中 Microsoft SQL Server 是微软公司最流行的关系型数据库管理系统，广泛应用于企业级应用程序和数据管理。它提供了丰富的功能，包括高性能的数据处理、强大的查询和分析能力、可伸缩性和高可用性选项。SQL Server 支持存储过程、触发器、索引和复制等功能。Microsoft Access 是一种桌面级的关系型数据库管理系统，常用于小型和中型企业以及个人用户。它提供了简单易用的界面和工具，支持数据输入、查询、报告生成和基本的应用程序开发。微软公司还提供了其他数据库服务，例如 Azure SQL Database 是微软在云平台 Azure 上提供的云数据库服务，Azure Cosmos DB 是微软提供的多模型分布式数据库服务，支持多种数据模型，包括关系型、文档型、图形型、列式和键值型。

（5）MySQL。MySQL 是网站上小型系统最流行的开源的关系型数据库管理系统，以其简单易用、高性能和稳定可靠而闻名。与其他大型数据库管理系统例如 Oracle、DB2、SQL Server 等相比，MySQL 规模小，功能有限，但是它体积小、速度快、成本低，且它提供的功能对稍微复杂的应用已经够用，这些特性使得 MySQL 成为世界上最受欢迎的开放源代码数据库。

针对不同的用户，MySQL 分为两个不同的版本：

① MySQL 社区版。该版本完全免费，但是官方不提供技术支持，用户可以自由下载使用。对绝大多数应用而言，MySQL 社区版都能满足。

② MySQL 企业版服务器。该版本为企业提供数据库应用，支持 ACID 事务处理，提供完整的提交、回滚、崩溃恢复和行级锁定功能，需要付费使用，官方提供技术支持。

MySQL 可以在 UNIX、Linux、Windows 等平台上运行，并且不管是服务器还是桌面版本的 PC，都可以安装 MySQL，其在各个平台都很可靠且运行速度快。对于个人开发网站或 Web 应用程序来说，MySQL 是一个不错的选择。MySQL 是 LAMP 堆栈的重要组件。LAMP 网站架构是目前国际流行的 Web 框架，其中包括 Linux、Apache、MySQL 和 PHP。

除了上述常见的 DBMS，还有许多其他类型的数据库管理系统，如非关系型数据库（NoSQL）用于处理大规模、高性能、分布式的非结构化数据；时序数据库（Time-Series Database）、图数据库（Graph Database）、列式数据库（Columnar Database）等针对不同的应用场景和数据模型提供了专门的解决方案。选择适合特定需求的 DBMS 需要考虑数据规模、性能要求、数据模型和功能需求等因素。

2.3　数据库体系结构

数据库系统的体系结构受数据库系统运行所在的底层计算机系统的影响很大,尤其是受计算机体系结构中的联网、并行和分布的影响。例如,计算机的联网使得某些任务在服务器系统上执行,另一些任务在客户系统上执行,这种工作任务的划分使得客户端/服务器模式的数据库系统产生;计算机系统的并行处理能够加速数据库系统的活动,使其对事务做出更快速的响应,并能处理更多的事务,对并行查询处理的需求促使了"并行数据库系统"的产生;在不同的物理地点保存数据库的多个副本能够保证数据库的安全性,因此,用来处理物理上分布在多个数据库系统的管理结构称为"分布式数据库系统"。

1. 集中式结构

集中式数据库系统结构诞生于 20 世纪 60 年代中期,当时的硬件和操作系统决定了集中式数据库系统构成早期数据库技术的首选结构,是一种传统的数据库体系结构。数据和数据管理都是集中地运行在单台计算机系统上,不与其他计算机系统发生交互。集中式结构的优点是数据集中存储和管理,易于维护和备份,并且由于所有操作都在中央服务器执行,数据一致性和完整性较好。此外,也可以更好地控制数据访问权限和安全性。然而,集中式结构也存在一些缺点,例如,单点故障风险高,如果中央服务器发生故障,整个数据库系统将不可用;高并发访问可能导致性能瓶颈;扩展性受限,难以支持大规模和分布式应用。

2. 客户端/服务器模式的数据库系统

随着网络技术的高速发展,现在的软件大多数采用客户端/服务器体系结构。客户端/服务器(client/server)结构简称 C/S 架构,通常在该网络架构下软件分为客户端和服务器。其中,客户端负责提供用户界面和应用程序,即前端服务,例如提供图形用户界面、表格生成和报表处理等工具;服务器负责存储和管理数据库,即后端服务,例如负责存取结构、查询计算机和优化、并发控制以及故障恢复等。

具体地,客户端是与用户交互的界面,通常是一个应用程序或用户界面。客户端负责接收用户的请求,并将其发送给服务器进行处理。客户端可以运行在不同的设备上,例如桌面计算机、移动设备或 Web 浏览器。服务器是存储和管理数据库的中央组件。它接收来自客户端的请求,并执行数据库操作,如查询、插入、更新和删除。服务器负责处理请求并返回结果给客户端。服务器通常运行在强大的硬件上,并提供高性能和高可靠性。

客户端和服务器之间通过网络进行通信。客户端发送请求给服务器,并接收服务器返回的结果。ODBC(开放式数据库互联)和 JDBC(Java 程序数据库连接)标准定义了应用程序和数据库服务通信方式并定义了应用程序接口,应用程序用它来打开与数据库的连接、发送查询、更新等命令。

客户端/服务器模式的数据库系统具有以下优点。

（1）分布式处理。将数据库管理任务分布在客户端和服务器之间，充分利用各自的计算能力和资源，提高处理效率和性能。

（2）可伸缩性。通过增加服务器的数量或升级硬件，可以扩展数据库系统以适应更大的数据量和更高的并发访问。

（3）数据安全性。服务器负责存储和管理数据，可以实施安全措施，如访问控制和数据加密，以保护数据的安全和机密。

（4）灵活性。客户端可以根据不同的需求和应用程序进行定制和扩展，提供更好的用户体验和功能。

3. 并行数据库系统

并行数据库系统旨在通过利用并行处理的能力来提高数据库的性能和吞吐量。与传统的集中式数据库系统不同，并行数据库系统将数据和计算任务分布到多个处理单元（如多个处理器、多台计算机或计算集群）上并行执行，以加快数据处理和查询响应时间。

并行数据库系统的主要特点如下。

（1）使用多个处理器。并行数据库系统利用多个处理器或计算节点进行并行处理。这些处理器可以是单个计算机的多个核心，也可以是多台计算机组成的集群。并行处理器可以同时执行多个数据库操作，提高数据库的处理能力和响应时间。

（2）数据分区。并行数据库系统将数据分割成多个部分，并将每个部分存储在不同的处理器上。这样，每个处理器只需处理自己负责的数据分区，从而提高并行处理的效率。数据分区可以基于范围、哈希或其他规则进行。

（3）并行查询处理。并行数据库系统能够同时执行多个查询操作。查询可以在不同的处理器上并行执行，并通过共享数据或交互通信进行数据合并和结果返回。并行查询处理可以显著提高查询性能和吞吐量。

（4）数据共享和通信。并行数据库系统需要支持处理器之间的数据共享和通信。这可以通过共享内存、消息传递或远程过程调用等方式实现。数据共享和通信机制使不同的处理器能够协调合作，共享数据并协调并行操作。

（5）并行事务管理。并行数据库系统需要支持并行事务的管理。并行事务可能涉及多个处理器对不同的数据分区进行并行操作，因此需要采取适当的并发控制和事务管理策略，以确保事务的一致性和隔离性。

并行数据库系统具有高性能和吞吐量大、可伸缩性强、高可用性等优点。然而，并行数据库系统也面临一些挑战，如数据分区和负载平衡的设计、并发控制和数据一致性的处理等。

4. 分布式数据库系统

物理上分布是指将数据存储和管理的任务分布到多个物理节点或计算机上。每个节点独立运行数据库管理系统，并存储部分数据。这些节点通过网络进行通信和协调，以实现数据的分布和共享。物理上分布的优点在于可以通过增加节点来扩展数据库系统的存储容量和处理能力。同时,物理上分布也提供了高可用性和容错性,即使一个节点发生故障,其他节点仍然可以继续提供服务。

逻辑上分布是指在一个统一的逻辑架构下,将数据按照不同的逻辑划分或分配到多个节点上。每个节点可能存储特定的数据表或数据分区,但这些节点之间相互协作以提供统一的数据服务。逻辑上分布可以根据不同的业务需求和数据关联关系进行划分,例如按照地理位置、功能模块或业务部门等划分。逻辑上分布的优点在于可以提供更好的数据局部性和查询性能,因为相关的数据通常存储在相同的节点上。

需要注意的是,物理上分布和逻辑上分布并不是相互排斥的,实际上它们可以同时存在于一个分布式数据库系统中。物理上分布决定了数据在不同节点上的存储和管理方式,而逻辑上分布决定了数据在逻辑层面上的组织和划分方式。结合物理上分布和逻辑上分布可以实现灵活的分布式数据库架构,以满足不同的需求和优化性能。因此,分布式数据库系统包括物理上分布、逻辑上集中的分布式结构和物理上分布、逻辑上分布的分布式结构两种。

物理上分布、逻辑上集中的分布式结构:数据库中的数据在逻辑上是一个整体,但物理地分布在计算机网络的不同节点上。网络中的每个节点都可以独立处理本地数据库中的数据,执行局部应用;同时也可以同时存取和处理多个异地数据库中的数据,执行全局应用。

物理上分布、逻辑上分布的分布式结构:又称为联邦式分布数据库系统。由于组成联邦的各个子数据库系统是相对"自治"的,这种系统可以容纳多种不同用途的、差异较大的数据库,比较适宜于大范围的数据库的集成。

2.4 练 习 题

1. 要保证数据库的逻辑数据独立性,需要修改的是( )。
   A. 模式与外模式之间的映像　　　　　B. 模式与内模式之间的映像
   C. 模式　　　　　　　　　　　　　　D. 三级模式

2. 用户或应用程序看到的那部分局部逻辑结构和特征的描述是( )。
   A. 模式　　　　B. 物理模式　　　　C. 子模式　　　　D. 内模式

3. 用户使用 DML 语句对数据进行操作,实际上操作的是( )。
   A. 数据库的记录　　　　　　　　　　B. 内模式的内部记录
   C. 外模式的外部记录　　　　　　　　D. 数据库的内部记录值

4. 数据库系统的核心管理软件是( )。
   A. 防病毒软件　　　　　　　　　　　B. 数据库管理软件
   C. 操作系统　　　　　　　　　　　　D. 工具软件

5. 描述数据库全体数据的全局逻辑结构和特性的是( )。
   A. 模式　　　　B. 内模式　　　　C. 外模式　　　　D. 三级模式

6. 一般地,一个数据库系统的外模式(　　)。

    A. 只能有一个　　　　B. 最多只能有一个　C. 至少有两个　　　D. 可以有多个

7. 数据库管理系统中用于定义和描述数据库逻辑结构的语言称为(　　)。

    A. 数据定义语言　　B. 数据结构语言　　C. 数据操纵语言　　D. 数据查询语言

8. 什么叫数据抽象?

9. 数据库管理员有哪些职责?

10. 数据库管理系统的主要功能有哪些?

第3章

形式化关系查询语言

学习目标：

- 掌握关系模型的重要概念
- 掌握码的核心概念
- 根据数据查询要求写出正确的关系代数
- 掌握关系代数的等价变换定理
- 能够进行查询优化以提高关系代数的效率

关系模型由埃德加·科德(Edgar Codd)在1970年提出并迅速成为数据库逻辑模型中的主流。

1974年,IBM公司发布了第一个商业化的关系数据库管理系统(RDBMS)——System R。System R对关系模型的理论进行了实践,标志着商业化关系数据库的起步。

1977年,Oracle公司发布了Oracle V2,成为第一个可用于商业用途的关系数据库管理系统。

1986年,IBM公司发布了DB2数据库管理系统,成为关系数据库领域的重要参与者之一。

同年,ANSI(美国国家标准学会)发布了SQL(structured query language)标准,成为关系数据库查询和操作的通用语言,之后关系数据库获得了广泛的应用和发展。

21世纪以来,随着互联网和大数据的快速发展,关系数据库管理系统在存储和处理海量数据方面面临挑战,但其仍然是最常用和最重要的数据模型之一。关系数据库管理系统广泛应用于企业、机构和组织,用于存储、管理和查询结构化数据。关系模型的基本原则和概念为数据库的设计和开发提供了坚实的基础,并对后续的数据库技术和模型产生了重要影响。

3.1 关 系 模 型

3.1.1 关系模型的定义

关系模型基于数学理论,使用表格的形式来组织数据。在关系模型中,数据被组织成一个或多个表格(也称为关系),每个表格包含了相同结构的行和列。每个表格代表一个实体类别(如顾客、订单、产品),而每一行代表一个实体(如一个具体的顾客、一个具体的订单)。

图 3-1 展示了一个关系模型中的表格数据的示例。

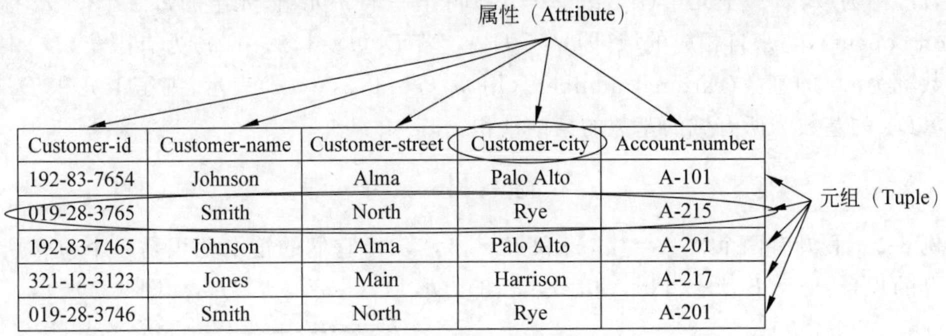

Customer-id	Customer-name	Customer-street	Customer-city	Account-number
192-83-7654	Johnson	Alma	Palo Alto	A-101
019-28-3765	Smith	North	Rye	A-215
192-83-7465	Johnson	Alma	Palo Alto	A-201
321-12-3123	Jones	Main	Harrison	A-217
019-28-3746	Smith	North	Rye	A-201

图 3-1　表格数据示例

要将数据从现实世界抽象到信息世界,首先使用概念模型(如 E-R 图)构建数据之间的联系,其次采用某种数据模型(如最常用的关系模型)对 E-R 图进行转换。在将 E-R 图转换为关系模型时,通常每个关系对应一张二维表,关系的属性成为该表格的列名。如图 3-1 所示,该关系对应的是 Customer 实体,具有 Customer-id、Customer-name、Customer-street、Customer-city 和 Account-number 属性。具体表格中的每一行又称为元组,表示该实体集中的每个具体实体。

由上例可知,关系模型的核心概念包括以下内容。

(1) 关系/表(relation)。关系模型的基本组织单位,代表一个实体集或联系集。表由列和行组成,每列代表一个属性,每行代表一个实体或联系的实例。

(2) 属性/列(attribute)。表中的每个列代表一个属性或特征,描述实体或联系的某方面。例如,在一个"顾客"表中,可能有列表示姓名、年龄、地址等属性。

(3) 元组/行(tuple)。表中的每一行代表 E-R 图中一个具体的实体或联系实例,包含了对应属性的值。例如,在"顾客"表中,每行表示一个具体的顾客,其属性值包括姓名、年龄、地址等。

通过定义不同的表、列和行,可以在关系模型中存储和组织复杂的数据。SQL 是数据库管理系统应用中使用最广泛的语言,用于创建、操纵和查询关系数据库,而关系模型是其基础。关系模型的优势包括数据表示简单、数据结构化、数据一致性、查询灵活性和数据独立性等。它是目前应用最广泛的数据模型之一,用于构建关系数据库。

在给出关系的数学定义之前,先看几个相关概念的定义。

【定义 3-1】 域(domain):一组具有相同数据类型的值的集合。

例 3-1　整数域表示整数值的范围,例如{0,1,2,…};时间域表示时间值的范围,例如 24 小时制的时间范围;D_1={English,Python}表示学生选修课程的范围。

【定义 3-2】 笛卡儿积(Cartesian product)：给定一组域 $D_1,D_2,\cdots,D_n$(允许其中有相同的域)，则 $D_1,D_2,\cdots,D_n$ 的笛卡儿积为

$$D_1\times D_2\times\cdots\times D_n=\{(d_1,d_2,\cdots,d_n)|d_i\in D_i,i=1,2,\cdots,n\}$$

其中，D_i 称为域，每一个元素 $(d_1,d_2,\cdots,d_n)$ 叫作一个 n 元组，元组的每一个值 d_i 称为分量(component)，它来自相应的域(即 $d_i\in D_i$)。若 $D_i(i=1,2,\cdots,n)$ 为有限集，D_i 中的元素个数称为 D_i 的基数(cardinal number)，用 $m_i(i=1,2,\cdots,n)$ 表示，则笛卡儿积 $D_1\times D_2\times\cdots\times D_n$ 的基数为所有域的基数的累乘乘积：

$$M=\prod_{i=1}^{n}m_i$$

例 3-2 假设有两个域 $A=\{a,b\}$ 和 $B=\{1,2,3\}$，它们的笛卡儿积是一个包含所有可能组合的集合：$A\times B=\{(a,1),(a,2),(a,3),(b,1),(b,2),(b,3)\}$，如图 3-2 所示。

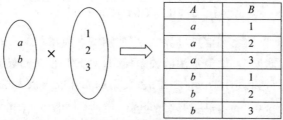

图 3-2　笛卡儿积示例

从图 3-2 可以看出，笛卡儿积实际上是一个二维表，表的框架由域构成。表的任意一行就是一个元组。每一列数据来自同一个域，它的第一个分量来自 A，第二个分量来自 B，基数为 $2\times3=6$。

【定义 3-3】 关系的数学定义：一般地，给出集合 $D_1,D_2,\cdots,D_n(D_i=a_{ij}|j=1,2,\cdots,k)$，关系 R 是 $D_1\times D_2\times\cdots\times D_n$ 的子集，即一系列 D_i 域的笛卡儿积的子集，用 $R(D_1,D_2,\cdots,D_n)$ 表示，其中，R 是关系名，n 称为关系的目或度(degree)。因而，关系是一组 n 元组 $(a_{1j},a_{2j},\cdots,a_{nj})$ 的集合，其中每个 $a_{ij}\in D_i$。

例 3-3 假设有关系 Customer 和 Product，如图 3-3、图 3-4 所示。

Customer

CustomerID	CustomerName
1	Alice
2	Bob

图 3-3　关系 Customer

Product

ProductID	ProductName
100	iPhone
200	iPad

图 3-4　关系 Product

执行关系 Customer 和 Product 的笛卡儿积操作后，将生成一个新的关系 R(Customer, Product)，表示为一个二维表，该新表中的每一行都是 Customer 表和 Product 表中的一行组合，得到了所有可能的顾客和产品的组合，如图 3-5 所示。

CustomerID	CustomerName	ProductID	ProductName
1	Alice	100	iPhone
1	Alice	200	iPad
2	Bob	100	iPhone
2	Bob	200	iPad

图 3-5　关系 Customer 与 Product 的笛卡儿积

例 3-4　有三个集合分别为 Dept_name＝{Biology，Finance，History，Music}，Building＝{Watson，Painter，Packard}，Budget ＝ {50000，80000，90000，120000}。那么，R ＝ {(Biology，Watson，90000)，(Finance，Painter，120000)，…} 是 Dept_name × Building × Budget 三者间的关系，共包含 48 个元组，即基数 $m = \prod_{i=1}^{3} m_i = 4 \times 3 \times 4 = 48$。

从笛卡儿积中取子集来构造关系。由于一个学院只位于一幢建筑物中，而一幢建筑物能包含多个学院，且具有一个预算，所以例 3-4 中的笛卡儿积中的许多关系是无实际意义的。从中取出有意义的元组来构造关系 R(Dept_name，Building，Budget)，假设 Dept_name 与 Building 是多对一的，Dept_name 与 Budget 是一对一的，这样的关系可以包含 4 个元组，如图 3-6 所示。

Dept_name	Building	Budget
Biology	Watson	50000
Finance	Painter	80000
History	Packard	90000
Music	Packard	120000

图 3-6　学院、建筑和预算的关系

再如图 3-7 所示的小说人物关系中，只有当人物属于某本小说时，才有意义。所以，对于一个笛卡儿积只有取它的子集才有意义，这也和用户看待的二维表一样，只有满足一定条件的二维表才是研究的对象。

小说	人物	性别
西游记	孙悟空	无
水浒传	宋江	男
红楼梦	林黛玉	女

图 3-7　小说人物关系

3.1.2　码的概念

码(key)又称为键,表中的某个属性或属性组合可以唯一标识表中的每一行。常见的码包括主码(primary key)和外码(foreign key)。主码用于唯一标识表中的每一行,而外码用于与其他表建立关系。

1. 超码、候选码和主码

假设关系 R 有属性 $A_1,A_2,\cdots,A_n$,其属性子集 $K=\{A_1,A_2,\cdots,A_K\}$,则 $K \subseteq R$。如果 K 值能够在一个关系中唯一标识一个元组,则 K 是关系 R 的超码。例如,{instructor-ID, instructor-name}和{instructor-ID}都是 instructor 的超码。

如果 K 是最小超码,则称 K 是关系 R 的候选码。例如,{instructor-ID}是 instructor 的候选码。因为它是一个超码,并且它的任意真子集都不能成为一个超码。包含在任何一个候选码中的属性称为主属性;不包含在任何候选码中的属性称为非主属性或非码属性。

当一个关系中存在多个候选码时,由用户明确定义,从候选码中选择一个作为主码。主码通常用下画线标记,并且任何一个候选码都可以被定义为主码。主码是数据库设计中一个很重要的概念,每个关系都必须选择一个候选码作为主码。对于任一关系,主码一经选定,通常是不能随意改变的。每个关系中都必有且只有一个主码。

例 3-5　图 3-8 所示的关系 Order 中,候选码为 orderNo;图 3-9 所示的关系 OrderDetail 中,候选码为(orderNo, pCode)。

Order

orderNo	custNo	orderDate	delivDate
21	10001	2022-1-5	2022-1-5
22	10002	2022-1-5	2022-1-6
23	10003	2022-2-10	2022-2-20
24	10002	2022-3-4	2022-3-5

图 3-8　关系 Order

2. 外码(foreign key)

外码是一个关系中的一个属性或属性组,它不是本关系的候选码,但它的值引用的是其他关系的码的取值。

假设存在关系 R 和 $S,R(A,B,C),S(\underline{B},D)$,则在关系 R 上的属性 B 称作参照 S 的外码,称 R 为外码依赖的参照关系,称 S 为外码的被参照关系。其中,参照关系中外码的值必须在被参照关系中实际存在,或者参照关系中外码的值也可以为空(即 null)。

例 3-6　有第一个关系:学生(<u>学号</u>,姓名,性别,专业号,年龄);第二个关系:专业(<u>专业号</u>,专业名称)。则属性"专业号"称为关系"学生"的外码。"学生"是参照关系,"专业"是

OrderDetail

orderNo	pCode	qty	discount
21	101	100	0
21	102	60	0.05
21	202	200	0.1
22	301	1000	0.25
22	302	1000	0
23	202	20	0
24	401	800	0.15
24	402	500	0.2
24	403	500	0
24	101	200	0

图 3-9　关系 OrderDetail

被参照关系。

再如,第一个关系:选修(学号,课程号,成绩);第二个关系:课程(课程号,课程名,学分,先修课号)。其中,"课程号"是关系"选修"的外码。

在关系数据库中,表与表的联系就是通过公共属性实现的,这个公共属性是一个表的主码和另外一个表的外码。图 3-10 展示了一个关系数据库的表之间的联系,均由公共属性进行连接,例如表 Experiments 与表 Stimuli 通过公共属性 Stimulus 进行连接。该属性是表 Experiments 的外码,记作 FkStimulus,又是表 Stimuli 的主码,记作 PkStimulus。

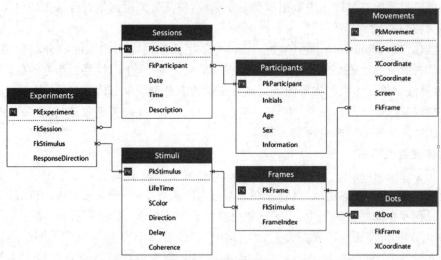

图 3-10　关系数据库示例

3.1.3 关系的性质

关系是用集合代数的笛卡儿积定义的,是元组的集合。因此,关系具有如下特性。

(1) 唯一性。关系中的每个元组都是唯一的,不会出现重复的元组。因为关系体是元组的集合,而集合是没有重复元素的,所以作为集合元素的元组是不重复的。

(2) 原子性。关系中属性值都是不可再分的,不可再分的最小单位称为原子值。多值属性值不是原子的,复合属性值也不是原子的。用通俗的话说就是不允许"表中有表"。

(3) 无序性。元组的顺序性是无关紧要的(元组能够以任意顺序存储),但一个关系中不能有重复的元组,并且在 DBMS 中可以通过使用 ORDER BY 子句来指定查询结果的排序方式。属性的顺序也是无关的。

(4) 列同质。属性必须有唯一的属性名,即一个关系的各个属性必须有不同的名称,以唯一标识元组的分量。同一个属性名下的值是同类型数据,且必须来自同一个域。

注意:不同的属性可来自同一个域。

(5) 一致性。关系中的每个元组都必须满足定义在关系模式上的完整性约束条件,包括主码约束、外码约束等。

(6) 可以为空。关系中的属性可以具有空值(NULL),表示缺少数据或未知值。但由于空值给数据库访问和更新带来很多困难,因此应尽量避免使用空值。

3.1.4 关系的完整性约束

关系完整性约束是为保证数据库中数据的正确性和相容性,对关系模型提出的某种约束条件或规则。完整性通常包括域完整性、实体完整性、参照完整性和用户定义完整性,其中域完整性、实体完整性和参照完整性是关系模型必须满足的完整性约束条件。关系的完整性约束可以帮助检查数据库中数据取值的正确性,使其最大限度地符合数据的语义。

1. 域完整性约束

域完整性约束(domain integrity constraint)是保证数据库字段取值的合理性,要求一个关系中某列的所有取值必须来自该属性的域。除此之外,一个属性能否为空,这是由语义决定的,也是域完整性约束的主要内容。域完整性约束是最简单、最基本的约束。例如,"学生"关系中存在属性"年龄",定义"年龄"的取值范围是 1~100 的正整数,则在该关系中所有元组在该属性的取值必须来自所定义的域中。

2. 实体完整性约束

实体完整性约束(entity integrity constraint)指每个关系都要定义一个主码,且主码的取值不能为空(即主属性不能取空值)。在关系数据库系统中,一个关系对应一张表,实体完整性指在数据库存储数据的表中,主码不能取空值。所谓空值,就是"不知道"或"不存在"的值。如果出现空值,那么主码就失去了对实体的标识作用,即不能唯一标识关系中的元组。

一般来说在 DBMS 中,如果一个关系定义了主码,则系统会自动检查它的每一个取值是否为空,是否重复,如果为空,或者重复,则系统会给出提示,并且不允许相应操作的执行。

例如,在图 3-8 和图 3-9 所示的两个表中,Order 表的主码是 orderNo,不允许是重复值和空值;在 OrderDetail 表中的主码是(orderNo,pCode),那么这两个主属性 orderNo 和 pCode 均不允许取空值和重复值。

说明:实体完整性规则规定关系在主码上的所有属性都不能取空值,而不仅是主码整体不……

……互联系的关系,关系与关系之间的联系是通过公共属……个关系 R(称为被参照关系或目标关系)的主码,同时又……码。如果参照关系 K 中外码的取值,要么与被参照关系……值,那么,在这两个关系间建立关联的外码和外码引用……egrity constraint)要求。简而言之,一个表的外码只能……或者为空。当然,外码是否能取空值还应当取决于该……相应属性的取值不能为空。

……以下两个关系:

……号)

……被参照关系,以"课程号"作为两个关系进行关联的属……修关系的外码。选修关系通过外部关键字"课程号"参……必须是确实存在的课程号,即课程关系中有该条记录。

……系中:

……用,"系编号"既是系关系的主码又是教师关系的外码。……值需要参照系关系中系编码的值或为空。

……led integrity constraint)针对某一应用环境的完整性约……的数据应满足的要求,如属性的取值范围、数据的输入……共定义和检验这类完整性的机制。

……要求只能取 0~100 的正整数;要求"学分"属性只能取……整性约束。

……验是否满足上述几类完整性约束。

(1)插入操作。首先……完整性约束,检查插入行在主码属性上的值是否已存在,若不存在,可以执行插入,否则不可插入。再检查参照完整性约束,如果是向被参照关系插入,则不需要考虑此约束;如果向参照关系插入,则检查插入行在外码属性上的值是否已在相应被参照关系的主码属性中存在,若存在,可插入,否则不可插入,或者将插入行的外码属性的值改为 NULL 再插入。最后检查自定义完整性约束,包括数据的类型、精度、取值范围、是否允许空值、是否有默认值等,满足即可执行插入操作,否则给出报错信息。

（2）删除操作。一般只需对被参照关系检查参照完整性约束。如果主键被引用则不可删除,或将参照关系中对应行的外码属性改为为 NULL,再删除。

（3）更新操作。结合删除和插入操作,先删除再插入。

3.2 关系代数

关系数据语言的核心是查询操作,而查询往往表示成一个关系运算表达式。因此,关系运算是设计关系数据语言的基础。关系运算可以分为关系代数和关系演算两大类,它构成了早期建立和发展各类关系数据语言的原理和方法。其中,关系代数是过程化语言（procedural language）,用户指导系统对数据库执行一系列操作以计算出所需结果,是结构化查询语言（SQL）的基础。关系演算又分为元组关系演算和域关系演算,属于非过程化语言（nonprocedural language）,用户只需描述所需信息,而不用给出获取该信息的具体过程。下面重点介绍关系代数的相关内容。

关系操作采用集合操作方式,即操作的对象和结果都是集合。这种操作方式也称为一次一集合（set-at-a-time）的方式。关系代数是一组运算符作用于一个或多个关系上,并得到一个新的关系的运算。其包含基本运算和附加运算。

（1）基本运算。基本运算包括选择（select）、投影（project）、并（union）、集合差（set difference）和广义笛卡儿积（extended cartesian product）。

（2）附加运算。附加运算指可以通过 5 个基本运算完成,只是利用附加运算可以更加简洁地表示。包括集合交（set intersection）、连接（join）、除（division）和赋值（assignment）。

关系代数运算包括三个要素。

（1）运算对象是关系。

（2）运算结果亦是关系。

（3）运算符包括集合运算符、专门的关系运算符、比较运算符和逻辑运算符四类,见表 3-1。

表 3-1 关系代数中的运算符

运 算 符		含 义	运 算 符	含 义
集合运算符	∪ − ∩ ×	并 差 交 广义笛卡儿积	比较运算符	＞ 大于 ≥ 大于或等于 ＜ 小于 ≤ 小于或等于 ＝ 等于 ＜＞ 不等于

续表

运 算 符		含 义	运 算 符		含 义
专门的关系运算符	σ Π $\bowtie$ $\div$	选择 投影 连接 除	逻辑运算符	$\neg$ $\wedge$ $\vee$	非 与 或

3.2.1 基本运算

选择和投影运算称为一元运算,因为它们对一个关系进行运算。另外三种运算对两个关系进行运算,因而称为二元运算。

1. 选择运算

【定义 3-4】 选择运算是指在给定的关系中选择出满足条件的元组组成一个新的关系,记作 $\sigma_p(r) = \{t \mid t \in R \text{ and } p(t)\}$,其中 p 为选择谓词,是由逻辑连词 $\wedge$(与)、$\vee$(或)、$\neg$(非)连接起来的公式。逻辑连词的运算对象可以是包含比较运算符 $<$、$\leqslant$、$>$、$\geqslant$、$=$、$\neq$ 的表达式。

例如,图 3-11 中所示的关系 R 中,为了选择满足 $A=B$ 并且 $D>5$ 的那些元组,应写作 $\sigma_{A=B \wedge D>5}(R)$。

R

A	B	C	D
α	α	1	7
α	β	5	7
β	β	12	3
β	β	23	10

图 3-11 关系 R

操作的结果如图 3-12 所示。

A	B	C	D
α	α	1	7
β	β	23	10

图 3-12 关系 R 的选择运算结果

选择运算是从"行"的角度进行的运算。选择运算需要确定操作对象是哪个关系,操作的条件是什么,以及如何表示。

例 3-9 在图 3-13 所示的 Product 关系中,分别执行几个选择操作,得到相应的结果是一个新的关系。

Product

pCode	pType	pName	cost	price
101	足球类	足球	85	110
102	足球类	手套	90	122
201	羽毛球类	羽球鞋	28	38
202	羽毛球类	球拍	200	250
301	游泳类	泳镜	85	102
302	游泳类	泳帽	50	63
401	健美类	拉力器	40.5	54.5
402	健美类	十磅哑铃	70	92
403	健美类	跳绳	20	25

图 3-13　关系 Product

(1) $\sigma_{\text{price}>100}(\text{Product})$ 的结果如图 3-14 所示。

pCode	pType	pName	cost	price
101	足球类	足球	85	110
102	足球类	手套	90	122
202	羽毛球类	球拍	200	250
301	游泳类	泳镜	85	102

图 3-14　价格高于 100 元的产品

(2) $\sigma_{\text{pType}\neq\text{“足球类”}\wedge\text{price}>100}(\text{Product})$ 的结果如图 3-15 所示。该关系代数也可以等价写作 $\sigma_{\text{pType}\neq\text{“足球类”}}(\sigma_{\text{price}>100}(\text{Product}))$。

pCode	pType	pName	cost	price
202	羽毛球类	球拍	200	250
301	游泳类	泳镜	85	102

图 3-15　价格高于 100 元的非足球类产品

(3) $\sigma_{\text{pType}=\text{“足球类”}\vee\text{pType}=\text{“游泳类”}}(\text{Product})$ 的结果如图 3-16 所示。

2. 投影运算

【定义 3-5】 投影是指对给定关系在垂直方向上进行的选取,记作 $\Pi_{A_1,A_2,\cdots,A_k}(R)$,其

pCode	pType	pName	cost	price
101	足球类	足球	85	110
102	足球类	手套	90	122
301	游泳类	泳镜	85	102
302	游泳类	泳帽	50	63

图 3-16　足球类和游泳类产品

中 $A_1, \cdots, A_k$ 是属性名，R 为关系名，其结果是保留此 k 列的值，并删除重复的行。

这个操作是对一个关系进行垂直分割，消去某些列，并按要求的顺序重新排列，再删去重复元组。投影运算提供了一种从垂直方向构造一个新关系的手段。

如图 3-17 中所示的关系 R 中，投影运算 $\Pi_{A,C}(R)$ 的结果如图 3-18 所示。其中，消去列 B 后的前两个元组重复，只保留一条。

A	B	C
α	10	1
α	20	1
β	30	1
β	40	2

图 3-17　关系 R

A	C
α	1
β	1
β	2

图 3-18　关系 R 的投影运算结果

例 3-10　在图 3-13 所示的 Product 关系中，执行投影操作 $\Pi_{pType, pName}(\sigma_{price > 100}(Product))$ 的结果如图 3-19 所示。

分析：首先对 Product 关系进行选择运算，选出 price 属性大于 100 的元组，然后对这些元组仅保留 pType 和 pName 两列，形成新的关系后，合并重复的元组，得到最终结果。

pType	pName
足球类	足球
足球类	手套
羽毛球类	球拍
游泳类	泳镜

图 3-19　例 3-10 结果

3. 并运算

【**定义 3-6**】　并运算是指将关系 R 与关系 S 的所有元组合并，并且删除重复的元组，组成一个新的关系，记作 $R \cup S = \{t | t \in R \ or \ t \in S\}$。其中，$R \cup S$ 需要满足以下两个条件。

（1）等目，同元，即它们的属性数目必须相同。

（2）对任意 i，R 的第 i 个属性域和 S 的第 i 个属性域相同。

例如，$\Pi_{name}(instructor) \cup \Pi_{name}(student)$ 的并运算的两个关系仅包含 name 这一个属性，属性个数相同，且具有相同的域，满足执行并运算的条件。

再如，对图 3-20(a)、图 3-20(b)所示的关系 R、S 执行并运算，首先判断是否满足相应的条件，均具有 A、B 两个属性，且分别具有相同的域，满足条件。

执行 $R \cup S$ 的结果如图 3-21 所示。

图 3-20　关系 R 和关系 S

图 3-21　执行 $R \cup S$ 的结果

例 3-11　在图 3-13 所示的 Product 关系中,执行并运算

$$\Pi_{pName, price}(\sigma_{price>100}(Product)) \cup \Pi_{pName, price}(\sigma_{pType="游泳类"}(Product))$$

首先分别对并运算左右两边的表达式进行选择和投影操作,其次判断是否满足并运算的条件,最后再合并元组并删除重复的元组,整个过程如图 3-22 所示。

图 3-22　并运算过程

4. 差运算

【**定义 3-7**】　差运算是指在关系 R 中去掉关系 S 中存在的所有元组后,剩下的元组组成一个新关系,记作 $R-S=\{t|t \in R \text{ and } t \notin S\}$。其中,$R-S$ 也需要满足以下两个条件。

(1)等目,同元,即他们的属性数目必须相同。

(2)对任意 i,R 的第 i 个属性域和 S 的第 i 个属性域相同。

需要注意的是,$R-S$ 与 $S-R$ 是不同的。差运算可用于完成对元组的删除操作。例如,对图 3-20 所示的两个关系 R 和 S 执行差运算,首先判断是否满足相应的条件,均具有 A、B 两个属性,且分别具有相同的域,满足条件,执行 $R-S$ 的结果如图 3-23 所示。

图 3-23　执行 $R-S$ 的结果

例 3-12　给定两个关系 Product 和 OrderDetail,执行差运算

$$\Pi_{pCode}(Product) - \Pi_{pCode}(OrderDetail)$$ 的过程如图 3-24 所示。

Product

pCode	pType	pName	cost	price
101	足球类	足球	85	110
102	足球类	手套	90	122
201	羽毛球类	羽球鞋	28	38
202	羽毛球类	球拍	200	250
301	游泳类	泳镜	85	102
302	游泳类	泳帽	50	63
401	健美类	拉力器	40.5	54.5
402	健美类	十磅哑铃	70	92
403	健美类	跳绳	20	25

OrderDetail

orderNo	pCode	qty	discount
21	101	100	0
21	102	60	0.05
21	202	200	0.1
22	301	1000	0.25
22	302	1000	0
23	202	20	0
24	401	800	0.15
24	402	500	0.2
24	403	500	0
24	101	200	0

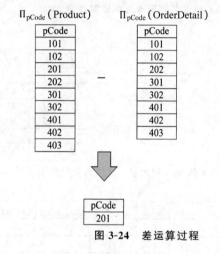

图 3-24　差运算过程

5. 广义笛卡儿积

【**定义 3-8**】　广义笛卡儿积运算(extended Cartesian product)是专门指关系的笛卡儿积,以区别一般的集合笛卡儿积。是用关系 R 的每个元组与关系 S 中的每个元组进行串接而形成一个新的关系。假设关系 R 是 n 目关系,有 k_1 个元组,关系 S 是 m 目关系,有 k_2 个元组,则两个关系的广义笛卡儿积记作: $R \times S = \{t_R t_S \mid t_R \in R \text{ and } t_S \in S\}$。

运算后的结果是一个具有 $(n+m)$ 目的关系,其中元组的前 n 列是关系 R 的一个元组,后 m 列是关系 S 的一个元组;一共有 $k_1 \times k_2$ 个元组。如图 3-25 展示了广义笛卡儿积运算的结果。

此外,由于 R 和 S 中可能存在相同的属性名,即属性有交集,那么必须重命名这些有交集的属性,在 $R \times S$ 构成的新关系中,不允许列有重名的情况,因此,采用"关系.属性名"的方式命名重名属性,如图 3-26 所示。

例 3-13　对图 3-24 中给定的两个关系 Product 和 OrderDetail 执行运算

$$\Pi_{\text{pType}="羽毛球类"}(\text{Product}) \times \sigma_{\text{orderNo}=21}(\text{OrderDetail})$$

结果如图 3-27 所示。

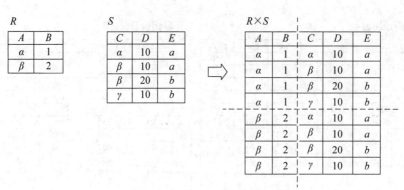

图 3-25　广义笛卡儿积运算结果

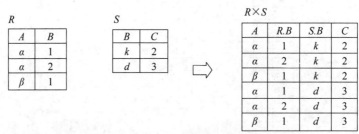

图 3-26　广义笛卡儿积示例：属性有交集的情况

Product.pCode	pType	pName	cost	price	orderNo	OrderDetail.pCode	qty	discount
201	羽毛球类	羽球鞋	28	38	21	101	100	0
201	羽毛球类	羽球鞋	28	38	21	102	60	0.05
201	羽毛球类	羽球鞋	28	38	21	202	200	0.1
202	羽毛球类	球拍	200	250	21	101	100	0
202	羽毛球类	球拍	200	250	21	102	60	0.05
202	羽毛球类	球拍	200	250	21	202	200	0.1

图 3-27　广义笛卡儿积运算结果

3.2.2　附加运算

附加运算包括集合交(set intersection)、连接(join)、除(division)和赋值(assignment)。附加运算虽然不能增加关系代数的表达能力,但可以简化一些常用的查询。

1. 交运算

【定义 3-9】　交运算是指在关系 R 中找出与关系 S 相同的元组,组成一个新的关系,记作 $R \cap S = \{t \mid t \in R \text{ and } t \in S\}$。其中,$R \cap S$ 也需要满足以下两个条件。

(1) 等目、同元,即它们的属性数目必须相同。

(2) 对任意 i,R 的第 i 个属性域和 S 的第 i 个属性域相同。

再如，对图 3-20 所示的两个关系 R 和 S 执行交运算，首先判断是否满足相应的条件，均具有 A、B 两个属性，且分别具有相同的域，满足条件。执行 $R \cap S$ 的结果如图 3-28 所示。

交运算是一种附加运算，可以由差运算变换得到，即 $R \cap S = R - (R - S)$，而引入交运算简化了该查询的表达方式。

例 3-14　对图 3-24 中给定的两个关系 Product 和 OrderDetail 执行运算

$$\Pi_{pCode}(\sigma_{pType="羽毛球类"}(Product)) \cap \Pi_{pCode}(OrderDetail)$$

得到的结果如图 3-29 所示。

A	B
α	2
β	3

图 3-28　$R \cap S$ 的结果

pCode
202

图 3-29　例 3-14 结果

2. 连接运算

【定义 3-10】　连接运算又称为 θ 运算，是从两个关系的笛卡儿积中选取属性间满足一定条件的元组，是双目运算，表示为：$R \underset{A\theta B}{\bowtie} S = \{t_R t_S \mid t_R \in R \text{ and } t_S \in S \text{ and } t_R(A)\theta t_S(B)\}$，其中，$A$ 和 B 分别表示在关系 R 和 S 上度数相等且可比的属性组，θ 是比较运算符。即，连接运算是从 R 和 S 的广义笛卡儿积 $R \times S$ 中选取关系 R 在 A 属性组上的值与 S 关系在 B 属性组上的值满足比较关系的元组。

例 3-15　假设有两个关系 R 和 S，如图 3-30(a) 和图 3-30(b) 所示，求 $R \underset{C<E}{\bowtie} S$。

R

A	B	C
a_1	b_1	5
a_1	b_2	6
a_2	b_3	8

(a)

S

B	E
b_1	3
b_2	7
b_3	10
b_4	2

(b)

图 3-30　关系 R、S

首先计算 $R \times S$ 的结果，然后找出满足 $R.C < S.E$ 的元组，结果如图 3-31 所示。

A	R.B	C	S.B	E
a_1	b_1	5	b_2	7
a_1	b_1	5	b_3	10
a_2	b_2	6	b_2	7
a_2	b_2	6	b_3	10
a_2	b_3	8	b_3	10

图 3-31　$R \underset{C<E}{\bowtie} S$ 的运算结果

在连接运算中,存在两类常用的连接运算,一是等值连接,二是自然连接。

当比较运算符 θ 为＝时的连接运算称为等值连接,是指从关系 R 与关系 S 的广义笛卡儿积中选取 A、B 属性值相等的那些元组,即等值连接为

$$R \underset{A=B}{\bowtie} S = \{t_R t_S \mid t_R \in R \text{ and } t_S \in S \text{ and } t_R(A) = t_S(B)\}$$

在上例 3-15 中,关系 R 与 S 的等值连接 $R \underset{R.B=S.B}{\bowtie} S$ 的结果如图 3-32 所示。

自然连接是一种特殊的等值连接,都是连接运算的特殊情况,但自然连接是一种更常用和更有意义的连接,它在等值连接(即 θ 为＝)的基础上,进一步要求两个关系中进行比较的分量必须是相同的属性组,并且在结果中要把重复的属性列去掉。如果关系 R 和 S 具有相同的属性组 B,自然连接在广义笛卡儿积 $R \times S$ 中选出在同名属性 B 上符合 θ 相等条件的元组集,然后投影一次(去掉重复的同名属性)而构成新的关系,记作:

$$R \bowtie S = \{t_R t_S \mid t_R \in R \text{ and } t_S \in S \text{ and } t_R(B) = t_S(B)\}$$

在例 3-15 中,关系 R 与 S 的自然连接 $R \bowtie S$ 的结果如图 3-33 所示。

A	$R.B$	C	$S.B$	E
a_1	b_1	5	b_1	3
a_2	b_2	6	b_2	7
a_2	b_3	8	b_3	10

图 3-32　$R \underset{R.B=S.B}{\bowtie} S$ 的运算结果

A	B	C	E
a_1	b_1	5	3
a_2	b_2	6	7
a_2	b_3	8	10

图 3-33　$R \bowtie S$ 的运算结果

一般的连接操作是从行的角度进行计算,而自然连接还需要取消重复列,所以它是同时从行和列的角度进行运算。自然连接之所以是一种附加运算,是因为其可以通过广义笛卡儿积、投影和选择运算得到,只是简化了运算的表达。例如,关系 $R = (A, B, C, D)$,关系 $S = (E, B, D)$,则关系 R 和 S 的自然连接的结果模式为:(A, B, C, D, E),这个过程可以表示为

$$R \bowtie S = \Pi_{R.A, R.B, R.C, R.D, S.E}(\sigma_{R.B=S.B \text{ and } R.D=S.D}(R \times S))$$

上述自然连接的过程如图 3-34 所示。可以看到:①关系 R 和 S 必须含有共同属性,即属性名和对应的域都要相同。②连接两个关系中同名属性值相等的元组。③结果属性是二者属性集的并集,但消去重名属性。

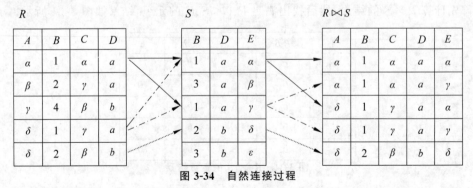

图 3-34　自然连接过程

例 3-16 已知数据 Employee(员工)和 Department(部门),分别如图 3-35(a)和图 3-35(b)所示。

Employee

员工号	姓名	部门号	年龄
1	李青	101	34
2	杨树坤	102	32
3	周建	102	27

Department

部门号	部门名
101	人事部
102	销售部
103	技术部

(a)　　　　　　　　　　　　(b)

图 3-35　数据 Employee 和 Department

在进行二者自然连接时,第一步,计算员工×部门;第二步,计算满足员工.部门号＝部门.部门号条件的元组;第三步,去掉重复列,返回具有相同部门号的员工和对应的部门信息,结果如图 3-36 所示。

员工号	姓名	部门号	年龄	部门名
1	李青	101	34	人事部
2	杨树坤	102	32	销售部
3	周建	102	27	销售部

图 3-36　例 3-16 结果

由例 3-16 可以看出,自然连接与等值连接存在以下区别。

(1) 等值连接要求相等的分量不一定是公共属性,即可以是两个不同的属性。而自然连接要求相等的分量必须是公共属性。

(2) 等值连接不做投影运算,而自然连接要把重复的属性去掉。

(3) 自然连接一定是等值连接,而等值连接不一定是自然连接。

3. 除运算

在给出除运算的定义之前,先回顾一个相关概念:象集(image set)。给定一个关系 $R(X,Z)$,其中 X 和 Z 为属性组。当 $t[X]=x$ 时,x 在 R 中的象集为

$$Z_x=\{t[Z]\,|\,t\in R,t[X]=x\}$$

表示 R 中属性值 X 上的值为 x 的诸元组在 Z 上分量的集合。例如,在图 3-37 所示的关系 R 中,$A=a_1$ 的象集如图 3-38 所示。

【定义 3-11】 除运算是指给定关系 $R(X,Y)$ 和关系 $S(Y,Z)$,其中 X,Y,Z 都是属性组,R 中的 Y 与 S 中的 Y 可以有不同的属性名,但必须来自相同的域集。R 与 S 的除运算得到一个新的关系 $T(X)$,T 是 R 中满足以下条件的元组在 X 属性列上的投影:元组在 X 上分量值 x 的象集 Y_x 包含 S 在 Y 上投影的集合。表示为

$$R\div S=\{t_R[X]\,|\,t_R\in R \text{ and } \Pi_Y(S)\subseteq Y_x\}$$

R

A	B	C
a_1	b_1	c_2
a_2	b_3	c_7
a_3	b_4	c_6
a_1	b_2	c_3
a_4	b_6	c_6
a_2	b_2	c_3
a_1	b_2	c_1

图 3-37　关系 R

B	C
b_1	c_2
b_2	c_3
b_2	c_1

图 3-38　$A=a_1$ 的象集

其中,Y_x 表示 x 在关系 R 中的象集,即 $x=t_R[X]$。

例 3-17　在如图 3-39(a)、图 3-39(b)所示关系 R、S 中进行除运算 $R÷S$。

首先判断是否满足除运算的条件,关系 R 和 S 具有公共属性组 B,因此可以进行除运算,结果应该是满足条件的 R 中的元组在属性 A 上的投影。

计算 $\Pi_Y(S)$。由于这里的 Y 指的是属性 B,所以 $\Pi_B(S)$ 的结果为 $\{1,2\}$。

计算 Y_x。这里 x 指的是关系 R 中属性 A 分别取值 $\alpha,\beta,\gamma,\delta,\epsilon$ 的象集,即 $B_\alpha=\{1,2,3\}$,$B_\beta=\{1,2\}$,$B_\gamma=\{1\}$,$B_\delta=\{1,3,4\}$,$B_\epsilon=\{1,6\}$。

确定满足 $\Pi_Y(S)\subseteq Y_x$ 的元组。这里指的是满足 $\Pi_B(S)\subseteq B_x$ 的元组,即 $\{\alpha,\beta\}$。因此,$R÷S$ 的操作结果如图 3-40 所示。

R

A	B
α	1
α	2
α	3
β	1
β	2
γ	1
δ	1
δ	3
δ	4
ϵ	6
ϵ	1

S

B
1
2

(a)　　　　　　　(b)

图 3-39　关系 R、S

A
α
β

图 3-40　例 3-17 的结果

从例 3-17 可以看出，除操作是同时从行和列的角度进行运算的，并且除法是一种附加操作，因为它可以通过广义笛卡儿积运算、投影运算和差运算得到，其实质是求关系 $R(X,Y)$ 中所有与 $\Pi_Y(S)$ 发生笛卡儿积运算的元组在属性组 X 上的投影，即可以由下式得到：

$$R \div S = \Pi_X(R) - \Pi_X(\Pi_X(R) \times \Pi_Y(S) - R)$$

例 3-18 对图 3-41(a)和图 3-41(b)所示的关系 SC 和关系 C 分别表示学生选课信息和课程基本信息，求选修了全部课程的学生学号 Sno，计算过程如下。

SC

Sno	Cno
S_1	C_1
S_1	C_2
S_2	C_1
S_2	C_2
S_2	C_3
S_3	C_2

C

Cno
C_1
C_2
C_3

(a)   (b)

图 3-41 关系 SC、C

① 求 $\Pi_{Sno}(SC) = \{S_1, S_2, S_3\}$。

② 求 $\Pi_{Cno}(C) = \{C_1, C_2, C_3\}$。

③ 求 $\Pi_{Sno}(SC) \times \Pi_{Cno}(C)$，得到的笛卡儿积结果如图 3-42 所示。

④ 求 $W = \Pi_{Sno}(SC) \times \Pi_{Cno}(C) - SC$，得到的结果见图 3-43。

Sno	Cno
S_1	C_1
S_1	C_2
S_1	C_3
S_2	C_1
S_2	C_2
S_2	C_3
S_3	C_1
S_3	C_2
S_3	C_3

图 3-42 笛卡儿积结果

Sno	Cno
S_1	C_3
S_3	C_1
S_3	C_3

图 3-43 W 的结果

⑤ 对上述结果在 Sno 上求投影，即 $\Pi_{Sno}(W) = \{S_1, S_3\}$。

⑥ 计算 $\Pi_{Sno}(SC) - \Pi_{Sno}(W) = \{S_2\}$，即等价于 $SC \div C$，则选修了全部课程的学生学号是 S_2。

例 3-19　如图 3-44(a)所示的关系 R 和如图 3-44(b)的关系 S,计算 $R \div S$。首先确定关系 R 和 S 具有公共属性组 $\{D, E\}$,因此可以进行除法运算,结果应该是满足条件的 R 中的元组在属性 $\{A, B, C\}$ 上的投影。简而言之,对关系 R 按照属性组 $\{A, B, C\}$ 的取值进行分组(即,找到各个取值的象集),然后看哪个取值对应的象集包含了所有的关系 S 中 $\{D, E\}$ 的取值。可以看到,当属性组 $\{A, B, C\}$ 分别取值为 $\{A = \alpha, B = b, C = \gamma\}$ 和 $\{A = \gamma, B = a, C = \gamma\}$ 时,对应的象集包含了关系 S 中 $\{D, E\}$ 的所有取值。因此,$R \div S$ 的计算结果如图 3-45 所示。

R

A	B	C	D	E
α	a	α	a	1
α	b	γ	a	1
α	b	γ	b	1
β	a	γ	a	1
β	a	γ	b	3
γ	a	γ	c	2
γ	a	γ	a	1
γ	a	γ	b	1
γ	c	β	b	1

(a)

S

D	E
a	1
b	1

(b)

图 3-44　关系 R、S

R

A	B	C	D	E
α	a	α	a	1
α	b	γ	a	1
α	b	γ	b	1
β	a	γ	a	1
β	a	γ	b	3
γ	a	γ	c	2
γ	a	γ	a	1
γ	a	γ	b	1
γ	c	β	b	1

$R \div S$

A	B	C
α	b	γ
γ	a	γ

图 3-45　$R \div S$ 的计算结果

例 3-20　给定两个关系 Product 和 OrderDetail,执行除法运算
$\Pi_{orderNo, pCode}(\text{OrderDetail}) \div \Pi_{pCode}(\sigma_{pType="足球类"}(\text{Product}))$,整个过程如图 3-46 所示。

4. 赋值运算

赋值运算(←)可以使复杂的查询表达变得简单。具体地,使用赋值运算,可以把查询表达为一个顺序程序,该程序包括:①一系列赋值;②一个其值被作为查询结果显示的表达

Product

pCode	pType	pName	cost	price
101	足球类	足球	85	110
102	足球类	手套	90	122
201	羽毛球类	羽球鞋	28	38
202	羽毛球类	球拍	200	250
301	游泳类	泳镜	85	102
302	游泳类	泳帽	50	63
401	健美类	拉力器	40.5	54.5
402	健美类	十磅哑铃	70	92
403	健美类	跳绳	20	25

OrderDetail

orderNo	pCode	qty	discount
21	101	100	0
21	102	60	0.05
21	202	200	0.1
22	301	1000	0.25
22	302	1000	0
23	202	20	0
24	401	800	0.15
24	402	500	0.2
24	403	500	0
24	101	200	0

$\Pi_{orderNo, pCode}(OrderDetail)$ $\Pi_{pCode}(\sigma_{pType=\text{“足球类”}}(Product))$

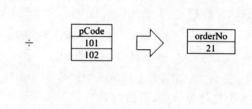

图 3-46 例 3-20 运算过程

式。对关系代数查询而言,赋值必须赋给一个临时关系变量。

例如,可以把 $R \div S$ 拆分成两个赋值运算(其中,给定关系 $R(X,Y)$ 和关系 $S(Y,Z)$):

$temp_1 \leftarrow \Pi_X(R)$。

$temp_2 \leftarrow \Pi_X(\Pi_X(R) \times \Pi_Y(S) - R)$。

$result = temp_1 - temp_2$。

针对上述介绍的关系代数的五个基本运算和四个附加运算,简单总结如下:

(1) 并、差、交为双目、等元运算;

(2) 笛卡儿积、自然连接、除为双目运算;

(3) 选择、投影为单运算对象;

(4) 关系运算的优先级为:投影>选择>笛卡儿积>{连接、除}>交>{并、差}。

3.3 查 询 优 化

计算机领域的学者一直在追求着一些较为通用的目的,包括:①通过计算机去解决更多的问题;②通过计算机去更快地解决问题。而数据库查询优化的目的,更多服务于后者,即更快地进行查询,快速响应查询结果。对于同一个查询语句,可以用不同的关系代数表

达,但是它们之间的效率却可能大相径庭。下面看一个例子:

$$\Pi_{S\#,Sname,Score}\left(\sigma_{SC.C\#=Course.C\#\wedge Student.S\#=SC.S\#\wedge Cname='DB'}\left(Student\times SC\times Course\right)\right)$$

在如上所示的关系代数中,笛卡儿积 Student×SC×Course 最先进行计算,然后后续的计算都建立在此计算结果之上。即,随后的选择操作将会建立在巨大的数据量之上,这是非常耗时的。假设 Student 有 10000 个学生记录,Course 有 1000 门课程记录,SC 有 10000×50 条选课记录(10000 名学生,每人选 50 门课程),则 Student×SC×Course 将会有 10000×50×10000×1000＝5×10^{12}条记录。因此,如果能够在等价情况下,在计算早期将数据量降下来,将大大提升查询速度。

下面尝试给出一些等价的关系代数式,这些关系代数在早期将数据量降了下来,从而使得:

(1) 在笛卡儿积之前将数据量降了下来,从而使得笛卡儿积后,数据量不会太大。

(2) 之前的巨大数据量,不会出现在任何一个步骤,大大节省了计算时间。

$$E_1=\Pi_{S\#,Sname,Score}\left(\sigma_{Cname='DB'}\left(\left(Student\bowtie SC\right)\bowtie Course\right)\right)$$

$$E_2=\Pi_{S\#,Sname,Score}\left(Student\bowtie\left(SC\bowtie\left(\sigma_{Cname='DB'}\left(Course\right)\right)\right)\right)$$

$$E_3=\Pi_{S\#,Sname,Score}\left(\Pi_{S\#,Sname}\left(Student\right)\bowtie\left(SC\bowtie\left(\Pi_{C\#}\left(\sigma_{Cname='DB'}\left(Course\right)\right)\right)\right)\right)$$

这三个关系代数是等价的,但执行效率并不一样。很显然,E_3 的效率最高,因为其首先对 Course 表进行选择和投影运算,再对结果进行自然连接,并且每一个运算中都通过选择和投影运算只保留那些有用的元组和属性,减少了大量的中间结果,使得效率得到显著提高。

由以上的示例可以看出,使用不同的关系代数运算顺序,将得到不同的查询效率。查询优化的基本思想是改变关系代数的操作次序,并且尽可能早做选择和投影运算。需要思考以下问题:关系代数的 5 种基本运算中哪两个能够交换次序呢?次序改变前后如何判断两个表达式是等价的?关系代数表达式的优化算法是什么?

3.3.1　关系代数表达式的等价变换

首先思考为什么要尽可能早做选择和投影运算。这是因为这两个运算能够在早期将数据量降下来,从而避免较多的数据量流入后续步骤中。

投影如何降低数据量?假设一个表有 100 个维度,有 100 万条记录,而关系代数只需要 2 个维度,投影操作将数据量变为 2 维×100 万。

选择如何降低数据量?假设一个表有 100 个维度,有 100 万条记录,而关系代数只需要其中的 1 万条记录,选择操作将数据量变为 100 维×1 万。

因此,关系代数的查询优化总体思路是:①次序很重要。同样的语义表达,在关系代数中往往有多种形式,这些形式最终获得的结果是相同的。但其反映的内部计算过程却是不同的,而计算过程又是和计算机的计算量紧密结合的,因而计算的次序安排是逻辑优化的本质。②等价定理对应次序很重要。定理给了关系代数形式转化的机会,使得关系代数的次序可以调节。

【定义 3-12】 设 E_1、E_2 是两个关系代数表达式。若 E_1、E_2 表示相同的映射,即当 E_1、E_2 的同名变量代入相同关系后产生相同的结果(映射集合),则说 E_1、E_2 是等价的,记作 $E_1 \equiv E_2$。

定理 1 连接与连接、笛卡儿积与笛卡儿积的交换律。

设 E_1、E_2 是关系代数表达式,F 是 E_1、E_2 中属性的附加限制条件,即 F 是连接的条件,则有

(1) $E_1 \underset{F}{\bowtie} E_2 \equiv E_2 \underset{F}{\bowtie} E_1$

(2) $E_1 \bowtie E_2 \equiv E_2 \bowtie E_1$

(3) $E_1 \times E_2 \equiv E_2 \times E_1$

注意:并运算、交运算也有如上的交换律。这里只讨论 5 种基本运算。

定理 2 连接与连接、笛卡儿积与笛卡儿积的结合律。

设 E_1、E_2、E_3 是关系代数表达式,F_1、F_2 是 E_1、E_2、E_3 中属性的附加限制条件,则有

(1) $(E_1 \underset{F_1}{\bowtie} E_2) \underset{F_2}{\bowtie} E_3 \equiv E_1 \underset{F_1}{\bowtie} (E_2 \underset{F_2}{\bowtie} E_3)$

(2) $(E_1 \bowtie E_2) \bowtie E_3 \equiv E_1 \bowtie (E_2 \bowtie E_3)$

(3) $(E_1 \times E_2) \times E_3 \equiv E_1 \times (E_2 \times E_3)$

注意:并运算、交运算也有如上的结合律。

对定理 2 的实际应用可以通过一个例子说明。以笛卡儿积运算为例,现在有 3 个关系,其中 t_1 有 20 条记录,t_2 有 30 条记录,t_3 有 100 条记录。对 3 个关系求笛卡儿积。

第一种情况,$(t_1 \times t_2) \times t_3$ 计算分为两个步骤:

① $t_1 \times t_2$ 产生了 600 的数据量;

② 与 t_3 求笛卡儿积,产生了 60000 的数据量。

第二种情况,$t_1 \times (t_2 \times t_3)$ 计算分为两个步骤:

① $t_2 \times t_3$ 产生了 3000 的数据量;

② 与 t_1 求笛卡儿积,产生了 60000 的数据量。

虽然两种情况的步骤②计算产生了相同的数据量,然而在步骤①中却产生了不同的数据量。而数据量上升的越早,中间产生的代价越多。

定理 3 投影串接律。

设属性集 $\{A_1, \cdots, A_n\} \subseteq \{B_1, \cdots, B_m\}$,$E$ 是关系代数表达式,则有

$$\Pi_{A_1, \cdots, A_n}(\Pi_{B_1, \cdots, B_m}(E)) \equiv \Pi_{A_1, \cdots, A_n}(E)$$

该定理使得两遍扫描变为一遍扫描,并且可以双向使用。从左到右看公式,能够减少一次投影操作;从右向左看公式,将投影扩展,分解为两次,从而使得投影维度多的那次可以向语法树的下层移动(因为右边的投影可能在下移后,出现某些维度被过滤掉,而这些维度正好要在中间某个步骤用到)。

定理 4　选择串接律。

设 E 是关系代数表达式，F_1、F_2 是属性的附加限制条件，则有

$$\sigma_{F_1}(\sigma_{F_2}(E)) \equiv \sigma_{F_1 \wedge F_2}(E)$$

该定理与定理 3 类似，使得两遍扫描变为一遍扫描，同样也可以双向使用。从右往左看公式，可用于分解复杂操作便于"选择"操作的移动。

定理 5　选择和投影交换律。

设条件 F 只涉及属性 $\{A_1, \cdots, A_n\}$，E 是关系代数表达式，则有

$$\Pi_{A_1, \cdots, A_n}(\sigma_F(E)) \equiv \sigma_F(\Pi_{A_1, \cdots, A_n}(E))$$

更一般地，若 F 还涉及不属于 $\{A_1, \cdots, A_n\}$ 的属性 $\{B_1, \cdots, B_m\}$，则有

$$\Pi_{A_1, \cdots, A_n}(\sigma_F(E)) \equiv \Pi_{A_1, \cdots, A_n}(\sigma_F(\Pi_{A_1, \cdots, A_n, B_1, \cdots, B_m}(E)))$$

定理 6　选择和笛卡儿积的交换律。

设 E_1、E_2 是关系代数表达式：

(1) 若条件 F 只涉及 E_1 中的属性，则有

$$\sigma_F(E_1 \times E_2) \equiv \sigma_F(E_1) \times E_2$$

(2) 若 $F = F_1 \wedge F_2$，且 F_1、F_2 分别只涉及 E_1、E_2 中属性，则有

$$\sigma_F(E_1 \times E_2) \equiv \sigma_{F_1}(E_1) \times \sigma_{F_2}(E_2)$$

(3) 若 $F = F_1 \wedge F_2$，F_1 只涉及 E_1 中属性，而 F_2 涉及 E_1、E_2 中属性，则有

$$\sigma_F(E_1 \times E_2) \equiv \sigma_{F_2}(\sigma_{F_1}(E_1) \times E_2)$$

定理 7　投影和笛卡儿积的交换律。

设 E_1、E_2 是关系代数表达式，$A_1, \cdots, A_n$ 是出现在 E_1 或 E_2 中的一些属性，其中 $B_1, \cdots, B_m$ 出现在 E_1 中，剩余的属性 $C_1, \cdots, C_k$ 出现在 E_2 中，也就是说 $\{A_1, \cdots, A_n\} = \{B_1, \cdots, B_m\} \cup \{C_1, \cdots, C_k\}$，则有

$$\Pi_{A_1, \cdots, A_n}(E_1 \times E_2) = \Pi_{B_1, \cdots, B_m}(E_1) \times \Pi_{C_1, \cdots, C_k}(E_2)$$

定理 8　选择和并的交换律。

设关系代数表达式 $E = E_1 \cup E_2$，F 是属性附加的限制条件，则有

$$\sigma_F(E_1 \cup E_2) \equiv \sigma_F(E_1) \cup \sigma_F(E_2)$$

注意：该定理要求 E_1、E_2 是"并"相容的，即 E_1 中出现的属性名与在 E_2 中出现的属性名相同，或者至少给出了这种对应关系。

定理 9　选择和差的交换律。

设关系代数表达式 $E = E_1 - E_2$，F 是属性附加的限制条件，则有

$$\sigma_F(E_1 - E_2) \equiv \sigma_F(E_1) - \sigma_F(E_2)$$

定理 10　投影和并的交换律。

设关系代数表达式 $E = E_1 \cup E_2$，$A_1, \cdots, A_n$ 是 E 中的一些属性，则有

$$\Pi_{A_1, \cdots, A_n}(E_1 \cup E_2) = \Pi_{A_1, \cdots, A_n}(E_1) \cup \Pi_{A_1, \cdots, A_n}(E_2)$$

注意：该定理要求 E_1、E_2 是"并"相容的，即 E_1 中出现的属性名与在 E_2 中出现的属性

名相同,或者至少给出了这种对应关系。

思考:投影和差运算有交换律吗? 答案是没有,这是因为投影运算是同时对行和列进行操作,会将重复的行去掉。因此若先进行投影再进行差运算,有可能一些元组已经被删除了,造成结果不同。

3.3.2　查询优化的步骤

对关系代数进行查询优化主要包括两个步骤。

(1) 构造查询树。查询树是一种表示关系代数表达式的树状结构。在一个查询树中,叶子结点表示关系,内结点表示关系代数操作。查询树以自底向上的方式执行:当一个内结点的操作分量可用时,这个内结点所表示的操作启动执行,执行结束后用结果关系代替这个内结点。

(2) 利用等价变换规则反复地对查询表达式进行尝试性转换,将原始的语法树转换成"优化"的形式。

对每一个选择,利用等价变换定理 4~定理 6、定理 8、定理 9 尽可能把它移动到树的叶端,目的是使选择操作尽早执行。

对每一个投影,利用等价变换定理 3 和 10 等的一般形式尽可能把它移动到树的叶端,目的是使投影操作尽早执行。

对每个叶节点加必要的投影操作,以消除对查询无用的属性。

如果笛卡儿积后还需要按连接条件进行选择操作,可将二者结果简化成连接操作,将"选择"下沉,"投影"随后。

例 3-21　假设有 Student、Course、SC 三个关系,分别是学生、课程和选课信息,分别包含以下属性:

```
Student (Sno, Sname, Sage, Sdept)
Course (Cno, Cname, Credit)
SC (Sno, Cno, Score)
```

若要查询信息系(即 Student.Sdept = 'IS')的学生选修的所有课程名称,请写出关系代数、画出查询树以及优化后的查询树。

① 写出满足上述要求的关系代数为

$$\Pi_{\text{Cname}}(\sigma_{\text{Student.Sdept}='IS'\wedge\text{SC.Cno}=\text{Course.Cno}}(\sigma_{\text{Student.Sno}=\text{SC.Sno}}(\text{Student}\times\text{SC})\times\text{Course}))$$

② 画出该关系代数的查询树,如图 3-47 所示。

③ 对上述查询树进行优化。

首先可以发现 $\sigma_{\text{Student.Sdept}='IS'}$ 选择操作只涉及表 Student,因此可以利用选择和笛卡儿积的交换律将其下移到叶子结点 Student 处。此时查询树可以表示为图 3-48。

接下来对每个叶节点加必要的投影操作,以消除对查询无用的属性。如图 3-49 中的下画线标注的投影运算。

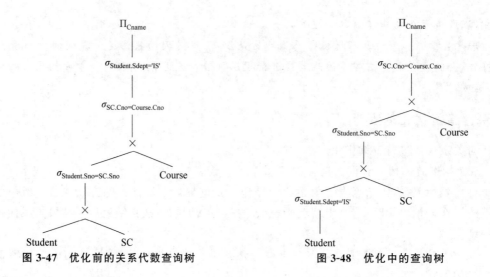

图 3-47　优化前的关系代数查询树　　　　　图 3-48　优化中的查询树

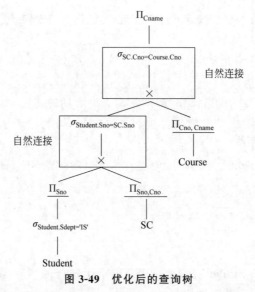

图 3-49　优化后的查询树

对于查询树中涉及笛卡儿积和相应的连接条件,可以写成连接或者自然连接的形式,因此,参照图 3-49 得到的优化后的查询树,可以写出优化后的关系代数为

$$\Pi_{Cname}(\Pi_{Sno}(\sigma_{Student.Sdept='IS'}(Student)) \bowtie \Pi_{Sno,Cno}(SC) \bowtie \Pi_{Cno,Cname}(Course))$$

3.4　练　习　题

1. 关系的性质有哪些?

2. 请介绍主码、候选码、超码、外码的区别。

3. 假定你要给我院图书馆做一个管理系统。请列出涉及哪些关系,并标注出哪些是主码,哪些是外码。

4. 给定学生关系如图 3-50 所示,请根据要求列出关系代数。

学号	姓名	性别	籍贯	出生年份	学院
191501	王莹	女	河北	2004	计算机
191503	张小飞	男	江西	2003	计算机
191504	孙志鹏	男	海南	2003	计算机
191505	徐颖	女	江苏	2002	管理学院
⋮	⋮	⋮	⋮	⋮	⋮

图 3-50　学生关系

(1) 查询 2000—2005 年出生的全体学生情况;

(2) 查询管理学院全体江苏籍学生情况;

(3) 查询籍贯为江苏或者河北的全体学生情况;

(4) 查找出生年份在 2003 年以前(不含 2003 年)的学生的姓名、籍贯及其出生年份情况。

5. 给定三个关系"学生""选课""课程",查询选修课程号为 202301 的学生情况和课程号、成绩,下列关系代数哪些是正确的?

- 学生(<u>学号</u>,姓名,性别,籍贯,出生年份,学院)
- 选课(<u>学号</u>,<u>课程号</u>,成绩)
- 课程(<u>课程号</u>,课程名,学时,开课学期,课程性质)

(1) $\sigma_{\text{课程号}="202301"}$(学生 ⋈ 课程)

(2) $\sigma_{\text{课程号}="202301"}$(学生 ⋈ 选课)

(3) 学生 ⋈ $\sigma_{\text{课程号}="202301"}$(选课)

(4) 学生 ⋈ $\sigma_{\text{课程号}="202301"}$(课程)

(5) 学生 ⋈ 选课 ⋈ $\sigma_{\text{课程号}="202301"}$(课程)

6. 在第 5 题给出的 3 个关系中,按照以下要求写出正确的关系代数。

(1) 找出计算机学院女同学的名单。

(2) 求选修了课程号为 230101 的学生名单。

(3) 求同时选修数据库及数学的学生名单。

(4) 求没有选修任何课程的学生名单及所在学院。

(5) 求选修了全部课程的学生学号和姓名。

7. 对第 6 题中的关系代数分别画出其查询树,并进行查询优化,写出优化后的关系代数。

第二部分

关系数据库的使用

在信息时代,创新已经成为国家竞争力的核心。党的二十大精神要求我们坚持自主创新,推动科技进步。数据库技术作为数据的驱动者,扮演着创新的重要角色。创新需要基于对数据的深刻理解,以及对问题的独到见解。数据库技术的运用能帮助我们解决复杂问题,提供智能决策支持。在本书的第二部分将深入探讨 MySQL 数据库,学习如何使用 SQL 来定义、操纵和查询数据。数据库技术的掌握不仅能够提高就业竞争力,还有助于培养创新思维。数据驱动决策和创新的核心,是对信息化时代的充分理解。

第 4 章

MySQL 数据库概述

学习目标:

- 了解 MySQL 数据库的特点
- 熟悉 MySQL 环境配置
- 掌握 MySQL 服务的启动与退出
- 熟悉 MySQL 数据库的基本操作

4.1 MySQL 数据库简介

　　MySQL 是一个关系型数据库管理系统,是目前最流行的开源数据库软件之一,最初由瑞典 MySQL AB 公司开发,现在是 Oracle 公司旗下的产品。MySQL 与其他大型数据库管理系统(如 Oracle、SQL Server 等)相比,其规模小、功能有限。但对普通的企业用户而言,其体积小、速度快、成本低的特点,以及提供的解决稍复杂应用的功能,基本能够满足用户的需求。MySQL 已经成为世界上最受欢迎的开源数据库。

　　MySQL 有以下特点。

　　(1) 支持跨平台。MySQL 支持 20 种以上的开发平台,如 Linux、Wrap、Windows、IBM AIX、AIX、FreeBSD、HP-UX、macOS、Novell Netware、OpenBSD、OS/2、Solaris 等。这使得 MySQL 在任何平台下编写的程序都可以进行移植,不需要对程序做任何修改。

　　(2) 运行速度快。高速是 MySQL 的显著特征,其主要体现在 3 方面:使用了极快的 B 树磁表盘和索引压缩;通过使用优化的单扫描多连接,能够极快地实现连接;SQL 函数使用高度优化的类库实现,支持多线程,充分利用了 CPU 资源,运行速度极快。

　　(3) 支持定制。MySQL 是可以定制的,其采用了 GPL(GNU General Public License)协议,可以通过修改源码来开发符合自己需求的 MySQL 系统。

　　(4) 安全性高。MySQL 拥有灵活、安全的权限与密码系统,允许基于主机的验证。当连接到服务器时,所有的密码传输均采用加密形式,从而保证了密码的安全。

　　(5) 成本低。MySQL 是完全免费的产品,用户可以直接通过网络下载。

　　(6) 支持各种开发语言。MySQL 为各种流行的程序设计语言提供支持,如 PHP、ASP.

NET、Java、Eiffel、Python、Ruby、C、C++、Perl 等，为它们提供了众多 API 函数。

（7）数据库存储容量大。MySQL 数据库的最大有效表尺寸通常是由操作系统对文件大小的限制决定的，而不是由 MySQL 内部限制决定的。InnoDB 存储引擎将 InnoDB 表保存在一个表空间里，该表空间可由数个文件创建，表空间的最大容量为 64TB，可以轻松处理包含上万条记录的大型数据库。

4.2 MySQL 数据库的安装和配置

4.2.1 MySQL 的安装与配置介绍

计算机的环境不同，MySQL 的获取方法也不同，本节介绍在 Windows 平台上安装和配置的方法。

1. 下载 MySQL

打开浏览器，在地址栏中输入 https://dev.mysql.com/downloads/windows/installer/8.0.html，进入 MySQL Product Archives 工作页面，如图 4-1 所示。

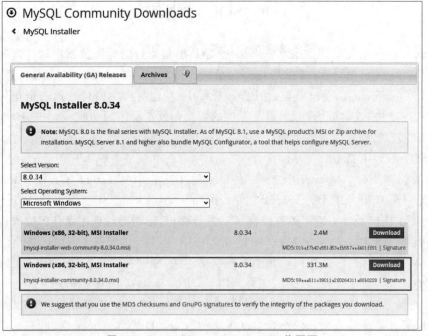

图 4-1 MySQL Product Archives 工作页面

在 MySQL Product Archives 工作页面，首先在 Select Version 下拉列表中选择 MySQL 的版本号，然后在 Select Operating System 下拉列表中选择 Microsoft Windows 选项，可以看到有两个版本可供下载。在系统提供的两个安装版本（Web 在线和 Community

离线)中,建议选择 Community 离线安装版本,单击 Download 按钮即可下载。

单击 Download 按钮后,会弹出 Oracle Web 账户登录和注册页面,如图 4-2 所示,单击左下角"No thanks, just start my download"即可跳过注册直接下载。

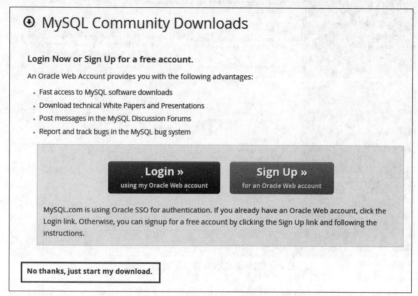

图 4-2　Oracle Web 账户登录和注册页面

2. Windows 环境下 MySQL 的安装

当顺利完成下载工作后,得到一个 msi 格式的安装文件(Windows 环境下的安装文件,安装和配置都有图形界面支持)。下面以版本号为 8.0.34 的 msi 安装包为例,介绍在 Windows 环境下安装 MySQL 的步骤。

(1) 打开安装程序,在 MySQL Installer 窗口中,进入 Choosing a Setup Type 页面,如图 4-3 所示。

(2) 在 Choosing a Setup Type 页面中有 5 个单选按钮,具体介绍如下。

开发者模式(Developer Default):如果是作为开发机器来安装,选择本模式。

服务器模式(Server only):此模式只会安装 MySQL 的 Server 模块。

客户端模式(Client only):与服务器模式类似,此模式只会安装客户端模块。

全模式(Full):会安装所有模块文件,部分功能和模块不经常用到,因此不推荐这种模式。

自定义模式(Custom):可自行选择需要的模块进行安装,新手了解了 MySQL 的各个功能模块后,建议使用此模式进行安装。选中 Custom 选项后单击 Next 按钮进入 Select Products 页面。

(3) 在 Select Products 页面中,先选择需要的模块,此例只选择 MySQL Server、

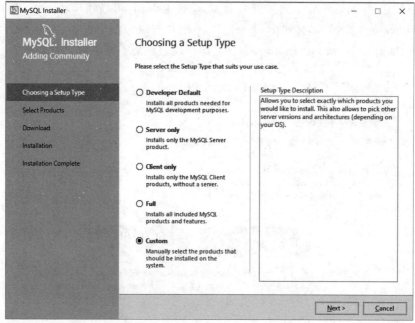

图 4-3　**Choosing a Setup Type 页面**

MySQL Workbench 和 Connector/ODBC 模块，如图 4-4 所示。单击 Next 按钮，进入 Check Requirements 页面，如图 4-5 所示。

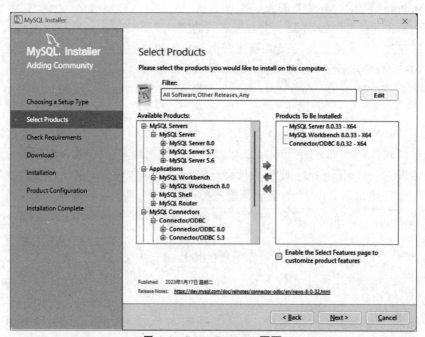

图 4-4　**Select Products 页面**

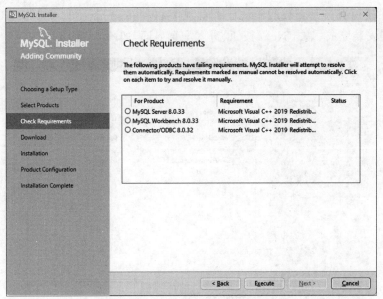

图 4-5　Check Requirements 页面

（4）在 Check Requirements 页面中，查看安装的模块是否和已经选中的一样。如果不一样，可能是系统缺少一些必要组件，如.Net framework 或者 VC++；如果一致，则直接单击 Execute 按钮，开始安装。

（5）安装过程中可能会弹出图 4-6 所示对话框，可以选择"我同意许可条款和条件"，单击"安装"按钮，安装缺少的组件。

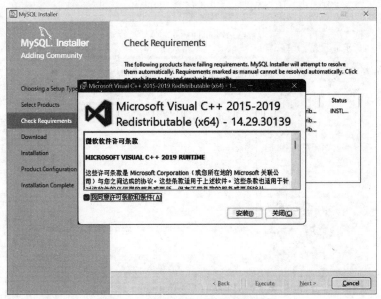

图 4-6　安装过程中弹出的对话框

（6）当发现所有需要安装的模块已经变成 Complete 状态且前面有绿色的 后，说明 MySQL 已经安装完成，单击 Next 按钮，进入配置界面，如图 4-7 所示。

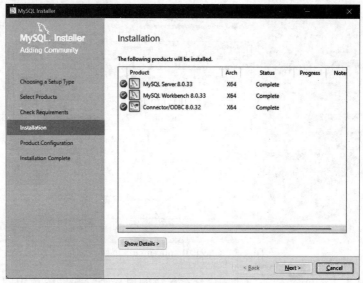

图 4-7　安装完成页面

3. Windows 环境下 MySQL 的配置

（1）进入 Product Configuration 页面，如图 4-8 所示，单击 Next 按钮，进入 Type and Networking 页面。

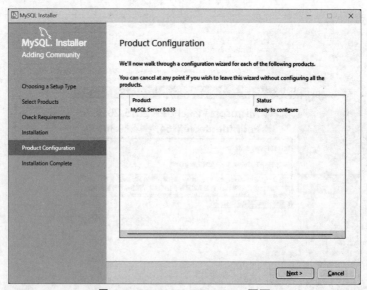

图 4-8　Product Configuration 页面

（2）在 Type and Networking 页面可以直接单击 Next 按钮，进入 Account and Roles
页面。如果有特殊需要，可以修改端口号、服务名等设置，建议选中 Show Advanced and
Logging Options 复选框，后面可以进行高级设置的修改，如图 4-9 所示。

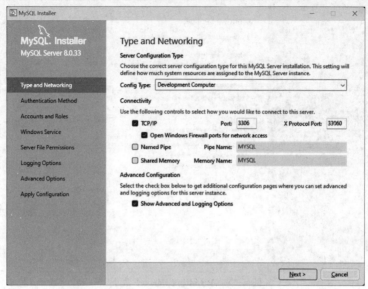

图 4-9　Type and Networking 页面

（3）在 Account and Roles 页面可以进行 Root 超级管理员账户密码的设置，设置完成
后单击 Next 按钮，进入 Windows Service 页面，如图 4-10 所示。

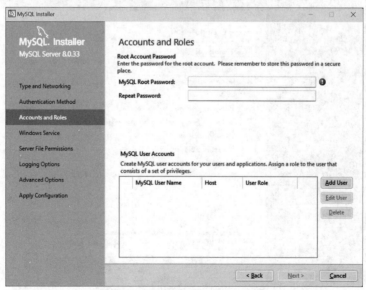

图 4-10　Account and Roles 页面

（4）在 Windows Service 页面可将 MySQL 加入 Windows 服务，并且将 MySQL 服务加入到系统的启动列表中，单击 Next 按钮，进入 Apply Configuration 页面，如图 4-11 所示。

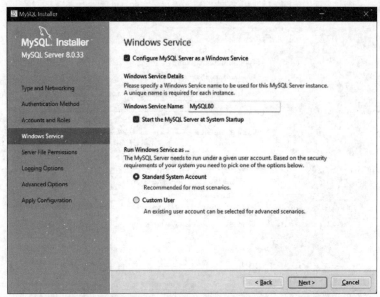

图 4-11　Windows Service 页面

（5）在 Apply Configuration 页面，当所有配置项前面都出现 ✅ 后，说明已经完成全部配置，单击 Finish 按钮结束配置，如图 4-12 所示。

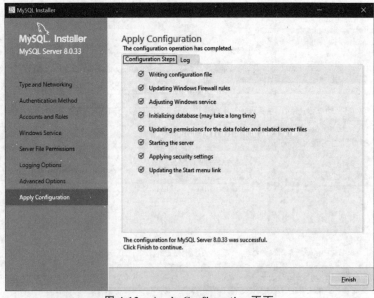

图 4-12　Apply Configuration 页面

（6）最后完成 MySQL Workbench 的安装，如图 4-13 所示。

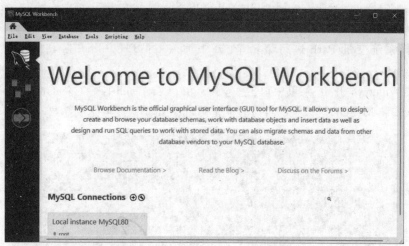

图 4-13　MySQL Workbench 欢迎页面

（7）除上述 MySQL 系统配置外，还需要对 Windows 系统环境变量进行如下配置。

① 在桌面右击"我的电脑"，出现"系统"菜单。

② 在"系统"菜单中，选择"属性"命令，再选择"高级选项"，最后选择"环境变量"，进入"环境变量"设置窗口，如图 4-14 所示。

图 4-14　配置环境变量

③ 在"环境变量"窗口中新建一个变量 MYSQL_HOME,其值是 MySQL 的安装路径,默认路径为 C:\Program Files\MySQL\MySQL Server 8.0\bin,如果安装时修改了路径,可使用最新的路径进行设置。

④ 选择系统变量 Path 进行编辑,在其中加入 C:\Program Files\MySQL\MySQL Server 8.0\bin。

(8) 在 Windows"开始"菜单中单击 MySQL 8.0 Command Line Client-Unicode,在打开的窗口中输入安装 MySQL 时设置的身份验证密码,按 Enter 键即可完成登录,如图 4-15 所示。

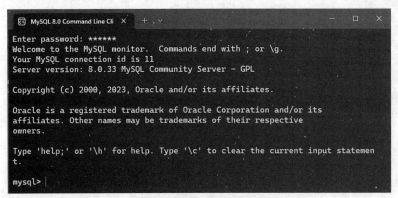

图 4-15　运行 MySQL 8.0 Command Line Client

(9) 在命令行输入"show databases;",按 Enter 键,若显示图 4-16 所示信息,则说明安装成功。

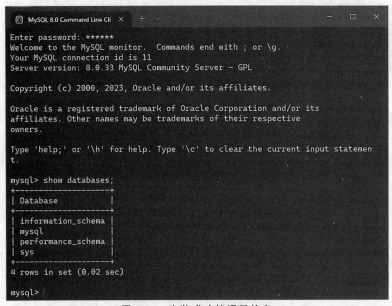

图 4-16　安装成功的提示信息

4.2.2 启动和关闭 MySQL 服务

1. 启动 MySQL 服务

如果在安装过程中忘记选择 Start the MySQL Server at System Startup，即没有将 MySQL 服务自动开启，则每次在使用 MySQL 数据库管理系统时，需要手动打开服务。具体操作步骤如下。

首先单击"开始"菜单，然后在搜索框中输入 services.msc 命令，打开"服务"窗口，或者直接搜索"服务"，如图 4-17 所示。

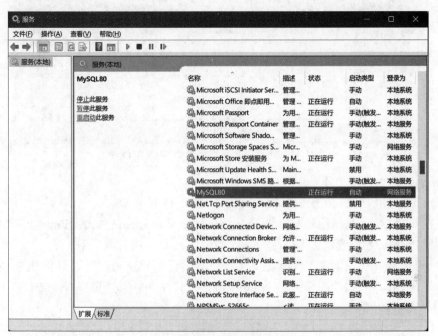

图 4-17 "服务"窗口

在"服务"窗口中可以看到安装时设置的 MySQL80（端口未修改的是 MySQL80）的服务，通过状态栏可以看到当前系统的 MySQL 服务已经启动，可以通过单击左侧的"停止此服务""暂停此服务""重启动此服务"按钮，对 MySQL 服务的状态进行修改。

2. 关闭 MySQL 服务

可以通过服务管理器或命令行退出 MySQL 服务。

（1）通过服务管理器退出服务。

① 单击"开始"菜单，在搜索框中输入 services.msc 命令，打开"服务"窗口；

② 在"服务"窗口中，找到 MySQL80 服务并选中，通过单击左侧的"停止此服务"按钮，退出 MySQL 服务，如图 4-18 所示。

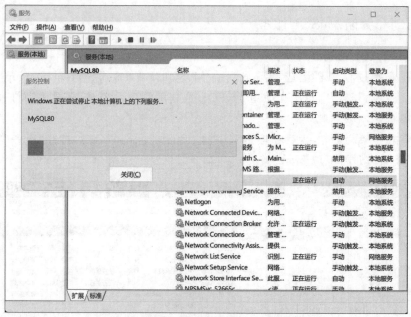

图 4-18　通过服务管理器退出 MySQL 服务

（2）通过命令行退出服务。

① 单击"开始"菜单，在搜索框中输入 cmd，打开 DOS 窗口；

② 在 DOS 窗口中，先输入 mysqladmin -uroot -p shutdown，然后在"Enter password："后输入安装时设置的超级管理员密码，按 Enter 键确认。

成功退出服务后没有提示，但是如果再次登录 MySQL 账户，则可能出现错误提示 Can't connect to MySQL server on 'localhost:3306'（10061），这说明 MySQL 服务已经成功关闭，如图 4-19 所示。

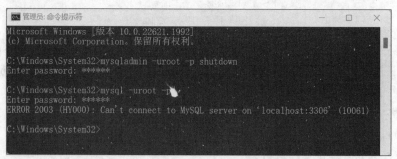

图 4-19　通过命令行退出 MySQL 服务

4.2.3　图形管理工具

MySQL Workbench、DataGrip、Navicat 等都是常见的数据库客户端工具，MySQL

Workbench 是在安装 MySQL 时集成的,为数据库管理员和开发人员提供了可视化的数据库操作环境,且是免费开源的,这可能是它最大的优势。因此后文均以 MySQL Workbench 的界面为例讲解数据库的基本操作。

Navicat 是一个商业化的应用,有 14 天的试用期,支持以下数据库:MySQL、MariaDB、MongoDB、Oracle、SQLite、PostgreSQL 和 Microsoft SQL Server。其优点是跨平台;支持多种数据库驱动、数据和结构的同步;支持可视化的查询和结果;具备优秀的导入导出功能;支持很多语言,包括波兰语、俄罗斯语、日文、葡萄牙语、汉语、西班牙语、法语和英语;能够与其他 Navicat 产品兼容。

DataGrip 出自 JetBrains 公司,同样也是商业化的产品,有 30 天的试用期,是一款跨平台的数据库管理客户端工具,可在 Windows、OS X 和 Linux 上使用;Datagrip 支持几乎所有的数据库,包括 Postgres、MySQL、Oracle、SQL Server、Azure、Redshift、SQLite、DB2、H2、Sybase、Exasol、Derby、MariaDB、HyperSQL、Clickhouse;方便连接到数据库服务器,执行 sql、创建表、创建索引以及导出数据等。DataGrip 在功能上相比 MySQL Workbench 和 Navicat 更为强大,可提供多数据库驱动、智能的上下文敏感和编码语法提示、可视化的表格编辑,添加、删除、编辑和克隆数据行,提供版本控制支持和重构支持。

4.3 MySQL 数据库的基本操作

4.3.1 数据库的相关操作

创建数据库的方法很多,不同数据库管理系统的操作也不同,常用的方法有如下两种。

(1)利用 SQL 语句创建数据库。

(2)利用前端工具创建数据库。

本节以前端工具 MySQL Workbench 为例进行介绍。操作步骤如下。

打开 Workbench 工具,输入用户名、密码后连接目标数据库服务器,打开 MySQL Workbench 窗口,如图 4-20 所示。

在 MySQL Workbench 窗口中选择 Schemas 区域,显示目前系统中所存储的数据库,在空白处右击,执行 Create Schema 命令创建新数据库,弹出 new_schema-Schema 对话框,如图 4-21 所示。

在 new_schema-Schema 对话框中,首先在 Name 文本框中输入要创建的数据库的名称 supply,然后在 Collation 下拉列表中选择 UTF-8 default collation(UTF-8 默认排序规则)选项,单击 Apply 按钮,弹出 Apply SQL Script to Database 页面,将创建表的操作转化为 SQL 语句后在 Workbench 中执行,如图 4-22 所示。

在 Apply SQL Script to Database 页面中再次单击 Apply 按钮,完成创建数据库操作。在左侧的 SCHEMAS 区域可以看到 supply,表示创建成功,如图 4-23 所示。

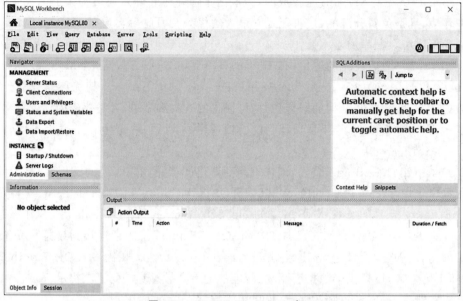

图 4-20 MySQL Workbench 窗口

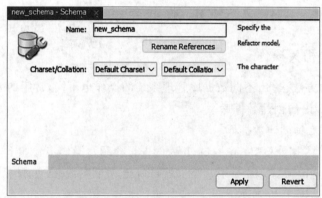

图 4-21 new_schema-Schema 对话框

4.3.2 表结构的相关操作

在 MySQL 中,可以利用 Workbench 创建和修改表,也可以利用 SQL 语句创建和修改表,本节以 Workbench 可视化环境下的表设计视图为例进行介绍。

1. 创建表

打开 Workbench 工具,连接目标数据库服务器,打开 MySQL Workbench 窗口。

在 MySQL Workbench 窗口中的 SCHEMAS 区域中,展开刚才创建的 supply 数据库的下拉列表,右击 Tables,在弹出的快捷菜单中执行 Create Table 命令,如图 4-24 所示。

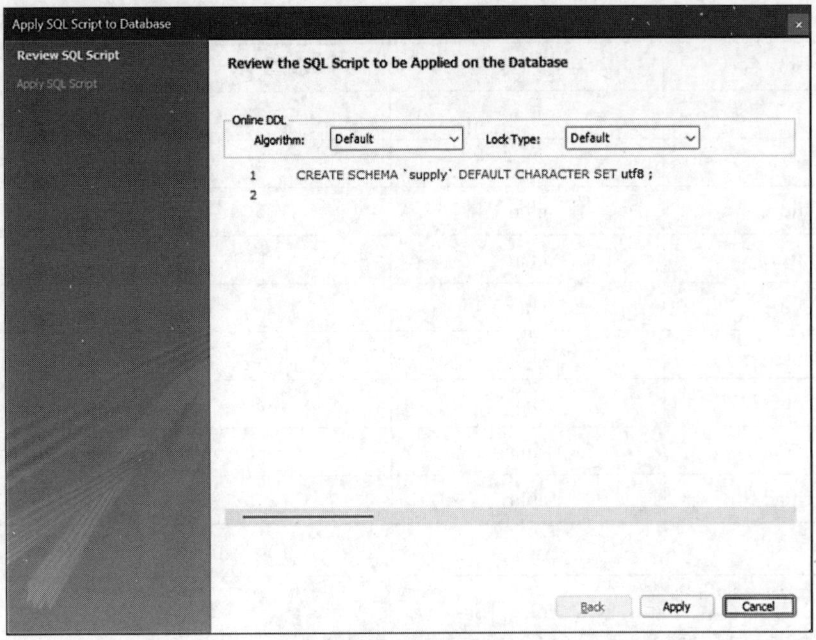

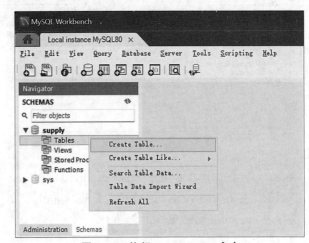

图 4-22 创建数据库 supply

图 4-23 数据库 supply 创建成功

图 4-24 执行 Create Table 命令

根据表 4-1 的内容创建新表 customers,注意定义表中所有字段的名称、类型和长度,如图 4-25 所示。

表 4-1   customers 表结构

字 段 名	字 段 类 型	字 段 长 度	索 引 类 型
cust_id	char	10	主键
cust_name	char	50	—
cust_address	char	50	—
cust_city	char	50	—
cust_state	char	5	—
cust_zip	char	10	—
cust_country	char	50	—
cust_contact	char	50	—
cust_email	char	255	

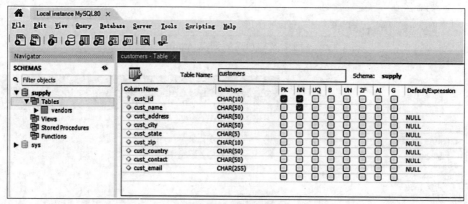

图 4-25   定义表结构

在 supply 数据库中创建表 customers,需要用“use 数据库名”指出当前操作的数据库,因此,本例需要在 create 语句前增加“USE supply;”语句,如图 4-26 所示。单击 Apply 按钮,保存表 customers,结束表的创建。

2. 修改表

打开 Workbench 工具,连接目标数据库服务器,打开 MySQL Workbench 窗口。

在 MySQL Workbench 窗口展开目标数据库的下拉菜单,在 SCHEMAS 区域右击 customers,在弹出的快捷菜单中执行 Alter Table 命令。在 Column Name 列双击字段 cust_name 进行编辑,将字段名改为 name,如图 4-27 所示。

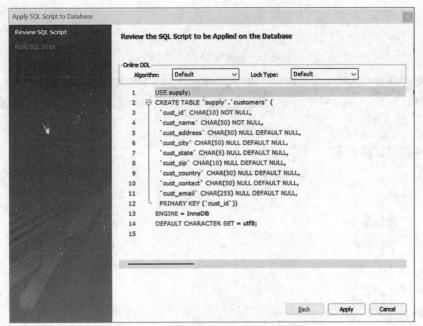

图 4-26 指明当前操作的是 supply 数据库

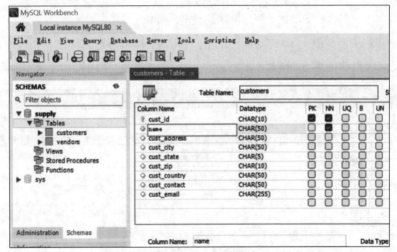

图 4-27 修改 cust_name 字段名为 name

单击 Apply 按钮保存表 customers，结束修改表结构。类似地，也可以修改表中某个属性的数据类型、完整性约束，或者增加新的属性、删除属性等。

4.3.3 逆向生成 E-R 图

构建 E-R 图的模型来源有数据库逆向、导入外部.sql 文件和手动创建数据库模型三种方式。本节介绍在 DBMS 中使用数据库逆向生成 E-R 图。在生成 E-R 图之前，先完成 4.4 练习题第 2 题，将创建表（vendors、products、orders、orderitems）。

执行 Database→Reverse Engineer 命令，如图 4-28 所示。

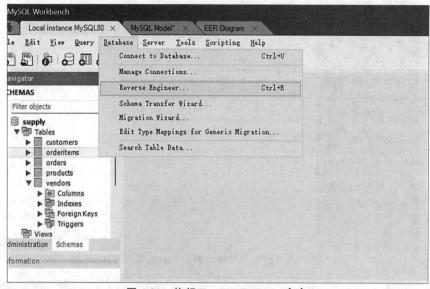

图 4-28　执行 Reverse Engineer 命令

选择刚创建的本地数据库连接，输入数据库用户密码，按引导执行相应操作即可得到图 4-29。即 DBMS 根据所创建的表和外键定义的表与表之间的关系，逆向做出了实体-联系模型。

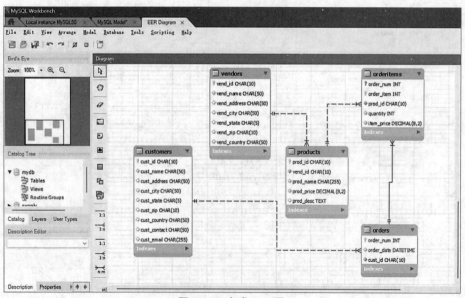

图 4-29　生成 E-R 图

4.3.4　数据库的备份与还原

1. 利用 Workbench 工具备份

打开 Workbench 工具,连接目标数据库服务器。在 Administration 模块下的 MANAGEMENT 区域选择 Data Export 选项,打开 Data Export 窗口。

在 Data Export 窗口中选择 Object Selection 选项卡,选择需要备份的数据库 supply, 然后单击 supply,可以查看导出的具体表或视图,如图 4-30 所示。

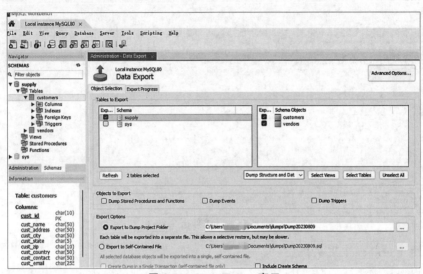

图 4-30　Data Export 窗口

可以在 Dump Structure and Data 下拉列表中根据需要选择导出内容,包括导出表结构 和数据(Dump Structure and Data)、仅导出表结构(Dump Structure Only)或者仅导出数据 (Dump Data Only),如图 4-31 所示。

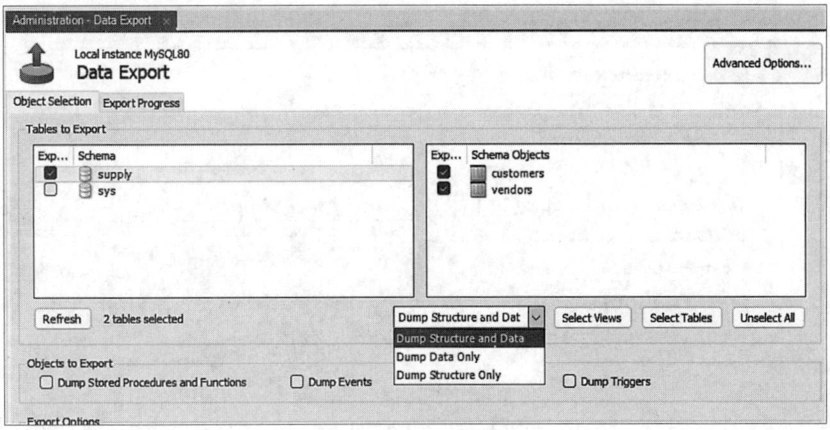

图 4-31　选择导出内容

在 Export to Dump Project Folder 文本框中选择导出文件的保存路径。在配置完导出选项后,单击 Start Export 按钮开始导出任务,导出工作完成后如图 4-32 所示。

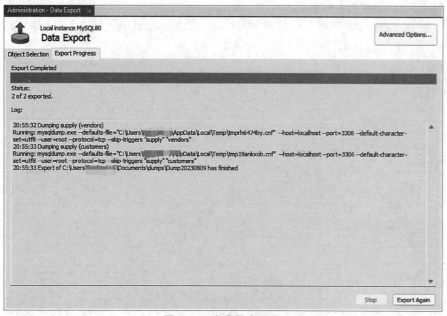

图 4-32 完成导出工作

2. 利用 Workbench 工具恢复

打开 Workbench 工具,连接目标数据库服务器。在 Administration 模块下的 MANAGEMENT 区域,选择 Data Import/Restore 选项,打开 Data Import 窗口。

选择 Data Import 窗口的 Import from Disk 选项卡,根据导入需求选择 Import from Dump Project Folder 或者 Import from Self-Contained File 单选按钮,并选择备份文件,如图 4-33 所示。

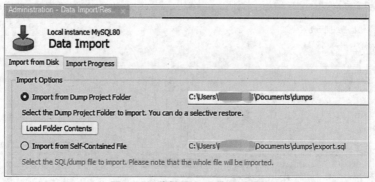

图 4-33 选择导入文件的位置

在 Dump Structure and Data 下拉列表中根据需要选择导入内容,包括导入表结构和数据(Dump Structure and Data)、仅导入表结构(Dump Structure Only)或者仅导入数据(Dump Data Only),如图 4-34 所示。

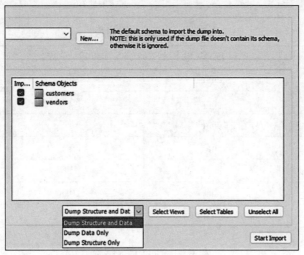

图 4-34 选择导入内容

导入完成结果如图 4-35 所示。

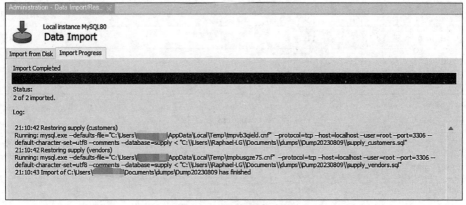

图 4-35 完成导出工作

4.4 练 习 题

1. 以下选项中选择数据库的命令是(　　)。

　A. USE database_name

　B. CREATE DATABASE database_name

C. ALTER DATABASE database_name

D. DROP DATABASE database_name

2. 根据表 4-2～表 4-5 中所展示的数据表结构,在数据库(supply)中利用 Workbench 可视化界面创建数据表(vendors、products、orders、orderitems)。

表 4-2　vendors 表结构

字　段　名	字　段　类　型	字　段　长　度	索　引　类　型
vend_id	char	10	主键
vend_name	char	50	—
vend_address	char	50	—
vend_city	char	50	—
vend_state	char	5	—
vend_zip	char	10	—
vend_country	char	50	—

表 4-3　products 表结构

字　段　名	字　段　类　型	字　段　长　度	索　引　类　型
prod_id	char	10	主键
vend_id	char	10	外键
prod_name	char	255	—
prod_price	decimal	8,2	—
prod_desc	text	—	—

表 4-4　orders 表结构

字　段　名	字　段　类　型	字　段　长　度	索　引　类　型
order_num	int	—	主键
order_date	datatime	—	—
cust_id	char	10	外键

表 4-5　orderitems 表结构

字　段　名	字　段　类　型	字　段　长　度	索　引　类　型
order_num	int	—	主键,外键
order_item	int	—	主键
prod_id	char	10	外键

续表

字 段 名	字 段 类 型	字 段 长 度	索 引 类 型
quantity	int	—	—
item_price	decimal	8,2	—

3. 创建一个新的数据库 academic,并创建 3 个空表。

(1) C(Cno,Cname,Credit,Pro)。

(2) S(Sno,Sname,Ssex,Sage,Sdept)。

(3) SC(Sno,Cno,Grade)。

4. 在 MySQL 中完成以下操作。

(1) 在 academic 数据库中新增一个表 Department(ID,dept_name,location,budget)。

(2) 在表 Department 中添加属性 establish_date。

(3) 删除表 Department。

5. 下列选项中说法错误的是(　　)。

　　A. 数据库管理软件可进行数据库安全控制

　　B. MySQL 的备份与恢复不是一种常规的安全策略

　　C. 要想实现及时有效的数据恢复,需对数据进行备份

　　D. MySQL 的备份主要分为逻辑备份和物理备份

第 5 章

SQL 数据定义与操纵

学习目标：

- 了解 SQL
- 掌握 MYSQL 的基本数据类型
- 了解 SQL 数据定义
- 掌握创建数据表
- 掌握数据操纵（增删改）的方法

5.1 SQL 概 述

5.1.1 SQL 的发展历史

SQL(structured query language,结构化查询语言)是关系数据库的标准语言,是专门用来与数据库通信的语言,其利用一些简单的句子构成基本的语法来存取数据库中的内容,便于用户从数据库中获得和操作所需数据。

1972 年,IBM 公司开始研制实验型关系数据库管理系统 System R,并且为其配置了 SQUARE(specifying queries as relational expression)查询语言。1974 年, Boyce 和 Chamberlin 在此基础上对其进行改进,将 SQUARE 语言改为 SEQUEL(structured english query language),后来 SEQUEL 简称为 SQL,即"结构化查询语言",并首先在 IBM 公司研制的关系数据库管理系统 System R 上实现。1986 年 10 月,经美国国家标准局(ANSI)的数据库委员会 X3H2 批准,将 SQL 作为关系数据库语言的美国标准,同年公布了标准 SQL。1987 年 6 月,国际标准化组织(International Organization for Standardization,ISO)将其采纳为国际标准。这两个标准现在称为"SQL 86"。ANSI 在 1989 年 10 月颁布了增强完整性特征的 SQL 89 标准,1992 年又公布了 SQL 92 标准,1999 年发布了 SQL 99 标准,以后每隔几年会推出一个新版本,目前最近的版本是 SQL 2022 标准。

SQL 是关系数据库的公共语言。用户可将使用 SQL 的应用从一个关系型数据库管理系统转移到另一系统。SQL 主要由数据定义语言、数据操纵语言和数据控制语言组成。

数据定义语言(data definition language,DDL)用来定义数据的结构,是对数据的格式和形态进行定义的语言,主要用于创建、修改和删除数据库对象、表、索引、视图及角色等,常用的语句有 CREATE、ALTER 和 DROP 等。每个数据库要建立时首先要面对一些问题,例如,数据与哪些表有关、表内有什么栏目主键,以及表与表之间互相参照的关系等,这些都需要在设计开始时就预先规划好,所以,DDL 是数据库管理员和数据库拥有者才有权操作的用于生成与改变存储结构的命令语句。

数据操纵语言(data manipulation language,DML)用于读取和操纵数据,数据定义完成后接下来就是对数据的操作。数据的操作主要有插入数据(INSERT)、查询数据(SELECT)、更改数据(UPDATE)和删除数据(DELETE)4 种方式,即数据操纵主要用于数据的更新、插入等操作。

数据控制语言(data control language,DCL)用于安全性控制,如权限管理、定义数据访问权限、进行完整性规则描述及事务控制等,其主要内容包括授予或回收操作数据库的某种特权、控制数据库操纵事务发生的时间及效果、对数据库实行监视三方面。

5.1.2 SQL 的特点

SQL 具有以下 4 个特点。

(1) 功能完备并且一体化。数据库的主要功能就是通过数据库支持的数据语言来实现的。SQL 不但具有数据定义、数据查询、数据操作、数据控制等功能,而且这些功能已被集成到一个语言系统中,只要用 SQL 就可以实现数据库生命周期中的全部活动。

(2) 语言简洁,易学易用。尽管 SQL 的功能很强,但语言十分简洁,SQL 的核心功能通过表 5-1 展示的 9 个语句来实现。

表 5-1 SQL 的功能及实现语句

SQL 的功能	语　句
数据定义	CREATE、DROP、ALTER
数据查询	SELECT
数据操纵	INSERT、UPDATE、DELETE
数据控制	GRANT、REVOKE

(3) 高度非过程化语言。SQL 允许用户在高层的数据结构上工作,而不对单个记录进行操作,可以操作记录集。SQL 语句接受集合作为输入,返回集合作为输出。在 SQL 中,用户只需要在程序中说明"做什么",无须说明"怎样做",即无须用户指定对数据存放的方法。

(4) 统一的语法结构。SQL 可用于所有用户的模型,包括系统管理员、数据库管理员、应用程序员及终端用户,这些用户可以通过自含式语言和嵌入式语言两种方式对数据库进行访问,这两种方式使用统一的语法结构。

5.1.3　SQL 体系结构

SQL 支持关系数据库体系结构，即外模式、模式和内模式。利用 SQL 可以实现对三级模式的定义、修改和数据的操作功能，在此基础上形成了 SQL 的体系结构，如图 5-1 所示。

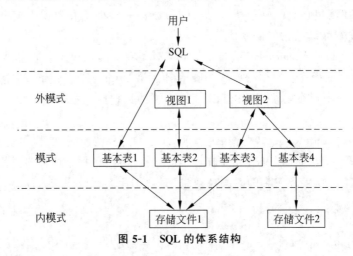

图 5-1　SQL 的体系结构

SQL 的体系结构中包含用户、基本表、视图和存储文件。

（1）用户。SQL 用户可以是应用程序，也可以是终端用户。SQL 语句可嵌入在宿主语言的程序中使用，也可以作为独立的用户接口，供交互环境下的终端用户使用。

（2）基本表。基本表简称基表，它是数据库中实际存在的表，在 SQL 中一个关系对应于一个基本表。

（3）视图。SQL 用视图概念支持非标准的外模式概念。视图是从一个或几个基表导出的表，虽然它也是关系形式，但它本身不实际存储在数据库中，只存放对视图的定义信息（没有对应的数据）。因此，视图是一个虚表或虚关系，而基表是一种实关系。

（4）存储文件。每个基表对应一个存储文件，每个存储文件都与外部存储器上一个物理文件对应。一个基表还可以带一个或几个索引，存储文件和索引一起构成了关系数据库的内模式。

因此可以看出，一个基本表可以存放在多个存储文件中，一个存储文件也可以存放多个基本表的数据；一个视图可以来自多个基本表，一个基本表可以构造多个视图；一个用户可以查询多个视图，一个视图也可以被多个用户访问。

5.2　MySQL 的基本数据类型

数据类型是定义列中可以存储什么数据以及该数据实际怎样存储的基本规则。在创建表时，表中的每个字段都有数据类型，用来指定数据的存储格式、约束和有效范围。选择合适的数据类型可以有效地节省存储空间,同时可以提升数据的计算性能。在设计表时,应该特别重视所用的数据类型。使用错误的数据类型可能会严重地影响应用程序的功能和性能。更改包含数据的列不是一件小事(而且这样做可能会导致数据丢失)。MySQL 提供了多种数据类型,常用的主要包括数值类型(包括整数类型和小数类型)、字符串类型、日期时间类型和二进制类型。

1. 数值类型

MySQL 支持多种数值数据类型,每种存储的数值具有不同的取值范围。显然,支持的取值范围越大,所需存储空间越多。此外,有的数值数据类型支持使用十进制小数点,有的则只支持整数。表 5-2 列出了常用的 MySQL 数值数据类型。

表 5-2 常用的 MySQL 数值数据类型

数 据 类 型	说 明
BIT	位字段,1~64 位(在 MySQL 5 之前,BIT 在功能上等价于 TINYINT)
BIGINT	整数值,支持 －9223372036854775808 ~ 9223372036854775807(如果是 UNSIGNED,为 0~18446744073709551615)范围内的数值
BOOLEAN(或 BOOL)	布尔标志,值为 0 或 1,主要用于开/关(on/off)标志
DECIMAL(或 DEC)	精度可变的浮点值
DOUBLE	双精度浮点值
FLOAT	单精度浮点值
INT(或 INTEGER)	整数值,支持 －2147483648 ~ 2147483647(如果是 UNSIGNED 为 0~4294967295)范围内的数值
MEDIUMINT	整数值,支持－8388608~8388607(如果是 UNSIGNED,为 0~16777215)范围内的数值
REAL	4 字节的浮点值
SMALLINT	整数值,支持－32768~32767(如果是 UNSIGNED,为 0~65535)范围内的数值
TINYINT	整数值,支持－128~127(如果是 UNSIGNED,为 0~255)范围内的数值

默认情况下,整数类型既可以表示正整数,也可以表示负整数。如果只希望表示正整数,则可以使用关键字 UNSIGNED 来修饰。例如,要将学生表中的学生年龄字段定义为无符号整数,可以使用 SQL 语句 AGE TINYINT UNSIGNED 来实现。

对于整数类型还可以指定其显示宽度,例如 int(8)表示当数值宽度小于 8 位时在数字前面填满宽度。如果在数字位数不够需要用 0 填充时,则可以使用关键字 zerofill。但是在插入的整数位数大于指定的显示宽度时,将按照整数的实际值进行存储。

2. 字符串类型

最常用的数据类型是串数据类型。它们存储串,如名字、地址、电话号码、邮政编码等。

有两种基本的串类型,分别为定长串和变长串,如表 5-3 所示。

表 5-3　字符串类型

数 据 类 型	说　　　明
CHAR	1～255 个字符的定长串。它的长度必须在创建时指定,否则 MySQL 假定为 CHAR(1)
VARCHAR	长度可变,最多不超过 255 字节。如果在创建时指定为 VARCHAR(n),则可存储 0 到 n 个字符的变长串(其中 $n \leqslant 255$)
TINYTEXT	最大长度为 255B 的变长文本
TEXT	最大长度为 64KB 的变长文本
MEDIUMTEXT	最大长度为 16KB 的变长文本
LONGTEXT	最大长度为 4GB 的变长文本
ENUM	枚举类型,接受最多 64KB 个串组成的一个预定义集合的某个串
SET	集合类型,接受最多 64B 个串组成的一个预定义集合的零个或多个串

定长串接受长度固定的字符串,其长度是在创建表时指定的。例如,名字列可允许 30 个字符,而身份证号列允许 18 个字符。定长列不允许多于指定的字符数目。它们分配的存储空间与指定的一样多。

变长串存储可变长度的文本。有些变长数据类型具有最大的定长,而有些则是完全变长的。不管是哪种,只有指定的数据得到保存(额外的数据不保存)。

既然变长数据类型这样灵活,为什么还要使用定长数据类型?是因为性能。MySQL 处理定长列远比处理变长列快得多。此外,MySQL 不允许对变长列(或一个列的可变部分)进行索引,这也会极大地影响性能。

3. 日期和时间数据类型

MySQL 使用专门的数据类型来存储日期和时间值,见表 5-4。

表 5-4　日期和时间数据类型

数 据 类 型	说　　　明
DATE	表示 1000-01-01～9999-12-31 的日期,格式为 YYYY-MM-DD
DATETIME	DATE 和 TIME 的组合
TIMESTAMP	功能和 DATETIME 相同(但范围较小)
TIME	格式为 HH：MM：SS
YEAR	用 2 位数字表示,范围是 70(1970 年)～69(2069 年);用 4 位数字表示,范围是 1901～2155 年

4. 二进制数据类型

二进制数据类型主要存储二进制数据,如图像、多媒体、字处理文档等,如表 5-5 所示。

表 5-5 二进制数据类型

数 据 类 型	说 明
BLOB	Blob 最大长度为 64KB
MEDIUMBLOB	Blob 最大长度为 16MB
LONGBLOB	Blob 最大长度为 4GB
TINYBLOB	Blob 最大长度为 255B

5.3 SQL 数据定义

5.3.1 基本表的定义

1. 表结构的定义

建立数据库最重要的一步就是定义基本表的结构。SQL 用于创建基本表的语法结构为

```
CREATE TABLE<表名>
(<列名><数据类型>[列级完整性约束条件]
  [,<列名><数据类型>[列级完整性约束条件]]
  …
  [,<表级完整性约束条件>]);
```

说明：

① 表名是所要定义的基本表的名字,表可以由一个或多个属性(列)组成。

② 定义表的各个列时需要指明其数据类型及长度。

③ 完整性约束条件。关系完整性约束包括实体完整性、参照完整性和用户定义完整性。这三种完整性约束条件都可以在表的定义中给出。其中,实体完整性定义表的主关键字,参照完整性定义外关键字,用户定义完整性根据具体应用对关系模式提出要求,主要包括对数据类型、数据格式、取值范围、空值约束等的定义。

完整性约束又可分为列完整性、元组完整性和表级完整性三个级别。在关系模式的定义中,最常定义的是列完整性约束和表级完整性约束。用户定义的完整性规则属于列级完整性约束,而实体完整性和参照完整性都属于表级完整性约束。

由于完整性约束条件也是关系模式定义的一部分,所以下面给出部分完整性约束条件的定义方法。这些完整性约束条件被存入系统的数据字典中,当用户操作表中数据时由 DBMS 自动检查该操作是否违背这些完整性约束条件。

例 5-1 建立一个"学生"表 S,它由学号 Sno、姓名 Sname、性别 Ssex、年龄 Sage、籍贯 Shome 五个属性组成。其中学号不能为空,值是唯一的。

```
CREATE TABLE S
  (Sno  CHAR(5)  NOT NULL  UNIQUE,
   Sname  CHAR(8),
   Ssex  CHAR(2),
   Sage  INT,
   Shome  CHAR(15));
```

上述 SQL 语句执行后,将建立一个新的空"学生"表 S(见图 5-2)。其中,NOT NULL 和 UNIQUE 分别说明学号 Sno 不能取空值和重复的值,该约束等同于主码的约束。

Sno	Sname	Ssex	Sage	Shome

字符型　　　　字符型　　　　字符型　　　　整数　　　　字符型
长度为5　　　长度为8　　　长度为2　　　　　　　　　长度为15
不能为空值

图 5-2 "学生"表 S

2. 主关键字的定义

一个关系可能有多个候选关键字,但在定义基本表时只能定义一个主关键字。一个关系的主关键字由一个或几个属性构成,在 CREATE TABLE 中声明主关键字的方法如下:

(1) 在列出关系模式的属性时,在属性及其类型后加上保留字 PRIMARY KEY,表示该属性是主关键字。

(2) 在列出关系模式的所有属性后,再附加一个声明:

PRIMARY KEY(<属性 1>[,<属性 2>,…])

说明:如果关键字由多个属性构成,则必须使用方法(2)。

例 5-2 建立一个"学生"表 S,它由学号 Sno、姓名 Sname、性别 Ssex、年龄 Sage、籍贯 Shome 五个属性组成。其中学号是主关键字。

方法 1:

```
CREATE TABLE S
  (Sno  CHAR(5)  PRIMARY KEY,
   Sname  CHAR(8) ,
   Ssex  CHAR(2) ,
   Sage  INT,
   Shome  CHAR(15));
```

方法 2:

```
CREATE TABLE S
  (Sno  CHAR(5) ,
   Sname  CHAR(8) ,
   Ssex  CHAR(2) ,
```

```
Sage    INT,
Shome   CHAR(15)
PRIMARY  KEY(Sno));
```

例 5-3 建立一个"班级"表 C，它由班级号 Cno、班级名 Cname、班级人数 Csize、所在年级 Cgrade、所在院系 Cdept 共 5 个属性组成，其中，课程号 Cno 为主关键字。

```
CREATE TABLE C
  (Cno  CHAR(8)  NOT NULL  UNIQUE,
   Cname  CHAR(15),
   Csize  SMALLINT,
   Cgrade  CHAR(4),
   Cdept  CHAR(15),
   PRIMARY  KEY(Cno));
```

从例 5-3 可以看出，虽然非空（NOT NULL）约束和唯一（UNIQUE）约束结合在一起的作用等同于主键（PRIMARY KEY）约束，但是，二者是可以重复定义的。同时，虽然主键的声明是可选的，但为每个关系指定一个主键会更好些。

例 5-4 建立一个"学生分班"表 SC，它由学号 Sno、班级号 Cno，分班成绩 Grade 组成，其中（Sno，Cno）为主码。

```
CREATE TABLE SC
  (Sno CHAR(5),
   Cno CHAR(4),
   Grade  INT,
   PRIMARY KEY (Sno, Cno));
```

3. 外部关键字的定义

外部关键字的定义是建立参照完整性的约束，它是关系模式的另一种重要约束。根据参照完整性的概念，在 SQL 中，有两种方法用于说明一个外部关键字。

(1) 如果外部关键字只有一个属性，可以在它的属性名和类型后面直接用 REFERENCES 说明它参照了某个表的某些属性（必须是主关键字）。其语法格式为

```
REFERENCES<表名>(<属性>)
```

(2) 在 CREATE TABLE 语句的属性列表后面增加一个或几个外部关键字说明，其格式为

```
FOREIGN KEY(<属性 1>)REFERENCES<表名>(<属性 2>)
```

其中，"属性 1"是外部关键字，"属性 2"是被参照的属性。

例 5-5 为例 5-4 中的"学生分班"表 SC 建立外码，分别参照例 5-2 学生表中的学号和例 5-3 班级表中的班级号。

```
CREATE TABLE SC
  (Sno CHAR(5),
```

```
Cno CHAR(4),
Grade   INT,
PRIMARY KEY (Sno, Cno)
FOREIGN KEY(Sno)   REFERENCES   S(Sno)
FOREIGN KEY(Cno)   REFERENCES   C(Cno));
```

该例中定义了两个外关键字：学生分班表中的学号和班级号。根据参照完整性规则，学生分班表中的学号要么取空值，要么取学生表中的学号值。但是，由于学生分班表中的学号又是该关系主关键字中的属性，根据实体完整性约束条件，主属性不能取空值。所以，学生分班表中的外关键字学号只能取学生表中学号的值，不能取空值。另一个外关键字班级号的取值亦然。

4. 默认值的定义

可以在定义属性时增加保留字 DEFAULT 为表中某列的取值定义一个默认值。例如：

```
CREATE TABLE C
  (Cno  CHAR(8)  NOT NULL  UNIQUE,
   Cname  CHAR(15),
   Csize  SMALLINT  DEFAULT  50,
   Cgrade  CHAR(4),
   Cdept  CHAR(15),
   PRIMARY  KEY(Cno));
```

5.3.2　基本表的修改

随着应用环境和应用需求的变化，有时需要修改已经建立好的基本表，如增加列、增加新的完整性约束条件、修改原有的列定义或删除已有的完整性约束条件等，此处仅列出其中的部分语法。

语法格式：

```
ALTER TABLE <表名>
[ADD [COLUMN]<新列名><数据类型>[<完整性约束>]]
|[DROP [COLUMN]<列名>]
|[DROP CONSTRAINT<完整性约束名>]
|[CHANGE <列名><新列名><新数据类型>];
```

其中，<表名>是要修改的基本表；ADD 子句用于增加新列和新的完整性约束；DROP 子句用于删除某一列；DROP CONSTRAINT 子句用于删除指定的完整性约束；CHANGE 子句用于修改列名和数据类型。

例 5-6　在学生表 S 中增加"技能 Sskill"属性，类型为 CHAR。

```
ALTER TABLE S ADD COLUMN Sskill CHAR(20);
```

例 5-7　在班级表 C 中修改"所在院系 Cdept"属性的长度为 20 位。

```
ALTER TABLE C CHANGE COLUMN Cdept Cdept CHAR(20);
```

例 5-8 在学生表 S 中删除"技能 Sskill"属性。

```
ALTER TABLE S DROP COLUMN Sskill;
```

注意：

① 可以增加或减少某一列的长度，但是修改后的长度不能小于该列原有数据的长度；

② 对于 NULL 值约束进行修改的问题。该问题产生于将某列的约束从 NULL 改变为 NOT NULL 时，要求指定的字段中不能有 NULL 值。如果包含值为 NULL 的字段，则必须先删掉所发现的任何 NULL 值，然后使用 ALTER TABLE 命令进行修改。

5.3.3 基本表的删除

当不仅要删除表中的数据而且要删除表的结构时，可以使用 DROP TABLE 语句。该语句的格式如下：

```
DROP TABLE <表名> [RESTRICT|CASCADE];
```

RESTRICT 表示如果有视图或约束条件涉及要删除的表时，就禁止 DBMS 执行该命令；而 CASCADE 选项则将该表与其涉及的对象一起删除。

例 5-9 假设存在表 Temp，现将其删除，并将与该表有关的其他数据库对象一起删除。对应的 SQL 语句如下：

```
DROP TABLE Temp CASCADE;
```

5.4 数 据 操 纵

SQL 对数据的操纵是指用 INSERT、UPDATE、DELETE 语句来进行插入、更新和删除数据库表中记录行的数据，由 DML 语言实现，它们是数据库的主要功能之一。

5.4.1 插入数据

1. 插入单个元组

插入语句的一般格式为：

```
INSERT INTO <表名>[(<属性列 1>[,<属性列 2>…])]
VALUES (<常量 1>[,<常量 2>…]);
```

如果某些属性列在 INSERT INTO 子句中没有出现，则新记录在这些列上将取空值。但必须注意的是，在表定义时说明了 NOT NULL 的属性列不能取空值，否则会出错。

如果 INSERT INTO 子句中没有指明任何列名，则新插入的记录必须在每个属性列上均有值且新插入记录的属性值与原表属性应一一对应。

例 5-10 将一个新学生记录(学号 Sno：091530，姓名 Sname：Jack，性别 Ssex：男，年龄 Sage：24，籍贯 Shome：海南)插入到学生表 S 中。

```
INSERT INTO S VALUES('091530','Jack',男,'24','海南');
```

2. 插入子查询结果

子查询也可以嵌套在 INSERT 语句中，用以生成要插入的数据。其功能是以批量插入，一次将子查询的结果全部插入指定表中。

```
INSERT INTO <表名>[(<属性列 1>[,<属性列 2>…])]
子查询;
```

例 5-11 从学生表 S1 合并学生列表到学生表 S 中(S1 的属性列与 S 一致)。

```
INSERT INTO S
SELECT Sno,Sname,Ssex,Sage,Shome FROM S1;
```

注意：SELECT Sno，Sname，Ssex，Sage，Shome FROM S1 是一个子查询，SELECT 的具体用法将在第 6 章介绍。

5.4.2 更新数据

更新操作语句的一般格式为：

```
UPDATE <表名>
SET <列名>=<表达式> [,<列名>=<表达式>] …
[WHERE <条件>];
```

其功能是修改指定表中满足 WHERE 子句条件的元组。其中，SET 子句用于指定修改方法，即用表达式的值取代相应的属性列值。如果省略 WHERE 子句，则表示要修改表中的所有元组。

1. 更新表中元组的一个属性

例 5-12 将学生表 S 中的 02111 号学生的籍贯改为江苏。

```
UPDATE  S
SET  Shome='江苏'
WHERE Sno='02111';
```

2. 更新表中元组的多个属性

例 5-13 将学生表 S 中的 02112 号学生的年龄改为 24，并将籍贯改为上海。

```
UPDATE  S
SET Sage='24',
Shome='上海'
```

```
WHERE Sno='02112';
```

3. 带子查询的修改

例 5-14　将分班表 SC 中的管理学院学生的分班成绩清零。

```
UPDATE SC
SET Grade = 0
WHERE Sno IN
  (SELECT Sno
   FROM S
   WHERE Sdept='管理学院');
```

带有子查询的修改操作,执行过程类似于相关子查询。如例 5-14 中,首先考查父查询学生分班表的第一条记录,取其学号值放到子查询中执行;如果查询的结果为"管理学院",使得父查询中 WHERE 条件为真,则将当前考查的这条记录中的分班成绩修改为零;接着考查学生分班表中的第二条记录,以此类推。

5.4.3　删除数据

不正确、过时的数据应该删除,可以使用 DML 中的 DELETE 语句删除表中已经存在的数据。删除语句的格式如下:

```
DELETE FROM <表名>
[ WHERE <条件>];
```

删除可以分为如下 3 种情况。

(1) 删除某个(某些)元组的值,由 WHERE 子句给出删除条件。

(2) 删除全部元组的值,省略 WHERE 子句。

(3) 带子查询的删除语句。

例 5-15　删除学生表 S 中学号为 02113 的学生记录。

```
DELETE FROM S
WHERE Sno = '02113';
```

例 5-16　删除分班表 SC 中管理学院所有学生的分班记录。

```
DELETE FROM SC
WHERE Sno IN
    (SELECT Sno
     FROM S
     WHERE Sdept='管理学院');
```

带有子查询的删除操作,执行过程与带子查询的修改更新操作类似。如例 5-16 中,首先判断父查询学生分班表的第一条记录,取其学号值放到子查询中执行,如果查询的结果为"管理学院",使父查询中 WHERE 条件为真,则删除当前的这条记录;接着判断学生分班表中的第二条记录,以此类推。

5.5 练 习 题

1. 简述 SQL 的主要组成部分是什么?

2. SQL 的特点有哪些?

3. 简述 SQL 的四项功能以及它们的实现语句。

4. 简述 MySQL 的基本数据类型,并且各列举两个例子。

5. 根据如下要求创建销售数据表,写出对应的 SQL 语句,注意为各个属性设置合适的数据类型。

表名:Sales

列名:订单编号(Sno:主键)、订单商品(Sgood)、销售日期(Stime)、商品单价(Sprice:正数)、订单数量(Svol:正整数)、订单总价(Sgmv)。

6. 在第 5 题的销售数据表中新增 1 列"销售员编号 Ssaler"数据,写出 SQL 语句。

7. 根据表 5-6 所示信息,用 SQL 语句完成销售数据表数据的插入。

表 5-6 销售数据表信息

Sno	Sgood	Stime	Sprice	Svol	Sgmv	Ssaler
00001	苹果	2023/09/01	2	6	12	001
00002	香蕉	2023/09/02	2	8	16	001
00003	西瓜	2023/09/02	4	6	24	002
00004	梨	2023/09/02	6	12	72	003
00005	苹果	2023/09/03	2	4	8	004
00006	西瓜	2023/09/03	4	3	12	004
00007	西瓜	2023/09/04	4	8	32	005

8. 在第 7 题建立的销售数据表中将 2023 年 9 月 1 日销售员编号为 001 的所有相关销售数据删除,写出对应的 SQL 语句。

9. 在第 7 题的销售数据表中将 2023 年 9 月 2 日中所有销售数据记录的订单数量减半,写出对应的 SQL 语句。

第 6 章

SQL 数据查询：单表查询

学习目标：

- 掌握数据检索、排序与过滤的基本方法
- 掌握函数的基本概念、分类与使用方法
- 了解不同类型的聚集函数
- 能够使用聚集函数汇总数据
- 掌握分组查询的基本方法
- 掌握 SELECT 子句的使用顺序

在本章以及第 7 章介绍具体数据实例时，主要使用以下数据。首先在 MySQL 中创建一个 Supply 数据库，用来存储产品的销售记录、供应商信息、顾客信息等整个供应链的运作过程，主要包括 vendors（供应商）、products（产品）、customers（顾客）、orders（订单）、orderitems（订单详情）共 5 个数据表，列名及说明如图 6-1 所示。

vendors 表存储销售产品的供应商信息。每个供应商在这个表中一个记录，供应商 ID 列（vend_id）用于产品与供应商的匹配。

products 表包含产品目录，每行对应一种产品。每种产品有唯一的 ID（prod_id 列），并且借助 vend_id（供应商唯一 ID）与供应商相关联。

vendors

列　名	说　明
vend_id	唯一的供应商 ID
vend_name	供应商名
vend_address	供应商的地址
vend_city	供应商所在城市
vend_state	供应商所在州
vend_zip	供应商地址邮政编码
vend_country	供应商所在国家

(a)

图 6-1　supply 数据库数据表

products

列 名	说 明
prod_id	唯一的产品 ID
vend_id	产品供应商 ID（关联到 vendors 表）
prod_name	产品名
prod_price	产品价格
prod_desc	产品描述

(b)

customers

列 名	说 明
cust_id	唯一的顾客 ID
cust_name	顾客名
cust_address	顾客的地址
cust_city	顾客所在城市
cust_state	顾客所在州
cust_zip	顾客地址邮政编码
cust_country	顾客所在国家
cust_contact	顾客的联系名
cust_email	顾客的电子邮件地址

(c)

orders

列 名	说 明
order_num	唯一的订单号
order_date	订单日期
cust_id	订单顾客 ID（关联到表 customers）

(d)

orderitems

列 名	说 明
order_num	订单号（关联到 orders 表）
order_item	订单物品号（订单内的顺序）
prod_id	产品 ID（关联到 products 表）
quantity	物品数量
item_price	物品销售价格（数量越多，折扣越大）

(e)

图 6-1 （续）

customers 表存储所有顾客信息，每个顾客有唯一的 ID(cust_id 列)。

orders 表存储顾客订单(不是订单细节)，每个订单有唯一编号(order_num 列)。orders 表通过 cust_id 列关联到相应的顾客(表 customers 的顾客唯一 ID)。

orderitems 表存储每个订单中的实际物品，每个订单的每个物品一行。orders 表中的每一行对应 orderitems 表中的一行或多行。每个订单物品由订单号加订单物品号(第一个物品、第二个物品等)唯一标识。订单物品用 order_num 列(关联到 orders 表中订单的唯一 ID)与其相应的订单相关联。此外，每个订单物品包含该物品的产品 ID(关联到 products 表)。

尝试插入一些数据，以便后续查询。具体内容分别如图 6-2 所示。

本章涉及的单表查询的基本语法格式如下：

```
SELECT 目标列 [, 目标列…]
FROM 表名 [, 表名]
[WHERE 条件表达式]
[GROUP BY 列名 [, 列名…] [HAVING 条件表达式]]
[ORDER BY 列名[ASC|DESC] [, 列名[ASC|DESC] … ]];
```

vendors

vend_id	vend_name	vend_address	vend_city	vend_state	vend_zip	vend_country
BRE02	Bear Emporium	500 Park Street	Anytown	OH	44333	USA
BRS01	Bears R Us	123 Main Street	Bear Town	MI	44444	USA
DLL01	Doll House Inc.	555 High Street	Dollsville	CA	99999	USA
FNG01	Fun and Games	42 Galaxy Road	London		N16 6PS	England
FRB01	Furball Inc.	1000 5th Avenue	New York	NY	11111	USA
JTS01	Jouets et ours	1 Rue Amusement	Paris		45678	France

(a)

products

prod_id	vend_id	prod_name	prod_price	prod_desc
BNBG01	DLL01	Fish bean bag toy	3.49	Fish bean bag toy, complete with bean bag worms with which to feed it
BNBG02	DLL01	Bird bean bag toy	3.49	Bird bean bag toy, eggs are not included
BNBG03	DLL01	Rabbit bean bag toy	3.49	Rabbit bean bag toy, comes with bean bag carrots
BR01	BRS01	8 inch teddy bear	5.99	8 inch teddy bear, comes with cap and jacket
BR02	BRS01	12 inch teddy bear	8.99	12 inch teddy bear, comes with cap and jacket
BR03	BRS01	18 inch teddy bear	11.99	18 inch teddy bear, comes with cap and jacket
RGAN01	DLL01	Raggedy Ann	4.99	18 inch Raggedy Ann doll
RYL01	FNG01	King doll	9.49	12 inch king doll with royal garments and crown
RYL02	FNG01	Queen doll	9.49	12 inch queen doll with royal garments and crown

(b)

图 6-2 supply 数据库示例

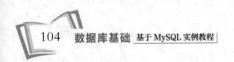

customers

cust_id	cust_name	cust_address	cust_city	cust_state	cust_zip	cust_country	cust_contact	cust_email
1000000001	Village Toys	200 Maple Lane	Detroit	MI	44444	USA	John Smith	sales@villagetoys.com
1000000002	Kids Place	333 South Lake Drive	Columbus	OH	43333	USA	Michelle Green	
1000000003	Fun4All	1 Sunny Place	Muncie	IN	42222	USA	Jim Jones	jjones@fun4all.com
1000000004	Fun4All	829 Riverside Drive	Phoenix	AZ	88888	USA	Denise L. Stephens	dstephens@fun4all.com
1000000005	The Toy Store	4545 53rd Street	Chicago	IL	54545	USA	Kim Howard	

(c)

orders

order_num	order_date	cust_id
20005	2012-5-1 0:00	1000000001
20006	2012-1-12 0:00	1000000003
20007	2012-1-30 0:00	1000000004
20008	2012-2-3 0:00	1000000005
20009	2012-2-8 0:00	1000000001

(d)

orderitems

order_num	order_item	prod_id	quantity	item_price
20005	1	BR01	100	5.49
20005	2	BR03	100	10.99
20006	1	BR01	20	5.99
20006	2	BR02	10	8.99
20006	3	BR03	10	11.99
20007	1	BR03	50	11.49
20007	2	BNBG01	100	2.99
20007	3	BNBG02	100	2.99
20007	4	BNBG03	100	2.99
20007	5	RGAN01	50	4.49
20008	1	RGAN01	5	4.99
20008	2	BR03	5	11.99
20008	3	BNBG01	10	3.49
20008	4	BNBG02	10	3.49
20008	5	BNBG03	10	3.49
20009	1	BNBG01	250	2.49
20009	2	BNBG02	250	2.49
20009	3	BNBG03	250	2.49

(e)

图 6-2 （续）

　　这一 SQL 语法等价于将前面所学的关系代数转化为 DBMS 所使用的结构化查询语言，其等价的关系代数为

$$\Pi_{A_1, A_2, \cdots, A_n} (\sigma_p (r_1 \times r_2 \times \cdots r_m))$$

其中，SELECT 对应关系代数中对列的"投影"，FROM 对应关系代数中对多个关系的"笛卡儿积"和"连接"，WHERE 对应关系代数中对行的"选择"，以及同时对行和列操作的"除"运算。

6.1　基本的 SELECT 语句

6.1.1　检索数据

　　SQL 语句由一个或多个简单的英语单词（即"关键字"）构成。其中，SELECT 语句是最常使用的广泛用于检索表格数据。SELECT 语句可用于检索单个列、多个列以及所有列。配合相应的关键字以及子句，SELECT 语句还可检索不同的行，限制检索结果。

1. 检索列

　　使用 SELECT 检索数据，需要给出两种信息，一是选择什么（即"目标列"），二是从什么地方选择（即"表名"）。查询语句的基本要素包括两个关键字：SELECT 及 FROM。一般地，在 SELECT 关键字后指定所需的列名，在 FROM 关键字后指定检索数据的表名。

　　例 6-1　从 products 表中检索所有产品的名称。

```
SELECT prod_name
FROM products;
```

prod_name
Fish bean bag toy
Bird bean bag toy
Rabbit bean bag toy
8 inch teddy bear
12 inch teddy bear
18 inch teddy bear
Raggedy Ann
King doll
Queen doll

图 6-3　例 6-1 结果

　　输出的结果见如图 6-3 所示。

　　若想在一个表中检索多个列，则需要在 SELECT 关键字后给出多个列名，注意不同列名之间需要以逗号分隔（英文状态下），最后一个列名后无须添加逗号。

　　例 6-2　从 products 表中检索所有产品的编号、名称以及价格。

```
SELECT prod_id, prod_name, prod_price
FROM products;
```

　　输出的结果如图 6-4 所示。

　　若需要检索该表中所有列，除了依次列出所有列名外，更便捷的一种方式（尤其在列数较多时）是在 SELECT 关键字后添加星号"＊"通配符。

　　例 6-3　从 products 表中检索所有产品的全部信息（全部列）。

```
SELECT *
FROM products;
```

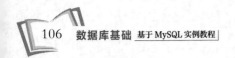

prod_id	prod_name	prod_price
BNBG01	Fish bean bag toy	3.49
BNBG02	Bird bean bag toy	3.49
BNBG03	Rabbit bean bag toy	3.49
BR01	8 inch teddy bear	5.99
BR02	12 inch teddy bear	8.99
BR03	18 inch teddy bear	11.99
RGAN01	Raggedy Ann	4.99
RYL01	King doll	9.49
RYL02	Queen doll	9.49

图 6-4　例 6-2 结果

输出的结果见图 6-5 所示。

prod_id	vend_id	prod_name	prod_price	prod_desc
BNBG01	DLL01	Fish bean bag toy	3.49	Fish bean bag toy, complete with bean bag worms with which to feed it
BNBG02	DLL01	Bird bean bag toy	3.49	Bird bean bag toy, eggs are not included
BNBG03	DLL01	Rabbit bean bag toy	3.49	Rabbit bean bag toy, comes with bean bag carrots
BR01	BRS01	8 inch teddy bear	5.99	8 inch teddy bear, comes with cap and jacket
BR02	BRS01	12 inch teddy bear	8.99	12 inch teddy bear, comes with cap and jacket
BR03	BRS01	18 inch teddy bear	11.99	18 inch teddy bear, comes with cap and jacket
RGAN01	DLL01	Raggedy Ann	4.99	18 inch Raggedy Ann doll
RYL01	FNG01	King doll	9.49	12 inch king doll with royal garments and crown
RYL02	FNG01	Queen doll	9.49	12 inch queen doll with royal garments and crown

图 6-5　例 6-3 结果

通配符"＊"使用便捷,并且能检索出名字未知的列。但是,检索不需要的列会降低检索和应用程序的性能,因此需要谨慎使用。

2. 检索不同的行

SELECT 语句默认获得目标列的所有数据,其中经常包括很多重复的数值。例如,几件产品属于同一家供应商,对应的 vend_id 相同,当使用 SELECT 语句并指定 vend_id 列名时,会返回所有产品对应的供应商 id(含重复值)。若希望检索出不同列值,则可在 SELECT 关键字与列名之间添加 DISTINCT 关键字,指示 MySQL 在重复列上仅取一次数值。

例 6-4　从 products 表中检索产品的不同供应商。

```
SELECT DISTINCT vend_id
FROM products;
```

输出的结果如图 6-6 所示。

vend_id
BRS01
DLL01
FNG01

图 6-6　例 6-4 结果

需要注意的是，DISTINCT 关键字应用于所有指定的列，而不仅是其后面的第一列。当 DISTINCT 关键字后存在多个列名时，默认将多个列值的组合作为检索依据。若所指定列的列值不同，所有行都将被检索出来。

3. 限制检索结果

SELECT 语句返回表中所有匹配的行。若需要指定返回表中的第一行或一定数量的行，可使用 LIMIT 子句。例如，LIMIT 5 表示返回结果不多于 5 行。

例 6-5　从 products 表中检索前 5 个产品的名称。

```
SELECT prod_name
FROM products
LIMIT 5;
```

输出的结果如图 6-7 所示。

需要注意的是，MySQL 检索出来的第一行为行 0 而不是行 1。因此，LIMT 5 表示检索出行 0 至行 4 的数据。为检索到接下去的 5 行，可以指定检索的开始行和行数。使用 LIMIT 5 OFFSET 5，意为从行 5 开始再取 5 行。

例 6-6　从 products 表中检索第 6~10 个产品的名称。

```
SELECT prod_name
FROM products
LIMIT 5 OFFSET 5;
```

输出的结果如图 6-8 所示。

prod_name
Fish bean bag toy
Bird bean bag toy
Rabbit bean bag toy
8 inch teddy bear
12 inch teddy bear

图 6-7　例 6-5 结果

prod_name
18 inch teddy bear
Raggedy Ann
King doll
Queen doll

图 6-8　例 6-6 结果

由于指定检索的行数超出最大行，因此只返回能返回的所有行。另外，MySQL 还支持另一种替代语法，如 LIMIT 3，4，等同于 LIMIT 4 OFFSET 3，意为从行 3 开始取 4 行。

4. 使用完全限定的表名

上述 SQL 例子只通过列名引用列。此外，还可以使用完全限定的形式引用列（同时使用表名和列名）。当同时检索多个表且不同表中具有相同列名时，完全限定的列名显得尤为重要。一般地，在表名和列名之间加上"."，指代完全限定的列名，又叫句点表示法。

例 6-7　使用完全限定列名检索 products 表中所有产品的名称。

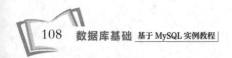

```
SELECT products.prod_name
FROM products;
```

这条 SELECT 语句在功能上等同于例 6-1 使用的语句,但这里使用了完全限定形式的列名。类似地,表名也可以是完全限定形式。

例 6-8 使用完全限定列名、表名检索 products 表中所有产品的名称。

```
SELECT products.prod_name
FROM supply.products;
```

这是因为 products 表位于 supply 数据库中,这条语句的功能与例 6-7 使用的语句相同。

5. 使用注释

在完成一条 SQL 语句后,可以添加对应的描述性注释,便于项目后续参与人员参考。注释分为单行注释和多行注释。单行注释的方式是在语句后添加"--"或"♯"。注意注释符号"--"与注释内容之间应有空格。

例 6-9 为 SQL 语句添加单行注释。

```
SELECT prod_name   #这是一条注释
FROM products
LIMIT 2 OFFSET 2;
```

多行注释的格式是"/ * … * /"。

例 6-10 为 SQL 语句添加多行注释。

```
/ * SELECT prod_name, vend_id
FROM products; * /
SELECT prod_name
FROM products
LIMIT 2 OFFSET 2;
```

合理添加注释能极大地增加 SQL 语句的可读性,帮助使用者形成良好的代码风格。此外,通过注释掉一部分代码,使用者可以对剩余部分进行测试。

6.1.2 排序检索数据

使用 SELECT 语句检索出的数据默认按其在表中出现的顺序显示。在 SQL 中,可以使用 SELECT 语句的 ORDER BY 子句,对检索出的数据进行排序。

首先明确子句的概念。SQL 语句由子句构成,有些子句是必需的(如 SELECT 语句的 FROM 子句),有些则是可选的。一个子句通常由一个关键字加上所提供的数据组成。除了 FROM 子句外,SELECT 语句还包括多个子句,下面介绍 ORDER BY 子句。

1. 按列排序

ORDER BY 子句可以基于一个或多个列的名字对检索的数据进行排序。当按照单个列进行排序时，只需要在 ORDER BY 后指定对应的列名。

例 6-11 按照产品名称对检索的产品进行排序。

```
SELECT prod_name
FROM products
ORDER BY prod_name;
```

输出的结果如图 6-9 所示。

在例 6-11 中，MySQL 对 prod_name 列的数据以字母顺序排序（默认升序排序）。需要注意的是，在使用 ORDER BY 子句进行排序时，应保证它是 SELECT 语句中最后一条子句，否则会报错。此外，ORDER BY 子句中使用的列一般是为显示而选择的列，但 SQL 也支持使用非检索的列来对检索数据进行排序，例如按照非检索的 prod_price 排序。

若需要按照多个列进行排序，则需要在 ORDER BY 后指定多个列名，列名之间以英文形式的逗号隔开。

例 6-12 按照产品价格、名称对检索的产品进行排序。

```
SELECT prod_id, prod_name, prod_price
FROM products
ORDER BY prod_price, prod_name;
```

输出的结果如图 6-10 所示。

prod_name
12 inch teddy bear
18 inch teddy bear
8 inch teddy bear
Bird bean bag toy
Fish bean bag toy
King doll
Queen doll
Rabbit bean bag toy
Raggedy Ann

图 6-9 例 6-11 结果

prod_id	prod_name	prod_price
BNBG02	Bird bean bag toy	3.49
BNBG01	Fish bean bag toy	3.49
BNBG03	Rabbit bean bag toy	3.49
RGAN01	Raggedy Ann	4.99
BR01	8 inch teddy bear	5.99
BR02	12 inch teddy bear	8.99
RYL01	King doll	9.49
RYL02	Queen doll	9.49
BR03	18 inch teddy bear	11.99

图 6-10 例 6-12 结果

在按照多个列排序时，排序完全按照所规定的顺序进行。在例 6-12 中，一共检索了 3 个列，并依次按照 prod_price 以及 prod_name 进行排序。

除了明确指定排序的列名外，MySQL 还支持按 SELECT 中指定列的相对位置进行排序。

例 6-13 按照列的相对位置对检索的产品进行排序。

```
SELECT prod_id, prod_name, prod_price
FROM products
ORDER BY 3,2;
```

该语句的功能与例 6-12 相同。需要注意的是，尽管这样的做法不需要重新输入列名，节省了精力，但是该做法不能对不在 SELECT 中的列进行排序，而且容易出错。

2. 指定排序方向

ORDER BY 子句默认排序方式为升序。事实上，还可以通过指定关键字自定义排序的方式。通过指定 DESC 关键字（DESCENDING），可以对检索数据进行降序排序。与 DESC 相反的关键字是 ASC（ASCENDING），即指定升序排序，但 ORDER BY 子句默认升序排序，因此不需要特意指定这个关键字。

例 6-14　按照产品价格对检索的产品进行降序排序。

```
SELECT prod_id, prod_name, prod_price
FROM products
ORDER BY prod_price DESC;
```

输出的结果如图 6-11 所示。

prod_id	prod_name	prod_price
BR03	18 inch teddy bear	11.99
RYL01	King doll	9.49
RYL02	Queen doll	9.49
BR02	12 inch teddy bear	8.99
BR01	8 inch teddy bear	5.99
RGAN01	Raggedy Ann	4.99
BNBG01	Fish bean bag toy	3.49
BNBG02	Bird bean bag toy	3.49
BNBG03	Rabbit bean bag toy	3.49

图 6-11　例 6-14 结果

注意：按多个列排序时，DESC 只作用于位于其前面的列。

例 6-15　按照产品价格、名称对检索的产品进行排序（仅对价格列指定 DESC）。

```
SELECT prod_id, prod_name, prod_price
FROM products
ORDER BY prod_price DESC, prod_name;
```

输出的结果如图 6-12 所示。

在例 6-15 中，只对 prod_price 列指定 DESC，对 prod_name 不指定，因此 prod_price 列按照降序排序，而在每个价格内的 prod_name 列仍然按照默认的升序排序。若想同时在多

prod_id	prod_name	prod_price
BR03	18 inch teddy bear	11.99
RYL01	King doll	9.49
RYL02	Queen doll	9.49
BR02	12 inch teddy bear	8.99
BR01	8 inch teddy bear	5.99
RGAN01	Raggedy Ann	4.99
BNBG02	Bird bean bag toy	3.49
BNBG01	Fish bean bag toy	3.49
BNBG03	Rabbit bean bag toy	3.49

图 6-12　例 6-15 结果

个列上进行降序排序,则需要在每个指定的列后都加上 DESC 关键字。

另外,组合使用 ORDER BY 与 LIMIT,能够找出一个列中的极值(最大值或最小值)。具体地,通过 ORDER BY 子句保证行按照升序或降序排列,并用 LIMIT 1 指示仅返回一行。

6.1.3　过滤数据

数据库表中包含大量的数据。一般很少需要检索表中的所有行,而是会结合自身需求,根据特定操作提取表数据的子集。只检索部分行的数据需要指定搜索条件,或过滤条件。在 SQL 中,可以使用 SELECT 语句的 WHERE 子句指定搜索条件,进行过滤。在 SELECT 语句中,WHERE 子句一般出现在 FROM 字句后、ORDER BY 子句前。

1. WHERE 子句操作符

为实现不同操作,WHERE 子句通常需要结合不同的条件操作符使用。表 6-1 列出了 MySQL 支持的所有条件操作符。

表 6-1　WHERE 子句条件操作符

操　作　符	说　　明
=	等于
<>	不等于
!=	不等于
<	小于
<=	小于或等于
>	大于
>=	大于或等于
BETWEEN	在指定的两个值之间

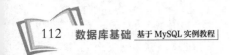

2. 检查单个值

WHERE 子句可以检查一个列是否包含指定的值,从而过滤出符合条件的数据。

例 6-16 查询价格为 11.99 的产品。

```
SELECT prod_name,prod_price
FROM products
WHERE prod_price=11.99;
```

输出的结果如图 6-13 所示。

检查 WHERE prod_price=11.99 语句,返回 prod_price 为 11.99 的一行。此外,相等测试还可用于检查字符串,如 WHERE prod_name = 'King doll',单引号用来限定字符串。MySQL 在执行匹配时默认不区分大小写,即'King doll'与'king doll'相同。

根据不同需求,还可使用<、<=、>以及>=操作符,过滤符合检查条件的数据。

3. 不匹配检查

在 WHERE 子句中,<>及!=两个操作符都表示"不等于",二者效果相同,常用作不匹配检查。

例 6-17 查询价格不是 9.49 的产品。

```
SELECT prod_name,prod_price
FROM products
WHERE prod_price!=9.49;
```

输出的结果如图 6-14 所示。

prod_name	prod_price
Fish bean bag toy	3.49
Bird bean bag toy	3.49
Rabbit bean bag toy	3.49
8 inch teddy bear	5.99
12 inch teddy bear	8.99
18 inch teddy bear	11.99
Raggedy Ann	4.99

prod_name	prod_price
18 inch teddy bear	11.99

图 6-13 例 6-16 结果   图 6-14 例 6-17 结果

4. 范围值检查

BETWEEN 操作符可以检索某个范围内的值。区别于其他操作符,BETWEEN 操作符需要指定两个值,即范围开始值和结束值,并以 AND 关键字分隔。请看下面这个例子:

例 6-18 查询价格在 5~10 范围内的产品。

```
SELECT prod_name, prod_price
FROM products
WHERE prod_price BETWEEN 5 AND 10;
```

输出的结果如图 6-15 所示。

5. 空值检查

空值 NULL 也称为无值，它不同于字段包含 0、空字符串或空格。在 SELECT 语句中，有一种特殊的 WHERE 子句用来检查指定列是否包含 NULL 值，即 IS NULL 子句。注意这里的 IS 不能用等号（＝）代替。当指定列中不存在 NULL 值时，不会返回数据。

6. 组合 WHERE 子句

除了使用单一条件对数据进行过滤外，WHERE 子句还可以结合 AND 或 OR 关键字连接多个条件，进行更强的过滤控制。这种用来连接改变 WHERE 子句中条件关系的关键字称为逻辑操作符。

（1）AND 操作符。AND 操作符指示检索满足所有给定条件的行。

例 6-19　查询供应商是 DLL01 且价格小于 10 的产品。

```
SELECT vend_id,prod_price,prod_name
FROM products
WHERE vend_id='DLL01' AND prod_price<10;
```

输出的结果如图 6-16 所示。

prod_name	prod_price
8 inch teddy bear	5.99
12 inch teddy bear	8.99
King doll	9.49
Queen doll	9.49

图 6-15　例 6-18 结果

vend_id	prod_price	prod_name
DLL01	3.49	Fish bean bag toy
DLL01	3.49	Bird bean bag toy
DLL01	3.49	Rabbit bean bag toy
DLL01	4.99	Raggedy Ann

图 6-16　例 6-19 结果

例 6-19 通过一个 AND 关键字连接了两个过滤条件，当希望在 WHERE 子句组合多个过滤条件时，需要额外添加 AND 关键字的个数。

（2）OR 操作符。OR 操作符指示检索满足任一条件的行。

例 6-20　查询供应商是 DLL01 或 BRS01 的产品。

```
SELECT vend_id,prod_name,prod_price
FROM products
WHERE vend_id='DLL01' OR vend_id='BRS01';
```

输出的结果如图 6-17 所示。

不难发现，OR 操作符与 AND 操作符最大的区别在于，使用 OR 时 MySQL 匹配任一条件即可，而 AND 则要求匹配所有条件。

（3）计算次序。当 WHERE 子句中同时存在 AND 和 OR 操作符时，两类操作符的计算次序不同。

vend_id	prod_name	prod_price
BRS01	8 inch teddy bear	5.99
BRS01	12 inch teddy bear	8.99
BRS01	18 inch teddy bear	11.99
DLL01	Fish bean bag toy	3.49
DLL01	Bird bean bag toy	3.49
DLL01	Rabbit bean bag toy	3.49
DLL01	Raggedy Ann	4.99

图 6-17　例 6-20 结果

例 6-21　利用 AND 和 OR 操作符过滤出符合条件的产品。

```
SELECT vend_id,prod_name,prod_price
FROM products
WHERE vend_id='DLL01' OR vend_id='BRS01' AND prod_price>=10;
```

输出的结果如图 6-18 所示。

vend_id	prod_name	prod_price
BRS01	18 inch teddy bear	11.99
DLL01	Fish bean bag toy	3.49
DLL01	Bird bean bag toy	3.49
DLL01	Rabbit bean bag toy	3.49
DLL01	Raggedy Ann	4.99

图 6-18　例 6-21 结果

例 6-21 中 WHERE 子句的含义是：过滤出供应商 BRS01 制造的任何价格为 10 美元及以上的产品，或者由供应商 DLL01 制造的任何价位的产品。从例 6-21 可以看出，SQL 会先优先执行 AND 操作符连接的过滤条件，再执行 OR 操作符连接的过滤条件。换句话说，AND 操作符在 WHERE 子句中计算次序的优先级更高。

如果希望改变不同条件的计算次序，可以使用圆括号进行分组操作。对例 6-21 的 WHERE 子句进行调整，得到新的 WHERE 子句——WHERE（vend_id = 'DLL01' OR vend_id = 'BRS01'）AND prod_price ＞= 10，那么这个子句的含义变成：过滤出供应商 DLL01 或 BRS01 制造的且价格在 10 美元及以上的任何产品。由此可以发现，圆括号的计算次序比 AND 操作符及 OR 操作符都高，SQL 会优先执行圆括号内的条件，再执行圆括外的条件。

7. IN 操作符

除了改变条件的计算次序外，圆括号还可以结合 IN 操作符执行过滤条件。IN 操作符用来指定条件范围，并匹配范围内的每个条件。此外，圆括号内的每个取值需以英文状态下的逗号分隔。

例 6-22　用圆括号与 IN 操作符过滤出供应商是 DLL01 或 BRS01 的产品。

```
SELECT vend_id, prod_name, prod_price
FROM products
WHERE vend_id IN ('DLL01','BRS01');
```

输出的结果如图 6-19 所示。

不难发现，图 6-17 的结果与图 6-19 的结果相同，这说明在例 6-22 中 IN 操作符实现了与例 6-20 中 OR 操作符相同的功能。相较于 OR 操作符，IN 操作符的语法结构更加清晰，且执行速度更快。

8. NOT 操作符

在 WHERE 子句中，NOT 操作符有且只有一个功能，即否定它之后的任何条件（对条件取反）。例如，NOT 可以对 IN 取反。

例 6-23　用 NOT 操作符过滤出供应商不是 DLL01 或 BRS01 的产品。

```
SELECT vend_id, prod_name, prod_price
FROM products
WHERE vend_id NOT IN ('DLL01' , 'BRS01');
```

输出的结果如图 6-20 所示。

vend_id	prod_name	prod_price
BRS01	8 inch teddy bear	5.99
BRS01	12 inch teddy bear	8.99
BRS01	18 inch teddy bear	11.99
DLL01	Fish bean bag toy	3.49
DLL01	Bird bean bag toy	3.49
DLL01	Rabbit bean bag toy	3.49
DLL01	Raggedy Ann	4.99

图 6-19　例 6-22 结果

vend_id	prod_name	prod_price
FNG01	King doll	9.49
FNG01	Queen doll	9.49

图 6-20　例 6-23 结果

加入 NOT 操作符后，WHERE 子句过滤出了除 DLL01 和 BRS01 之外供应商的产品信息。在 MySQL 中，NOT 不仅可以对 IN 取反，还可以对 BETWEEN 及 EXISTS 子句取反。

9. 使用通配符进行过滤

上述所有操作符都是针对已知值进行精准匹配。但在实际应用过程中，经常需要进行模糊匹配操作，如搜索产品名包含文本 bag 的产品。这时，需要在给定字面值的基础上，利用通配符构建特定的搜索模式。在搜索子句中使用通配符时，必须使用 LIKE 操作符。LIKE 指示数据库管理系统，后面的搜索模式利用通配符匹配而非简单的相等匹配进行比

较。通配符是用来匹配值的一部分的特殊字符,最常用的通配符是百分号"％"与下画线
"_"。

(1) 百分号"％"通配符。百分号"％"代表任意长度(含0)的字符串。例如,a％b 表示
以 a 开头,以 b 结尾的任意长度的字符串,如 ab,acb,addgb,ammkb 等都满足该匹配串。

例 6-24　查询所有以 bird 开头的产品。

```
SELECT prod_id, prod_name
FROM products
WHERE prod_name LIKE 'bird%';
```

输出的结果如图 6-21 所示。

根据 MySQL 的配置方式,搜索可以区分大小写。如果区分大小写,'bird％'将无法匹配
Bird bean bag toy。另外需要注意的是,％无法匹配 NULL 值。

通配符可以出现在搜索模式的任意位置,并且可以出现多次。

例 6-25　查询所有名称中包含"bean bag"的产品。

```
SELECT prod_id, prod_name
FROM products
WHERE prod_name LIKE '%bean bag%';
```

输出的结果如图 6-22 所示。

prod_id	prod_name
BNBG01	Fish bean bag toy
BNBG02	Bird bean bag toy
BNBG03	Rabbit bean bag toy

prod_id	prod_name
BNBG02	Bird bean bag toy

图 6-21　例 6-24 结果　　　　图 6-22　例 6-25 结果

例 6-25 中,％通配符出现了两次,搜索模式'％bean bag％'表示匹配任何位置包含文本
"bean bag"的值。用户可以根据不同需求,灵活调整通配符的出现位置及出现次数。

(2) 下画线"_"通配符。下画线"_"代表任意单个字符。"_"总是匹配一个字符,不多也
不少。例如,a_b 表示以 a 开头、以 b 结尾且长度为 3 的任意字符串。

例 6-26　查询产品名在 inch teddy bear 前包含两个字符的产品。

```
SELECT prod_id,prod_name
FROM products
WHERE prod_name LIKE '__ inch teddy bear';
```

输出的结果如图 6-23 所示。

例 6-26 中,使用了两个_来匹配两位数的数字。

注意:在 SQL 中,空格也占一个字符。

prod_id	prod_name
BR02	12 inch teddy bear
BR03	18 inch teddy bear

图 6-23　例 6-26 结果

例 6-27　查询以产品名以"inch teddy bear"结尾的产品。

```
SELECT prod_id, prod_name
FROM products
WHERE prod_name LIKE '%inch teddy bear';
```

prod_id	prod_name
BR01	8 inch teddy bear
BR02	12 inch teddy bear
BR03	18 inch teddy bear

图 6-24　例 6-27 结果

输出的结果如图 6-24 所示。

由此可见，这两个通配符的功能差异较大。"％"能代表任意数量的字符，而"_"需要通过个数的增减来实现类似效果。

（3）转义字符。当待匹配的字符串本身就含有"％"或"_"通配符时，如某些产品以"DB％"或"DB_"开头，这时就需要使用 ESCAPE '＜转义字符＞'短语对通配符进行转义。

例 6-28　查询产品名以"DB_"开头且倒数第三个字符为 i 的产品。

```
INSERT INTO products VALUES('RYL04','DLL01','DB_%ibd',10,'test');
SELECT *
FROM products
WHERE prod_name LIKE 'DB\_%i__';
```

在例 6-28 中，紧跟在"\"后的字符"_"不再具有通配符的含义，而是取其本身含义，被转义为普通的字符。此时默认"\"为转义字符，在 MySQL 中当"\"为转义字符时，不需要加 ESCAPE 从句。若没有使用"\"，则需要通过 ESCAPE 从句指定转义字符。

例 6-29　用另一种查询语句实现例 6-28 的要求。

```
SELECT *
FROM products
WHERE prod_name LIKE 'DBa_%i__' ESCAPE 'a';
```

在例 6-29 中，通过 ESCAPE 从句指定 a 为转义字符。

6.1.4　创建计算字段

在一些应用场景中，存储在数据库表中的数据不是目标格式。例如，省份、城市、邮编存储在不同的列中，但快递邮件标签程序需要把它们作为一个整体输出，物品订单表存放物品的单价与数量，但不存储每类物品的总价。在这些情况下，需要直接从数据库中检索出转换、计算或格式化后的数据，这就需要在运行 SELECT 语句时创建计算字段。

字段与列的含义相同。为了区分，这里把实际的表列叫作列，把处理过的列称为计算字段。实际上，计算字段的数据与其他列的数据以相同方式返回。

1. 拼接字段

拼接字段是使用计算字段的一个简单例子。vendors 表中，不同的列包含供应商名及地址信息（邮编、街道和城市等）。一般地，需要获取供应商的名字与其地址信息的组合，并需要用圆括号将地址信息括起来。在 SELECT 语句中,Concat()函数常用来将不同的值连接到一起构成单个值。

例6-30 连接供应商姓名及所在国家。

```
SELECT Concat(vend_name,'(',vend_country,')')
FROM vendors
ORDER BY vend_name;
```

输出的结果如图 6-25 所示。

2. 使用别名

在例 6-30 中,SELECT 语句结合 Concat()函数拼接了供应商姓名及所在国家,但并未规定新计算字段的名字。SQL 支持用 AS 关键字为新计算字段赋予别名。

例6-31 连接供应商姓名及所在国家。

```
SELECT Concat(vend_name,'(',vend_country,')') AS vend_title
FROM vendors
ORDER BY vend_name;
```

输出的结果如图 6-26 所示。

Concat(vend_name, ' (', vend_country, ')')	vend_title
Bear Emporium (USA)	Bear Emporium (USA)
Bears R Us (USA)	Bears R Us (USA)
Doll House Inc. (USA)	Doll House Inc. (USA)
Fun and Games (England)	Fun and Games (England)
Furball Inc. (USA)	Furball Inc. (USA)
Jouets et ours (France)	Jouets et ours (France)

图 6-25　例 6-30 结果　　　　图 6-26　例 6-31 结果

与例 6-30 唯一不同的是,例 6-31 的计算字段之后添加了 AS 关键字及别名,指示 SQL 创建一个名为 vend_title 的计算字段。除列名称外,两个例子输出的结果完全相同。

3. 算术计算

计算字段的另一个常见用途是对检索出的数据进行算术计算。例如,orderitems 表中包含各项订单采购的产品条目、单价及订单数,可以执行算术计算得到总价。

例6-32 计算编号为 20008 的订单中采购的各项产品总价。

```
SELECT prod_id, quantity, item_price, quantity * item_price AS total_price
FROM orderitems
WHERE order_num=20008;
```

输出的结果如图 6-27 所示。

prod_id	quantity	item_price	total_price
RGAN01	5	4.99	24.95
BR03	5	11.99	59.95
BNBG01	10	3.49	34.9
BNBG02	10	3.49	34.9
BNBG03	10	3.49	34.9

图 6-27　例 6-32 结果

在例 6-32 中,算式为 quantity * item_price,生成了一个全新的计算字段 total_price。MySQL 支持表 6-2 中列出的算术操作符。圆括号可用来区分计算优先顺序。

表 6-2　MySQL 算术操作符

操 作 符	说 明
+	加
—	减
*	乘
/	除

6.2　使用函数

与其他计算机语言一样,SQL 支持利用函数来处理数据,Concat() 就是一个函数。每个 DBMS 都有特定的函数,用法可能也有所差异,因此函数的可移植性并不强。大多数 SQL 支持的函数类型包括文本函数、日期和时间函数、数值函数、聚集函数。本节主要介绍前三种函数的使用方式,6.3 节将介绍聚集函数。

1. 文本函数

文本函数主要用于处理文本字符串(删除或填充值,大小写转换)。表 6-3 列出了常用的文本函数。

表 6-3　常用的文本函数

函 数 名	说 明
Length()	返回字符串的长度
Lower()	将字符串转换为全小写
Upper()	将字符串转换为全大写
Trim()	去掉字符串左右的空格

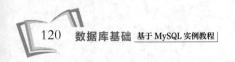

续表

函 数 名	说 明
Rtrim( )，Ltrim( )	去掉字符串右边/左边的空格
Right( )，Left( )	返回字符串右边/左边的字符
Locate( )	返回字符串中第一次出现的子字符串的位置
SubString( )	用于截取字符串，从特定位置开始返回一个给定长度的子串

例 6-33 使用 Upper( )函数将供应商姓名全部转换为大写。

```
SELECT vend_name, Upper(vend_name) AS vend_name_upcase
FROM vendors
ORDER BY vend_name;
```

输出的结果如图 6-28 所示。

根据输出的结果，Upper( )函数将文本转换为大写，存储在第二列中。

例 6-34 查询名字中包含字母 e 的所有供应商的名称，并全部转换为大写。

```
SELECT Upper(vend_name)
FROM vendors
WHERE vend_name LIKE '%e%';
```

vend_name	vend_name_upcase
Bear Emporium	BEAR EMPORIUM
Bears R Us	BEARS R US
Doll House Inc.	DOLL HOUSE INC.
Fun and Games	FUN AND GAMES
Furball Inc.	FURBALL INC.
Jouets et ours	JOUETS ET OURS

图 6-28 例 6-33 结果

例 6-35 查询来自 AZ 州的顾客的邮箱地址，并返回邮箱的长度。

```
SELECT cust_email, Length(vend_ email) AS length_of_email
FROM customers
WHERE cust_state='AZ';
```

2. 日期和时间函数

日期和时间函数主要用于处理日期和时间值并从中提取特定成分（如日期之差）。日期和时间采用相应的数据类型和特殊格式存储。在实际应用场景中，经常需要根据日期对数据进行过滤。因此，日期和时间函数在 MySQL 中意义重大。表 6-4 列出了 SQL 中一些常用的日期和时间函数。

表 6-4 常用的日期和时间函数

函 数	说 明
Now( )	返回当前日期和时间
Curdate( )，Curtime ( )	返回当前日期/时间

续表

函　　数	说　　明
Date( )	返回日期时间的日期部分
Time( )	返回日期时间的时间部分
Year( )，Month( )，Day( )	返回日期的年份/月份/天数部分
Hour( )，Minute( )，Second( )	返回时间的小时/分钟/秒部分
Datediff( )	计算两个日期之差
DayofWeek( )	对于一个日期,返回对应星期几

当需要提取日期和时间数据中相应的元素时,可以使用日期和时间函数。

例 6-36　提取 orders 表中订单的年份和秒数据。

```
SELECT order_num, order_date, Year(order_date), Second(order_date)
FROM orders;
```

输出的结果如图 6-29 所示。

order_num	order_date	Year(order_date)	Second(order_date)
20005	2012-05-01 00:00:00	2012	0
20006	2012-01-12 00:00:00	2012	0
20007	2012-01-30 00:00:00	2012	0
20008	2012-02-03 00:00:00	2012	0
20009	2012-02-08 00:00:00	2012	0

图 6-29　例 6-36 结果

在 MySQL 中,不管是插入、更新还是查询一个日期,首选的日期格式是 yyyy-mm-dd 格式,如 2022-05-01。当需要过滤出特定日期的数据时,仅需要用 WHERE 子句做匹配检查即可。当存储的日期还包括时间部分时,如 2022-05-01 09：30：05,使用 WHERE order_date ＝ '2022-05-01'就会检索失败,需要结合 Date( )函数指示 MySQL 仅提取列值的日期部分。同理,Time( )函数指示仅提取时间部分。

例 6-37　查询 2012 年 5 月 1 日的订单数据。

```
SELECT cust_id, order_num
FROM orders
WHERE Date(order_date) = '2012-05-01';
```

输出的结果如图 6-30 所示。

除此之外,日期和时间函数还可以执行范围值检查。如
WHERE Date(order_date) BETWEEN '2012-01-01' AND '2012-01-

cust_id	order_num
1000000001	20005

图 6-30　例 6-37 结果

31',这个 WHERE 子句可以过滤出 2012 年 1 月的所有订单数据。另一个等价的方法是:用 Year( )函数指定匹配值 2012,用 Month( )函数指定匹配值 1,这样也能过滤出符合要求的数据。

需要注意的是,对于日期和时间的存储类型,每个 DBMS 都有自己的特殊形式。因此,在使用日期和时间函数前,最好先查阅相关文档确定支持的函数类型及形式。

3. 数值函数

数值函数一般仅用于处理数值数据和执行数值算术操作(代数运算、绝对值)。表 6-5 中列出了常用的数值函数。

表 6-5　常用数值函数

函　数	说　明
Abs( )	返回一个数的绝对值
Sin( ),Cos( ),Tan( )	返回一个角度的正弦/余弦/正切
Exp( )	返回一个数的指数值
Pi( )	返回圆周率
Rand( )	返回一个随机数
Sqrt( )	返回一个数的平方根
Ceil(x),Floor(x)	返回大于/小于 x 的最小/最大整数值
Mod(x,y)	返回 x/y 的余数
Round(x,y)	返回 x 的四舍五入且有 y 位小数的值
Truncate(x,y)	返回 x 截断为 y 位小数的值

例 6-38　返回产品价格的平方根。

```
SELECT prod_name, prod_price, Sqrt(prod_price) AS prod_price_sqrt
FROM products;
```

输出的结果如图 6-31 所示。

例 6-38 使用了 Sqrt( )函数,求出了产品价格的平方根,并命名为 prod_price_sqrt。在实际应用场景中,可以结合特定需求调用不同的数值函数。

例 6-39　查询产品和对应的价格、价格的平方、价格四舍五入后的值,以及在价格上加上 8%的税率后的售价。

```
SELECT prod_id, prod_name, prod_price, prod_price * prod_price,
    Round(prod_price, 0), prod_price * 1.08 AS sale_price
FROM products;
```

prod_name	prod_price	prod_price_sqrt
Fish bean bag toy	3.49	1.868154169
Bird bean bag toy	3.49	1.868154169
Rabbit bean bag toy	3.49	1.868154169
8 inch teddy bear	5.99	2.44744765
12 inch teddy bear	8.99	2.99833287
18 inch teddy bear	11.99	3.462657939
Raggedy Ann	4.99	2.23383079
King doll	9.49	3.08058436
Queen doll	9.49	3.08058436

图 6-31　例 6-38 结果

输出的结果如图 6-32 所示。

prod_id	prod_name	prod_price	prod_price*prod_price	Round(prod_price, 0)	sale_price
BNBG01	Fish bean bag toy	3.49	12.1801	3	3.7692
BNBG02	Bird bean bag toy	3.49	12.1801	3	3.7692
BNBG03	Rabbit bean bag toy	3.49	12.1801	3	3.7692
BR01	8 inch teddy bear	5.99	35.8801	6	6.4692
BR02	12 inch teddy bear	8.99	80.8201	9	9.7092
BR03	18 inch teddy bear	11.99	143.7601	12	12.9492
RGAN01	Raggedy Ann	4.99	24.9001	5	5.3892
RYL01	King doll	9.49	90.0601	9	10.2492
RYL02	Queen doll	9.49	90.0601	9	10.2492

图 6-32　例 6-39 结果

6.3　聚集函数与分组查询

6.3.1　聚集函数

除了检索数据外，用户经常需要汇总数据，如确定表中行数，获得表列数据中的极值等。在这些特定场景下，并不需要返回实际表数据。为此，SQL 提供了一些聚集函数，便于汇总表中的数据。聚集函数是以值的一个集合（集或多重集）为输入，返回单个值的函数。SQL 提供了 5 个固有的聚集函数，下面分别介绍。

1. AVG( )函数

AVG( )函数经常用来返回指定列的平均值，也可以返回特定行的平均值。例如，例 6-40 指定返回表中所有产品的平均价格。

例 6-40　返回 products 表中所有产品的平均价格。

```
SELECT AVG(prod_price) AS avg_price
FROM products;
```

输出的结果如图 6-33 所示。

结合 WHERE 子句,AVG( )函数还可以用来确定特定行的平均值。

例 6-41　返回供应商 DLL01 所提供产品的平均价格。

```
SELECT AVG(prod_price) AS avg_price
FROM products
WHERE vend_id = 'DLL01';
```

输出的结果如图 6-34 所示。

avg_price
6.823333

图 6-33　例 6-40 结果

avg_price
3.865

图 6-34　例 6-41 的结果

注意:AVG( )函数只作用于单个列,若想获得多个列的平均值,必须使用多个 AVG( )函数。此外,AVG( )函数的计算会自动忽略列值为 NULL 的行。

2. COUNT( )函数

COUNT( )函数可以返回某列的行数。可以用 COUNT( )函数确定表中行的数目或符合特定条件的行数。COUNT( )函数既可以指定特定列中具有值的行进行计数,还能结合通配符(*)对表中所有行进行计数。例 6-42 是对指定特定列中具有值的行进行计数。

例 6-42　返回有电子邮件信息的客户。

```
SELECT COUNT(cust_email) AS num_cust
FROM customers;
```

输出的结果如图 6-35 所示。

将圆括号内指定的列名替换为通配符" * "后,COUNT( )函数可以对表中所有行进行计数(包括 NULL)。

例 6-43　返回客户总数(不管是否有信息缺失)。

```
SELECT COUNT( * ) AS num_cust
FROM customers;
```

输出的结果如图 6-36 所示。

num_cust
3

图 6-35　例 6-42 结果

num_cust
5

图 6-36　例 6-43 结果

3. MAX( )函数

MAX( )函数返回某列的最大值。MAX( )函数要求指定列名。

例 6-44　返回 products 表中最贵产品的价格。

```
SELECT MAX(prod_price) AS max_price
FROM products;
```

输出的结果如图 6-37 所示。

虽然 MAX( )函数一般用来找出最大的数值或日期值，但 MySQL 允许将它用来返回任意列的最大值，包括返回文本列中的最大值。另外，MAX( )函数自动忽略列值为 NULL 的行。

4. MIN( )函数

与 MAX( )函数相反，MIN( )函数返回某列的最小值。同样地，MIN( )函数要求指定列名。

例 6-45　返回 products 表中最便宜产品的价格。

```
SELECT MIN(prod_price) AS min_price
FROM products;
```

输出的结果如图 6-38 所示。

max_price
11.99

图 6-37　例 6-44 结果

min_price
3.49

图 6-38　例 6-45 结果

同上，虽然 MIN( )函数一般用来找出最小的数值或日期值，但 MySQL 允许将它用来返回任意列的最小值，包括返回文本列中的最小值。另外，MIN( )函数自动忽略列值为 NULL 的行。

5. SUM( )函数

SUM( )函数返回某列值之和，且自动忽略列值为 NULL 的行。

例 6-46　返回供应商 DLL01 提供的产品总价。

sum_price
15.46

图 6-39　例 6-46 结果

```
SELECT SUM(prod_price) AS sum_price
FROM products
WHERE vend_id='DLL01';
```

输出的结果如图 6-39 所示。

与 AVG( )函数类似，SUM( )函数可以结合 WHERE 子句检索特定行的总数。同时，SUM( )函数还可以利用算术操作符合计计算值。

例 6-47　返回订单 20007 的总订单金额。

```
SELECT SUM(quantity * item_price) AS total_price
FROM orderitems
```

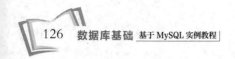

```
WHERE order_num = 20007;
```

输出的结果如图 6-40 所示。

例 6-48　查询购买商品 BR03 的总数量及总价。

```
SELECT SUM(quantity), SUM(quantity * item_price)
FROM orderitems
WHERE prod_id='BR03';
```

total_price
1696.00

图 6-40　例 6-47 结果

在例 6-44～例 6-48 中,所有聚集函数都可以结合标准的算术操作符执行多个列上的计算。另外,需要注意的是,在这 5 个聚集函数中,AVG( )函数和 SUM( )函数的输入必须是数字集合,但其他函数还可作用在非数字类型的集合上,如字符串。

事实上,除了这 5 个聚集函数外,MySQL 还支持一系列的标准偏差聚集函数,但本书并未涉及这些内容。

6.3.2　分组查询

根据前面所学,我们现在能在 SQL 中实现检索和汇总数据操作,但都是以表的所有数据或 WHERE 子句的匹配数据为基础。虽然结合 WHERE 子句,可以查询特定供应商提供的产品数目,但当希望返回每个供应商提供的产品数目时,WHERE 子句显然无法满足需求。这时需要将数据分成多个逻辑组,针对每个组进行聚集计算。

1. 创建分组

在 MySQL 中,分组主要通过 SELECT 语句的 GROUP BY 子句来建立。分组常与聚集函数同时出现。

例 6-49　返回每个供应商提供的产品数目。

```
SELECT vend_id, COUNT( * ) AS num_prods
FROM products
GROUP BY vend_id;
```

vend_id	num_prods
BRS01	3
DLL01	4
FNG01	2

图 6-41　例 6-49 结果

输出的结果如图 6-41 所示。

在例 6-49 中,SELECT 语句指定了两个列,一是 vend_id,二是通过 COUNT( )函数建立的计算字段 num_prods。此后,通过 GROUP BY 子句指示 MySQL 按照 vend_id 进行分组,并对每个分组执行计数操作。

关于 GROUP BY 子句的使用,有以下一些重要的规定。

(1) GROUP BY 子句可以包含一个或多个列,这些列是用来构造分组的,子句中的所有属性上取值相同的元组将被分在一个组中。

(2) 除了聚集计算语句外,SELECT 语句中的每一列都必须在 GROUP BY 子句中给出。

(3) 当分组列中存在 NULL 值时,NULL 值的行将作为一个单独分组返回。

(4) GROUP BY 子句必须在 WHERE 子句之后、ORDER BY 子句之前。

2. 过滤分组

除了使用 GROUP BY 子句对数据进行分组外,MySQL 还允许使用 HAVING 子句进行过滤分组。HAVING 子句的功能有点类似 WHERE 子句,不同点在于 WHERE 子句指定行进行过滤,而 HAVING 子句则针对分组进行过滤(排除哪些,保留哪些)。

例 6-50 返回提供产品数目不少于 3 的供应商。

```
SELECT vend_id, COUNT(*) AS num_prods
FROM products
GROUP BY vend_id
HAVING COUNT(*)>=3;
```

输出的结果如图 6-42 所示。

有时,WHERE 子句和 HAVING 子句会同时使用。

例 6-51 返回有 2 个及以上产品价格不低于 5 的供应商。

```
SELECT vend_id, COUNT(*) AS num_prods
FROM products
WHERE prod_price>=5
GROUP BY vend_id
HAVING COUNT(*)>=2;
```

输出的结果如图 6-43 所示。

vend_id	num_prods
BRS01	3
DLL01	4

图 6-42 例 6-50 结果

vend_id	num_prods
BRS01	3
FNG01	2

图 6-43 例 6-51 结果

在例 6-51 中,WHERE 子句在数据分组前过滤,而 HAVING 子句在分组后过滤。注意 WHERE 排除的行不包括在分组中。此外,任何出现在 HAVING 子句中但没有被聚集的属性必须出现在 GROUP BY 子句中,否则这样的查询就是错误的。

至此,本书介绍了 SELECT 语句中常用的一些子句,在实际使用过程中,子句出现的顺序也很重要。表 6-6 列出了迄今为止所学的 SELECT 子句及其使用顺序。

表 6-6 SELECT 子句及其使用顺序

子　　句	说　　明	是否必须使用
SELECT	指定返回的列或表达式	是
FROM	指定检索的表来源	仅在从表选择数据时使用
WHERE	按行过滤	否
GROUP BY	分组数据	仅在按组计算聚集时使用

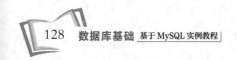

续表

子　　句	说　　明	是否必须使用
HAVING	按分组过滤	否
ORDER BY	排序数据	否
LIMIT	要检索的行数	否

例 6-52　返回采购 3 个及以上产品且采购单价不低于 3 的第一笔订单。

```
SELECT order_num, COUNT( * ) AS total_items
FROM orderitems
WHERE item_price>=3
GROUP BY order_num
HAVING COUNT( * )>=3
ORDER BY total_items,order_num
LIMIT 1;
```

输出的结果如图 6-44 所示。

order_num	total_items
20006	3

图 6-44　例 6-52 结果

查询的需求往往是多样的,用户需要根据不同需求灵活组合 SELECT 子句。

6.4　练　习　题

请先基于图 6-45 提供的数据,在数据库中创建 employee 表格,作为习题的检索来源。写出下面要求的 SQL 查询语句。

emp_id	emp_name	depart_name	emp_birth	emp_salary	emp_address
023101	May Smith	Marketing	1997-09-08	8374	200 Maple Lane
013103	David Green	Sales	1988-07-04	10075	333 South Lake Drive
033103	Brandon Smith	Sales	1975-12-11	9874	1 Sunny Place
023104	Biden Green	Accounting	1983-11-04	10674	829 Riverside Drive
053109	Johnny Smith	Marketing	1989-12-05	10995	4545 53rd Street
023106	Frank Brown	Sales	1993-07-09	8769	NULL
053104	Taylor Cooper	Accounting	1994-10-12	12045	795 West Lake Street
073106	Mary Porter	Accounting	1995-03-24	9854	3465 Glow Road
013109	Thompson Porter	Accounting	1979-05-26	8756	NULL

图 6-45　employee 表格数据

1. 检索所有员工的工号、姓名及所在部门。
2. 检索所有员工的不同(唯一)部门。
3. 按照员工姓名、月薪对检索的员工信息进行排序(姓名升序,月薪降序)。
4. 检索月薪高于 10000 的员工的工号、姓名及所在部门。
5. 检索所有工号以 023 起头的员工姓名。
6. 提取所有员工的生日(仅保留月、日数据)。
7. 统计有住址信息的员工数量。
8. 计算所有员工的平均月薪及各部门员工的平均月薪。
9. 统计各部门月薪高于 10000 的员工数量。
10. 检索出员工数量不少于 3 的部门。

第 7 章

SQL 数据查询: 多表查询

学习目标:

- 了解多表查询的各种类别及作用
- 掌握嵌套查询的定义、分类和操作方法
- 掌握 SQL 中连接查询的主要类型及执行方法
- 了解集合查询的基本概念、分类及操作方法

7.1 嵌套查询

7.1.1 嵌套查询概述

SQL 提供嵌套查询机制。在 SQL 中,一个 SELECT-FROM-WHERE 语句称为一个查询块,将一个查询块嵌套在另一个查询块的 WHERE 子句或 HAVING 短语的条件中的查询则称为嵌套查询。子查询是嵌套在另一个查询中的 SELECT-FROM-WHERE 表达式。通过将子查询嵌套在 WHERE、FROM 子句中,通常可以用子查询来执行对数据的过滤和字段计算。

1. 过滤数据

首先,子查询可以用来过滤数据,SQL 允许测试元组在关系中的成员资格。通常会用连接词 IN 或者 NOT IN 来测试元组是否是集合中的成员,这里的集合是由 SELECT 子句产生的一组值构成的。

例 7-1 针对第 6 章所创建的数据库 supply(其中包含 5 个表),找出订购物品 RGAN01 的所有顾客。

(1) 若先不考虑使用子查询,按照分步走的思路来完成题目要求,则需要分三步。

① 检索包含物品 RGAN01 的所有订单的编号。

SQL 语句如下:

```
SELECT order_num
FROM orderitems
```

```
WHERE prod_id='RGAN01';
```
得到的 order_num 结果为：('20007','20008')。

② 检索具有前一步骤列出的订单编号的所有顾客的 ID。

SQL 语句如下：

```
SELECT cust_id
FROM orders
WHERE order_num IN ('20007', '20008');
```
得到的 order_id 结果为：('1000000004','1000000005')。

③ 检索前一步返回的所有顾客 ID 的顾客信息。

SQL 语句如下：

```
SELECT cust_name,cust_contact
FROM customers
WHERE cust_id IN ('1000000004','1000000005');
```

可以看出，每一步都可以作为一个单独的查询来执行，并且每一步都依赖上一步的输出结果。

（2）可以将上述的三步合并为一个 SQL 查询语句，将上步分别作为下步的子查询语句。

SQL 语句如下：

```
SELECT cust_name, cust_contact
FROM customers
WHERE cust_id IN (SELECT cust_id
                  FROM orders
                  WHERE order_num IN (SELECT order_num
                                      FROM orderitems
                                      WHERE prod_id = 'RGAN01'));
```

首先从所有订单中检索包含物品 RGAN01 的订单编号，然后从子查询得到的订单编号集合中检索出所有顾客的 ID。为此将子查询嵌入外部查询的 WHERE 子句中，最后检索得到前一步返回的所有顾客 ID 的顾客信息，写出最终的查询语句。换成子查询而不是硬编码顾客 ID，可以避免错误，不需要人工介入，代码可移植性好。输出的结果如图 7-1 所示。

cust_name	cust_contact
Fun4All	Denise L. Stephens
The Toy Store	Kim Howard

图 7-1　例 7-1 结果

需要注意的是，作为子查询的 SELECT 语句只能查询单个列。若企图检索多个列则会返回错误。例 7-1 通过连接词 IN 来判断某个属性列值是否在子查询的结果中，也可以通过连接词 NOT IN 来测试集合成员的资格。

例 7-2　查找没有订购物品 RGAN01 的所有顾客。

SQL 语句如下：

```
SELECT cust_name, cust_contact
FROM customers
WHERE cust_id IN (SELECT cust_id
                  FROM orders
                  WHERE order_num NOT IN (SELECT order_num
                                          FROM orderitems
                                          WHERE prod_id = 'RGAN01'));
```

2. 作为计算字段使用子查询

还可以使用子查询来执行计算字段，通常可以使用 SELECT count(＊)对表中的行进行计数。

例 7-3　查询表 customers 中的每个顾客(姓名)及其对应的订单总数。

同样地，若先不考虑使用子查询，按照分步走的思路来完成题目要求，由于订单与相应的顾客 ID 存储在 orders 表中，因此需要分两步走来完成上述要求。

(1) 从表 customers 中检索顾客列表。

(2) 对于检索出的每个顾客，统计其在 orders 表中的订单数目。

另一种方法，要对每个顾客执行 count(＊)进行计数，应该将它作为一个子查询。

SQL 语句如下：

```
SELECT cust_id, cust_name, cust_state,
    (SELECT count( ＊)
     FROM orders
     WHERE orders.cust_id = customers.cust_id)
     AS num_of_orders
FROM customers ORDER BY cust_id;
```

在上述 SQL 语句中，num_of_orders 是一个计算字段。该子查询对检索出的每个顾客执行一次。在例 7-3 中，该子查询共执行了 5 次。输出的结果如图 7-2 所示。

cust_id	cust_name	cust_state	num_of_orders
1000000001	Village Toys	MI	2
1000000002	Kids Place	OH	0
1000000003	Fun4All	IN	1
1000000004	Fun4All	AZ	1
1000000005	The Toy Store	IL	1

图 7-2　例 7-3 结果

例 7-4　查询曾经下过单的顾客的信息。

SQL 语句如下：

```
SELECT *
FROM customers
WHERE cust_id IN
    (SELECT DISTINCT cust_id FROM orders);
```

从这几个例子中可以看出 SQL 允许多层嵌套查询,即一个子查询中可以嵌套其他子查询。上层的查询块称为"外层查询"、"父查询"或"主查询",下层的查询块又称为"内层查询"或"子查询"。需要特别指出的是子查询的 SELECT 语句中不能使用 ORDER BY 子句,ORDER BY 子句永远只能对最终查询结果进行排序。

7.1.2　嵌套查询的分类

嵌套查询的求解方法是由里向外一层层处理,根据子查询是否依赖于父查询,可以将嵌套查询分为两大类：第一类是不相关子查询,这类中的子查询的查询条件不依赖于父查询；第二类是相关子查询,这类中的子查询的查询条件依赖于父查询。下面详细介绍这两类子查询的方法。

1. 相关子查询

相关子查询,其执行过程是首先取外层查询中表的第一个元组,根据它与内层查询相关的属性值处理内层查询,若 WHERE 子句返回值为真,则取此元组放入结果表；然后再取外层表的下一个元组；重复这一过程,直至外层表全部检查完为止。因此这类子查询依赖于父查询的查询方式称为相关子查询。

例 7-5　假设有学生表 Students 和学习表 Study_info,列信息如下：

```
Students (stud_id, stud_name, stud_address, birth_year, college)
Study_info (stud_id, course, grade)
```

请查询选修了 MySQL 这门课程的学生学号和姓名,使用子查询的方式写出对应的 SQL 语句。SQL 语句如下：

```
SELECT stud_id, stud_name
FROM Students
WHERE EXISTS
    (SELECT *
     FROM Study_info
     WHERE Students.stud_id = Study_info.stud_id
     AND Study_info.course = 'MySQL')
```

从学生表中依次取出每个元组的学号,用此值去检查学习表。若学习表中存在这样的元组,其学号值与此学生表中的学号值相等,并且该学生选修了"MySQL"这门课,则取此学生的学号和姓名送入结果表中,写出最终的查询语句。

注意：这里由 EXSITS 引出的子查询,其目标列表达式通常都用"＊",因为带 EXSITS 的子查询只返回真值或假值,给出列名无实际意义。与 EXISTS 谓词相对应的是 NOT

EXISTS谓词,若内层结果为空,则NOT EXISTS结果为真,外层的WHERE子句返回真值,否则返回假值。

例7-6　查询没有选修MySQL的学生学号和姓名。

SQL语句如下:

```
SELECT stud_id, stud_name
FROM Students
WHERE NOT EXISTS
    (SELECT *
     FROM Study_info
     WHERE Students.stud_id = Study_info.stud_id
     AND Study_info.course = 'MySQL');
```

从学生表中依次取出每个元组的学号,用此值去检查学习表。若学习表中某元组不存在这样的情况,其学号值与此学生表中的学号值相等,并且该学生选修了MySQL这门课,则取此学生的学号和姓名送入结果表中,从而表示了没有选修这门课程的学生信息,写出最终的查询语句。

以上由EXISTS和NOT EXISTS引导的子查询均属于相关子查询,其执行过程中均需要用到父查询的表中相应的属性值。因此,相关子查询的子查询和父查询是相关联的。

例7-7　查询出MySQL这门课程考试成绩不低于80分的学生学号和姓名。

SQL语句如下:

```
SELECT stud_id, stud_name
FROM Students
WHERE 80<=
    (SELECT Study_info.grade
     FROM Study_info
     WHERE Students.stud_id = Study_info.stud_id
     AND Study_info.course = 'MySQL');
```

上述相关子查询可以理解为二层循环,要想执行内层的查询,需要先从外层查询到一个值出来。执行的顺序是:父查询得到一个值,子查询对这个值再进行一轮查询,总查询次数是 $m \times n$(m 为父查询的次数,n 为子查询的次数)。因为子查询需要父查询的结果才能执行,所以是相关子查询。

2. 不相关子查询

不相关子查询,其执行过程按照由内到外的顺序,每个子查询在上一级查询处理之前求解,子查询的查询结果用于建立其父查询的查找条件,由上层父查询再继续逐层执行,最终完成整个查询过程,因此这类子查询不依赖于父查询的查询方式称为不相关子查询。

例7-8　找出考试成绩为70的学生学号和姓名(不论哪门课程),用子查询的方式完成。

SQL语句如下:

```
SELECT stud_id, stud_name
FROM Students
WHERE Students.stud_id IN
    (SELECT Study_info.stud_id
     FROM Study_info
     WHERE Study_info.score=70);
```

这是一个不相关子查询，子查询不需要父查询把结果传进来，所以叫不相关子查询。执行顺序是：子查询先执行，得到结果后传给父查询，父查询不用每次得到一个值后再执行一轮子查询。由于两个查询是分开进行的，没有关联，所以叫不相关子查询。查询次数是 $m+n$（m 为父查询的次数，n 为子查询的次数）。

例 7-9 查询其他学院中比管理学院某个学生年龄小的学生名单。

SQL 语句如下：

```
SELECT stud_id,stud_name
FROM Students
WHERE year(now())-birth_year < ANY
    (SELECT year(now())-birth_year
     FROM Students
     WHERE college='School of Management')
    AND college<>'School of Management'
ORDER BY year(now())-birth_year DESC;
```

若其他院系中的某个学生的年龄比管理学院中任意一名学生的年龄小，则该学生满足选择的条件，因此，写出以上的查询语句。

在例 7-9 查询中，使用了带有 ANY 谓词的比较运算符。子查询返回单值时可以用比较运算符。当返回的结果有可能不止一个时，则不能够使用比较运算符。此时，可以使用 ANY 或 ALL 谓词来实现比较操作，而使用 ANY 或 ALL 谓词时则必须同时使用比较运算符，其语义如表 7-1 所示。

表 7-1　比较运算符

运　算　符	ANY	ALL
>	大于子查询结果中的某个值	大于子查询结果中的所有值
<	小于子查询结果中的某个值	小于子查询结果中的所有值
>=	大于或等于子查询结果中的某个值	大于或等于子查询结果中的所有值
<=	小于或等于子查询结果中的某个值	小于或等于子查询结果中的所有值
=	等于子查询结果中的某个值	通常没有实际意义
!= 或者 <>	不等于子查询结果中的某个值	不等于子查询结果中的任何一个值

以上带有 IN、ANY、ALL 谓词的嵌套查询均属于不相关子查询,其执行过程都是按照由内到外的顺序,先独立完成最内层的子查询,然后将查询的结果传给上层父查询,由上层父查询继续逐层执行。因此不相关子查询的子查询和父查询是相互分离的,没有关联。

7.2　连接查询

SQL 最强大的功能之一就是能在数据查询的执行中连接多个表。一个数据库中的多个表之间一般都存在某种内在联系,它们共同提供有用的信息。若一个查询同时涉及两个以上的表,则称之为连接查询,其中最关键的是外键。连接查询根据连接的对象和方法不同,可以分为广义笛卡儿积、等值连接(含自然连接)、非等值连接、自身连接、外连接和使用带聚集函数的连接。

7.2.1　广义笛卡儿积

在 MySQL 中,笛卡儿积是指从两个或多个表中获取所有可能的组合。当你在查询中没有指定任何连接条件时,MySQL 将返回这些表之间的笛卡儿积。比如在连接两个表时,没有 WHERE 子句则默认是两个关系的笛卡儿积,即第一个表的每一行将与第二个表的每一行进行配对。

例 7-10　已知关系 Students(属性列 stu_id、stud_name、class_id)和 Classes(属性列 class_id、stud_name),如图 7-3、图 7-4 所示,求这两个关系的笛卡儿积。

students

stu_id	stud_name	class_id
02231050	Iris	01
02231051	Jack	01
02231052	Gloria	02
02231053	Louis	02

图 7-3　关系 Students

classes

class_id	stud_name
01	Iris
01	Jack
02	Gloria

图 7-4　关系 Classes

在执行 select * from Students,Classes 语句后将返回一个结果集,其中包含 Students 和 Classes 中行与行的所有可能组合,结果如图 7-5 所示。

从例 7-10 发现,笛卡儿积的列数等于两个表的列数之和,行数则是两个表的行数之积。

注意:在进行多表查询的时候(计算笛卡儿积的过程),如果两个表数据很大,笛卡儿积可能会生成非常大的结果集。因此,在实际应用中,应该避免无意义的笛卡儿积,确保使用适当的连接条件来连接多个表。

stu_id	stud_name	class_id	class_id	stud_name
02231050	Iris	01	01	Iris
02231050	Iris	01	01	Jack
02231050	Iris	01	02	Gloria
02231051	Jack	01	01	Iris
02231051	Jack	01	01	Jack
02231051	Jack	01	02	Gloria
02231052	Gloria	02	01	Iris
02231052	Gloria	02	01	Jack
02231052	Gloria	02	02	Gloria
02231053	Louis	02	01	Iris
02231053	Louis	02	01	Jack
02231053	Louis	02	02	Gloria

图 7-5 Students 和 Classes 的笛卡儿积

7.2.2 等值连接

两个表一般可以通过连接条件或连接谓词连接起来，其一般格式为：

[<表名 1>.] <列名 1> <比较运算符> [<表名 2>.]<列名 2>

其中，比较运算符主要有：＝、＞、＜、＞＝、＜＝、！＝。当连接运算符为＝时，则称为等值连接，也称为内连接，即基于两个表之间的相等值进行连接。这里需要注意的是连接谓词中的列名称为连接字段，连接条件中的各连接字段类型必须是可比的，但不一定相同。例如，连接字段可以都是字符型，或都是日期型；连接字段也可以一个是整型，另一个是实型，整型和实型都是数值型，因此是可比的。但若一个是字符型，另一个是整型，则不允许，因为它们是不可比的。此外，任何子句中引用两个表中的同名属性时，都必须加上表名前缀。引用唯一属性名时加或不加表名前缀均可。

连接操作的执行过程：首先在表一中找到第一个元组，然后从头开始顺序扫描或按索引扫描表二，查找满足连接条件的元组，每找到一个元组，就将表一中的第一个元组与该元组拼接起来，形成结果表中的一个元组。表一全部扫描完毕后，再到表一中找第二个元组，然后从头开始顺序扫描或按索引扫描表二，查找满足连接条件的元组，每找到一个元组，就将表一中的第二个元组与该元组拼接起来，形成结果表中的一个元组。以此往复，直到表一中的元组均被处理完毕。

例 7-11 查询每个商家及其产品售卖的情况。商家情况存放在 vendors 表中，商家产品售卖情况存放在 products 表中。

SQL 语句如下：

```
SELECT vend_name, prod_name, prod_price
FROM vendors, products
WHERE vendors.vend_id = products.vend_id;
```

本查询实际上同时涉及这两个表中的数据。由于这两个表之间的联系是通过两个表都具有的属性 vend_id 实现的，所以要查询每个商家及其产品售卖的情况，就必须将这两个表中商家 ID 相同的元组连接起来。这是一个等值连接。因此，写出以上查询语句。

等值连接也被称为内连接，以上查询还可以通过 INNER JOIN 来实现。

SQL 语句如下：

```
SELECT vend_name, prod_name, prod_price
FROM vendors INNER JOIN products
ON vendors.vend_id = products.vend_id;
```

输出结果如图 7-6 所示。

vend_name	prod_name	prod_price
Doll House Inc.	Fish bean bag toy	3.49
Doll House Inc.	Bird bean bag toy	3.49
Doll House Inc.	Rabbit bean bag toy	3.49
Bears R Us	8 inch teddy bear	5.99
Bears R Us	12 inch teddy bear	8.99
Bears R Us	18 inch teddy bear	11.99
Doll House Inc.	Raggedy Ann	4.99
Fun and Games	King doll	9.49
Fun and Games	Queen doll	9.49

图 7-6 例 7-11 结果

此外，自然连接是等值连接运算中的一种特殊情况，当按照两个表中的相同属性进行等值连接时，目标列中去掉了重复的属性列，但保留了所有不重复的属性列。

例 7-12 自然连接 vendors 表和 products 表。

SQL 语句如下：

```
SELECT vendors.vend_id, vend_name, prod_name, prod_price
FROM vendors, products
WHERE vendors.vend_id = products.vend_id;
```

输出结果如图 7-7 所示。

在本查询中，由于商家名称、产品名和产品价格属性列在商家与产品表中是唯一的，因此引用时可以去掉表名前缀。而商家 ID 在两个表中都出现了，因此引用时必须加上表名前缀。该查询的执行结果去掉了重复的 products.vend_id 列。

vend_id	vend_name	prod_name	prod_price
230701	Doll House Inc.	Fish bean bag toy	3.49
230701	Doll House Inc.	Bird bean bag toy	3.49
230701	Doll House Inc.	Rabbit bean bag toy	3.49
230703	Bears R Us	8 inch teddy bear	5.99
230703	Bears R Us	12 inch teddy bear	8.99
230703	Bears R Us	18 inch teddy bear	11.99
230701	Doll House Inc.	Raggedy Ann	4.99
230706	Fun and Games	King doll	9.49
230706	Fun and Games	Queen doll	9.49

图 7-7　例 7-12 结果

7.2.3　非等值连接查询

正如上节所说,两个表一般可以通过比较运算符连接起来,其中,比较运算符主要有＝、＞、＜、＞＝、＜＝、!＝。当连接运算符为＝时,则称为等值连接,使用其他运算符时即称为非等值连接。

例 7-13　找出关系 Employees(见图 7-8)中职工工资在关系 Job_grades(见图 7-9)中的最高工资和最低工资之间的职工信息。

Employees

last_name	salary
King	24000
Kochhar	17000
De Haan	17000
Hunold	9000
Ernst	6000
Lorentz	4200
Mourgos	5800
Rajs	3500
Davies	3100
Matos	2600
Vargas	2500
Zlotkey	10500
Abel	11000

图 7-8　关系 **Employees**

Job_grades

grade_level	lowest_salary	highest_salary
A	1000	2999
B	3000	5999
C	6000	9999

图 7-9　关系 **Job_grades**

SQL 语句如下:

```
SELECT Employees.last_name,Employees.salary,Job_grades.grade_level
FROM Employees,Job_grades
WHERE Job_grades.lowest_salary<Employees.salary
    AND Employees.salary<Job_grades.highest_salary;
```

输出结果如图 7-10 所示。

last_name	salary	grade_level
Matos	2600	A
Vargas	2500	A
Lorentz	4200	B
Mourgos	5800	B
Rajs	3500	B
Davies	3100	B
Hunold	9000	C
Ernst	6000	C

图 7-10　例 7-13 结果

7.2.4　自身连接查询

自身连接查询允许在一条 SELECT 语句中多次使用相同的表,并且由于所有属性名都是同名属性,因此必须使用别名前缀。

例 7-14　使用在第 6 章定义的 supply 数据库,假设要给 Jim Jones 所在公司的所有顾客发送一封邮件(cust_name 指的是公司名,cust_contact 指的是具体顾客),可以通过嵌套子查询来实现自身连接查询。首先找出 Jim Jones 所在的公司,然后查询出在该公司工作的顾客信息。

SQL 语句如下:

```
SELECT cust_id, cust_name, cust_contact
FROM customers
WHERE cust_name = (SELECT cust_name
                   FROM customers
                   WHERE cust_contact = 'Jim Jones');
```

输出结果如图 7-11 所示。

cust_id	cust_name	cust_contact
1000000003	Fun4All	Jim Jones
1000000004	Fun4All	Denise L. Stephens

图 7-11　例 7-14 结果

此外,可以使用 AS 对表进行重命名,这样一方面可以起到缩短 SQL 语句的作用,另一方面在进行自连接时需要两次使用同一个表,对两个表分别进行重命名可以用来区分二者。

SQL 语句如下：

```
SELECT c1.cust_id,c1.cust_name,c1.cust_contact
FROM customers AS c1,customers AS c2
WHERE c1.cust_name=c2.cust_name
    AND c2.cust_contact='Jim Jones';
```

例 7-15　在数据库 supply 中查找与产品 BNBG01 同属于同一个供应商的其他产品的具体信息。

SQL 语句如下：

```
SELECT p1.prod_id, p1.vend_id, p1.prod_name,p1.prod_desc
FROM products AS p1, products AS p2
WHERE p1.vend_id = p2.vend_id
    AND p2.prod_id = 'BNBG01';
```

可以看到，执行任一给定的 SQL 操作一般不止一种方法，很少有绝对正确或错误的方法。查询性能可能会受操作类型、所使用的 DBMS、表中数据量、是否存在索引或键等条件的影响。因此，有必要试验不同的选择机制，找出最适合具体情况的方法。一般选择使用自身连接而不用子查询。自身连接通常作为外部语句，用来替代从相同表中检索数据时使用的子查询语句。虽然最终结果是相同的，但许多 DBMS 处理连接远比处理子查询快得多。

7.2.5　外连接查询

在通常的连接操作中，只有满足连接条件的元组才能作为结果输出。假如当有个别学生没有选课，在选课表中就没有相应的元组。但是有时想以学生表为主体列出每个学生的基本情况及其选课情况，若某个学生没有选课，则只输出其基本信息，其选课信息为空值即可，这时就需要使用外连接（outer join）。外连接又可以进一步分为左外连接（left outer join）和右外连接（right outer join）。注意在 MySQL 中目前不支持全外连接（full outer join），必须使用 right 或者 left 关键字指定包括其所有行的表。

1. 左外连接

左外连接规定所有记录都应该从连接语句左侧的表中返回。当右侧表中并没有匹配的记录时，左侧表中该记录依然会返回，而对应的右侧表中的列值将自动填充 NULL 值。

例 7-16　找出所有顾客及其订单号，包括那些至今尚未下订单的顾客，订单号为空。

SQL 语句如下：

```
SELECT customers.cust_id, orders.order_num
FROM customers LEFT OUTER JOIN orders
ON customers.cust_id = orders.cust_id;
```

输出结果如图 7-12 所示。

2. 右外连接

右外连接规定所有记录都应该从连接语句右侧的表中返回。当左侧表中并没有匹配的记录时,右侧表中的值依然返回,而对应的左侧表中的列值将自动填充 NULL 值。对例 7-16 中的查询改为右外连接,SQL 语句如下:

```
SELECT customers.cust_id, orders.order_num
FROM customers RIGHT OUTER JOIN orders
ON customers.cust_id = orders.cust_id;
```

输出结果如图 7-13 所示。由于查询结果中右侧表没有未关联行,所以该例中的结果与内连接结果相同。

cust_id	order_num
1000000001	20005
1000000001	20009
1000000002	NULL
1000000003	20006
1000000004	20007
1000000005	20008

图 7-12　例 7-16 结果

cust_id	order_num
1000000001	20005
1000000001	20009
1000000003	20006
1000000004	20007
1000000005	20008

图 7-13　例 7-16 右外连接查询结果

7.2.6　使用带聚集函数的连接

为了进一步方便用户,增强检索功能,SQL 提供了 COUNT 等聚集函数来汇总数据。

(1) COUNT([DISTINCT|ALL] *):统计元组个数。

(2) COUNT([DISTINCT|ALL]<列名>):统计一列中值的个数。

(3) SUM([DISTINCT|ALL]<列名>):计算一列值的总和(该列必须是数值型)。

(4) AVG([DISTINCT|ALL]<列名>):计算一列值的平均值(该列必须是数值型)。

(5) MAX([DISTINCT|ALL]<列名>):求一列值中的最大值。

(6) MIN([DISTINCT|ALL]<列名>):求一列值中的最小值。

如果指定 DISTINCT 短语,则表示在计算时要取消指定列中的重复值。如果不指定 DISTINCT 短语或指定 ALL 短语(ALL 为默认值),则表示不取消重复值。注意,当使用聚集函数时,通常和分组短语 GROUP BY 一起使用。

例 7-17　针对 supply 数据库中的顾客表 customers,检索所有顾客及其所下的订单数量。SQL 语句如下:

```
SELECT customers.cust_id, COUNT(orders.order_num) AS num_of_orders
FROM customers, orders
WHERE customers.cust_id=orders.cust_id
GROUP BY customers.cust_id;
```

输出结果如图 7-14 所示。

例 7-18　对例 7-17 稍作修改，针对数据库 supply 中的顾客表 customers，检索所有顾客及其所下的订单数量。若顾客从未下过订单，也应当计数为 0。

SQL 语句如下：

```
SELECT customers.cust_id, COUNT(orders.order_num) AS num_of_orders
FROM customers LEFT OUTER JOIN orders
    ON customers.cust_id = orders.cust_id
GROUP BY customers.cust_id;
```

此时应该将表 customers 中未关联的行也输出，因此当把表 customers 放在左边时，采用左外连接的方式，输出结果如图 7-15 所示。

cust_id	num_of_orders
1000000001	2
1000000003	1
1000000004	1
1000000005	1

图 7-14　例 7-17 结果

cust_id	num_of_orders
1000000001	2
1000000002	0
1000000003	1
1000000004	1
1000000005	1

图 7-15　例 7-18 结果

例 7-19　针对 supply 数据库中的产品表 products，检查所有产品被下单的总数量，其中那些没有被购买过的商品也应该检索出来。

SQL 语句如下：

```
SELECT products.prod_id, sum(orderitems.quantity) AS total_quantity
FROM products LEFT OUTER JOIN orderitems
    ON products.prod_id = orderitems.prod_id
GROUP BY products.prod_id;
```

在了解上述 6 种不同类型的连接方式后，实际使用时应当注意所使用的连接类型。一般使用内连接（更常用的是等值连接），但某些情况下也使用外连接。同时应保证使用正确的连接条件，并且应该总是提供连接条件，否则会得出笛卡儿积。在一个连接中可以包含多个表，甚至可以对每个连接采用不同的连接类型。虽然这样做是合法的，一般也很有用，但应该在一起测试它们前分别测试每个连接，这会使故障排除更为简单。

7.3　集　合　查　询

在 SQL 查询中可以利用关系代数中的集合运算（并、交、差）来组合关系，SQL 为此提供了相应的运算符：UNION、INTERSECT、EXCEPT，分别对应于集合运算的 ∪、∩、－。它们用于两个查询之间，对每个查询可以用圆括号括起来。UNION、INTERSECT 和 EXCEPT 运算和

SELECT 子句不同,它们会自动去除重复。如果想要保留重复值,则需要使用 UNION ALL、INTERSECT ALL、EXCEPT ALL。

假设一个元组在关系 R 中重复出现了 m 次,在关系 S 中重复出现了 n 次,那么这个元组将会按以下规律重复出现。

在 R UNION ALL S 中,重复出现 $m+n$ 次;

在 R INTERSECT ALL S 中,重复出现 $\min(m,n)$ 次;

在 R EXCEPT ALL S 中,重复出现 $\max(0,m-n)$ 次。

对于不同的 DBMS,支持的集合运算有所不同,如 MySQL 只支持并运算,不支持交、差运算,在 SQL Server 中则支持交、差运算。

7.3.1　并操作

在 MySQL 中并操作的形式是:

```
<查询块>
UNION
<查询块>
```

注意:参加 UNION 操作的各结果表的列数必须相同,对应项的数据类型也必须相同。

例 7-20　查询美国 Illinois、Indiana 和 Michigan 这几个州的所有顾客信息,还要包括不管位于哪个州的所有名为 Fun4All 顾客的信息。

SQL 语句如下:

```
SELECT cust_name,cust_contact,cust_email
FROM customers
WHERE cust_state IN('IL','IN','MI')
UNION
SELECT cust_name,cust_contact,cust_email
FROM customers
WHERE cust_name='Fun4All';
```

从以上查询可以看出,UNION 必须由两条或两条以上的 SELECT 语句组成,语句之间用关键字 UNION 分隔,并且 UNION 中的每个查询必须包含相同的列、表达式或聚集函数,但是各列不需要以相同的次序列出。此外,列数据类型必须兼容,即类型不必完全相同,但必须是 DBMS 可以隐含转换的类型。如不同的数值类型或不同的日期类型。

由于 UNION 从查询结果集中自动去除了重复的行,如果想保留重复值,可以使用 UNION ALL 来实现。

SQL 语句如下:

```
SELECT cust_name,cust_contact,cust_email
FROM customers
```

```
WHERE cust_state IN('IL','IN','MI')
UNION ALL
SELECT cust_name,cust_contact,cust_email
FROM customers
WHERE cust_name='Fun4All';
```

输出结果如图 7-16 所示。

cust_name	cust_contact	cust_email
Village Toys	John Smith	sales@willagetoys.com
Fun4All	Jim Jones	jjones@fun4all.com
The Toy Store	Kim Howard	NULL
Fun4All	Jim Jones	jjones@fun4all.com
Fun4All	Denise L. Stephens	dstephens@fun4all.com

图 7-16　使用 UNION ALL 查询结果

此外，还可以对组合查询的结果进行排序，使用 ORDER BY 语句排序所有 SELECT 语句返回的结果。

SQL 语句如下：

```
SELECT cust_name,cust_contact,cust_email
FROM customers
WHERE cust_state IN('IL', 'IN', 'MI')
UNION
SELECT cust_name,cust_contact,cust_email
FROM customers
WHERE cust_name='Fun4All'
ORDER BY cust_name,cust_contact;
```

输出结果如图 7-17 所示。

cust_name	cust_contact	cust_email
Fun4All	Denise L. Stephens	dstephens@fun4all.com
Fun4All	Jim Jones	jjones@fun4all.com
The Toy Store	Kim Howard	NULL
Village Toys	John Smith	sales@willagetoys.com

图 7-17　使用 ORDER BY 查询结果

注意：在集合查询中只能使用一条 ORDER BY 语句，且位于最后。

此外，集合查询和多个 WHERE 条件的单条查询通常是可以互相转换的。换句话说，任何具有多个 WHERE 子句的 SELECT 语句都可以作为一个组合查询。例如，可以使用多条 WHERE 子句来实现例 7-20 的要求。

SQL 语句如下：

```
SELECT cust_name,cust_contact,cust_email
FROM customers
WHERE cust_state IN ('IL','IN','MI')
    OR cust_name='Fun4All';
```

7.3.2 差操作

MySQL 中没有提供集合差操作,但可用其他方法间接实现。差操作的形式是:

```
<查询块>
EXCEPT
<查询块>
```

例 7-21 针对以下给定的三个表(学生表 S,课程表 C,选课信息表 SC),写出相应的 SQL 语句。

```
S (Sno,Sname,Ssex,Sage,Sdept)
C (Cno,Cname,Ccredit)
SC (Sno,Cno,Sscore)
```

查询只选修了课程 230101 而没有选修课程 230102 的学生的学号。
SQL 语句如下:

```
(SELECT SC.Sno
 FROM SC
 WHERE SC.Cno='230101')
 EXCEPT
(SELECT SC.Sno
 FROM SC
 WHERE SC.Cno='230102');
```

类似地,EXCEPT 运算自动去除重复,如果想保留所有的重复,必须用 EXCEPT ALL 代替 EXCEPT,结果中出现的重复元组数等于两集合出现的重复元组数之差(前提是差是正值)。

7.3.3 交操作

同样地,MySQL 中也没有提供集合交操作,但可用其他方法间接实现。交操作的形式是:

```
<查询块>
INTERSECT
<查询块>
```

例 7-22 针对例 7-21 中给定的三个表,查询同时选修课程 230101 和课程 230102 的学生的学号。

SQL 语句如下:

```
(SELECT SC.Sno
 FROM SC
 WHERE SC.Cno='230101')
 INTERSECT
(SELECT SC.Sno
 FROM SC
 WHERE SC.Cno='230102');
```

INTERSECT 运算自动去除重复,如果想保留所有的重复,必须用 INTERSECT ALL 代替 INTERSECT,结果中出现的重复元组数等于两集合出现的重复元组数里较少的那个。

7.4 练 习 题

1. 请简要解释以下术语:嵌套查询、连接查询、集合查询。

2. 设有两个基本表 R(A,B,C)和 S(A,B,C),试用 SQL 查询语句表示下列关系代数表达式:

(1) R∩S。

(2) R−S。

(3) R∪S。

3. 什么是子查询以及子查询的作用。

4. 简述相关子查询与不相关子查询的区别。

5. 简述自然连接与等值连接的区别和联系。

6. 已知有三个基本表:

```
Students(stud_id,stud_name,stud_gender,stud_age)
StudentCourses(stud_id,course_id,stud_grade)
Courses(course_id,course_name,teacher_name,course_year)
```

试用 SQL 语句实现下列查询操作。

(1) 查询学号为 02310050 的学生所选课程的课程 ID、课程名和任课教师姓名。

(2) 查询名字为 Shirley 的学生所选课程的成绩。

(3) 查询名字为 Denise 的老师所授课程的课程 ID 和课程名。

(4) 查询年龄大于 22 岁的男生的学号和姓名。

(5) 查询名字为 Iris 的学生没有选修的课程 ID 和课程名。

(6) 查询选修了 MySQL 课程的学生学号和姓名。

(7) 查询至少选修了五门课程的学生的学号和姓名。

（8）查询 StudentCourses 表中每个学生所选的课程总数。

（9）查询在 2022 年和 2023 年均开课的所有课程的课程 ID 和课程名。

7. 已知 supply 数据库：

vendors(vend_id, vend_name, vend_address, vend_city, vend_state, vend_zip, vend_country)

products(prod_id, vend_id, prod_name, prod_price, prod_desc)

customers(cust_id, cust_name, cust_address, cust_city, cust_state, cust_zip, cust_country, cust_contact, cust_email)

orders(order_num, order_date, cust_id)

orderitems(order_num, order_item, prod_id, quantity, item_price)

试用 SQL 语句表达下列查询。

（1）查询购买了产品 BR01 的顾客的基本信息。

（2）查询平均订单金额（"订单金额"指的是，某一个订单中购买的商品的总价）大于或等于 300 的顾客的编号和姓名以及平均订单金额。

（3）查询订单号为 20006 的订单中所涉及商品的供应商的编号、名称、地址。

（4）查询订单数大于或等于 2 个的顾客的编号、姓名及其订单数量。

（5）查询被购买次数大于或等于 3 次的产品编号、产品名称、产品价格、被购买次数、被购买总数量。

第 8 章

SQL 视图操作

学习目标：

- 了解视图的特点
- 熟悉视图使用的规则和限制
- 掌握创建视图的方法
- 掌握使用视图的基本操作

8.1 视 图 概 述

视图是一种虚拟表，它是从一个或几个基本表（或视图）中导出的表，是由一个或多个数据库表的查询结果组成的。视图本身并不包含实际的数据，而是基于存储在数据库中的表数据的查询结果。使用视图，可以简化复杂查询、隐藏复杂性，并且在不影响基础表结构的情况下提供更方便的数据访问方式。

1. 视图的优点

使用视图有很多优点，它们在数据库管理和应用程序开发中提供了很多便利。

（1）简化复杂查询。视图允许将复杂的 SQL 查询逻辑封装在一个虚拟表中。所以当应用程序需要进行复杂查询时，不需要再编写复杂的 SQL 语句，只需引用视图即可，因此在一定程度上简化了查询操作。

（2）简化连接操作。当需要从多个表中检索数据时，视图可以将多个表的数据连接在一起，使得复杂的连接操作变得更加简单和易于维护。

（3）提高数据安全性。视图可以控制用户对数据的访问权限。同一个数据库可以创建不同的视图，同时为不同的用户分配不同的视图。通过视图，数据库管理员可以限制用户只能访问他们需要的数据，而隐藏其他敏感数据，确保数据安全性。

（4）提高数据逻辑独立性。视图可以使应用程序建立在其之上，这在一定程度上使得应用程序和数据表结构实现逻辑分离。

视图本身具有对应用程序屏蔽表结构的功能，这时即便表结构发生变化（如表的字段名发生变化），也不需要修改应用程序，只需将视图重新定义或者修改视图定义即可。

使用视图可以向数据库表屏蔽应用程序,此时即使应用程序发生变化,也不需要修改数据库表结构,只需重新定义视图或修改视图定义即可。

(5) 提高处理效率。视图可以预先计算并存储结果,从而提高查询性能。例如,如果一个视图计算了频繁被查询的数据,则查询该视图将比直接查询多个底层表更高效。

总之,视图为数据库提供了一个抽象层,使得用户在数据访问时更具便捷性和安全性,同时提供了更好的灵活性和维护性。因此在开发复杂的应用程序时,视图是一种非常有用的工具。

2. 视图使用的规则

视图提供了一种方便和安全的数据访问机制,但也有如下一些限制,需要在使用视图时留意和遵守。

(1) 与表类似,视图必须有唯一命名(不能与其他视图或表重复命名)。

(2) 视图在创建过程中没有数目限制。

(3) 创建视图时,需由数据库管理人员授予足够的访问权限。

(4) 视图可以嵌套,即可以利用从其他视图中检索数据的查询构造新视图。

(5) 若视图与视图检索数据的 SELECT 语句中均含有 ORDER BY,那么视图中的 ORDER BY 将会被覆盖。

(6) 视图不能索引,也不能有关联的触发器或默认值。

(7) 视图可以与表同时使用。

8.2　创 建 视 图

8.2.1　基本语句

创建视图主要通过 CREATE VIEW 语句实现,一般格式如下:

```
CREATE VIEW view_name[(column_name1[,column_name2]…)]
AS SELECT column1,column2…
FROM table_name
WHERE condition
```

其中:

CREATE VIEW:创建视图的关键字。需要注意的是,使用 CREATE VIEW 创建视图时需要保证具有针对视图的 CREATE VIEW 权限。

view_name:要创建的视图的名称。

(column_name1[, column_name2]…):创建的视图中的列名,可以进行重命名,与基本表中列名不同。这些属性列名可以省略。但如果在多表连接时出现了重名,或者某个列是集函数或列表达式,则必须明确指定组成视图的所有列名。

AS：表示视图的定义开始。

SELECT：用于指定视图的查询定义。

column1，column2…：你想要在视图中包含的列。

table_name：视图所基于的一个或多个表的名称。

WHERE condition：用于可选的筛选数据的条件。

创建视图可以提高数据分析的效率，但在创建视图时有一些重要问题值得注意，主要有以下几点。

（1）查询复杂性。视图可以将多个表的数据组合在一起，但要注意不要创建过于复杂的视图，因为复杂的查询可能会导致性能下降。请确保视图的查询逻辑清晰且合理，以避免不必要的复杂性。

（2）性能影响。视图虽然提供了方便的数据访问方式，但某些情况下可能会影响性能。视图的查询可能涉及多个表、多次连接和计算，这可能导致查询变慢。在创建视图时要考虑查询的复杂性，以及视图是否会频繁用于大量数据的查询。

（3）数据更新限制。默认情况下，视图通常是只读的，即不能直接通过视图进行数据更新、插入或删除操作。如果需要修改数据，需要对底层表进行操作，或者使用触发器来实现视图的更新。

（4）权限控制。创建视图时需要确保用户有足够的权限访问底层表。如果视图用于提供特定的数据访问权限，那么将确保在创建视图时考虑权限控制，以限制用户访问所需的数据。

（5）命名冲突。视图名称不能与已有的表名、视图名或其他数据库对象名冲突。请确保为视图选择一个唯一且有意义的名称。

（6）视图维护。视图在底层表结构发生变化时可能需要维护。如果底层表的列或结构变化，可能需要相应地修改视图定义。

（7）查询优化。考虑到性能，可能需要优化视图的查询。可以使用索引、分区等数据库优化技术来提升查询性能。

（8）文档和注释。创建视图时，添加适当的注释和文档，以便其他开发人员理解视图的用途、结构和查询逻辑。

8.2.2 创建不同类型的视图

1. 创建单源视图

选取一个基本表的部分行和列的数据建立的视图称为单源视图。此时创建的视图可以对数据进行查询和修改操作。

例 8-1 针对 supply 数据库，从 products 表上创建一个简单的视图，使其包含商品编号、供应商编号、商品名称和商品价格信息，并将视图命名为 products_view1。

SQL 语句如下：

```
CREATE VIEW products_view1
```

```
AS SELECT prod_id, vend_id, prod_name, prod_price
FROM products;
```

使用 SELECT 语句查询视图,SQL 语句如下:

```
SELECT *
FROM products_view1;
```

输出结果如图 8-1 所示。

prod_id	vend_id	prod_name	prod_price
BR01	BRS01	8 inch teddy bear	5.99
BR02	BRS01	12 inch teddy bear	8.99
BR03	BRS01	18 inch teddy bear	11.99
BNBG01	DLL01	Fish bean bag toy	3.49
BNBG02	DLL01	Bird bean bag toy	3.49
BNBG03	DLL01	Rabbit bean bag toy	3.49
RGAN01	DLL01	Raggedy Ann	4.99
RYL01	FNG01	King doll	9.49
RYL02	FNG01	Queen doll	9.49

图 8-1 例 8-1 结果

例 8-2 从 vendors 表上创建一个简单的视图,仅包括属于 USA 的那些供应商,并将该视图命名为 vendors_view。

SQL 语句如下:

```
CREATE VIEW vendors_view
AS SELECT *
FROM vendors
WHERE vend_country = 'USA';
```

使用 SELECT 语句查询视图,SQL 语句如下:

```
SELECT *
FROM vendors_view;
```

输出结果如图 8-2 所示。

vend_id	vend_name	vend_address	vend_city	vend_state	vend_zip	vend_country
BRS01	Bears R Us	123 Main Street	Bear Town	MI	44444	USA
BRE02	Bear Emporium	500 Park Street	Anytown	OH	44333	USA
DLL01	Doll House Inc.	555 High Street	Dollsville	CA	99999	USA
FRB01	Furball Inc.	1000 5th Avenue	New York	NY	11111	USA

图 8-2 例 8-2 结果

2. 创建多源表视图

多源表视图指连接多个表的数据定义的视图,通过多源表定义的视图一般仅用于查询数据,不用于修改数据。

例 8-3 从表 orders、customers 上创建一个多源表视图,并将视图命名为 ordercus_view,要求包含订单号、订单日期、顾客编号以及顾客姓名。

SQL 语句如下:

```
CREATE VIEW ordercus_view
AS SELECT order_num, order_date, orders.cust_id, cust_name
FROM orders, customers
WHERE orders.cust_id=customers.cust_id;
```

使用 SELECT 语句查询视图:

```
SELECT *
FROM ordercus_view;
```

输出结果如图 8-3 所示。

order_num	order_date	cust_id	cust_name
20009	2012-08-08 00:00:00	1000000001	Village Toys
20005	2012-05-01 00:00:00	1000000001	Village Toys
20006	2012-01-12 00:00:00	1000000003	Fun4All
20007	2012-01-30 00:00:00	1000000004	Fun4All
20008	2012-02-03 00:00:00	1000000005	The Toy Store

图 8-3 例 8-3 结果

例 8-4 基于 orderitems 表和 products 表创建视图 ordermore_view,使得视图 ordermore_view 中包含订单编号、商品编号、订单价格和商品价格信息。

SQL 语句如下:

```
CREATE VIEW ordermore_view
AS SELECT order_num,orderitems.prod_id,item_price,prod_price
FROM orderitems,products
WHERE orderitems.prod_id=products.prod_id;
```

使用 SELECT 语句查询视图,SQL 语句如下:

```
SELECT *
FROM ordermore_view;
```

输出结果如图 8-4 所示。

例 8-5 查询所有顾客的名单、联系人及他们购买的商品清单,并创建视图 product-Customers。

order_num	prod_id	item_price	prod_price
20005	BR01	5.49	5.99
20005	BR03	10.99	11.99
20006	BR01	5.99	5.99
20006	BR02	8.99	8.99
20006	BR03	11.99	11.99
20007	BR03	11.49	11.99
20007	BNBG01	2.99	3.49
20007	BNBG02	2.99	3.49
20007	BNBG03	2.99	3.49
20007	RGAN01	4.49	4.99
20008	RGAN01	4.99	4.99
20008	BR03	11.99	11.99
20008	BNBG01	3.49	3.49
20008	BNBG02	3.49	3.49
20008	BNBG03	3.49	3.49
20009	BNBG01	2.49	3.49
20009	BNBG02	2.49	3.49
20009	BNBG03	2.49	3.49

图 8-4　例 8-4 结果

分析：由于顾客信息在表 customers 中，购买的商品清单在表 orderitems 中，所以需要连接这两个基本表。但是表 orderitems 中并不存在可以与表 customers 相连的外键，因此还需要连接第三个表 orders。将 orders 作为中介，从而连接三个表。创建视图的 SQL 语句如下：

```
CREATE VIEW productCustomers
AS SELECT cust_name, cust_contact, prod_id
FROM customers, orders, orderitems
WHERE customers.cust_id = orders.cust_id
    AND orderitems.order_num = orders.order_num;
```

3. 基于已有视图创建新视图

在已经建好的视图基础之上，可以再创建视图，但此时作为数据源的视图必须是已经建好的视图，即定义视图时允许嵌套。

例 8-6　在例 8-5 中已经创建好的视图 productCustomers 的基础上，创建新视图 productCustomers_sum，要求统计出每位顾客的每个联系人购买的产品数量，将该新属性命名为 total_products。

SQL 语句如下：

```
CREATE VIEW productCustomers_sum(cust_name, cust_contact, total_products)
AS SELECT cust_name, cust_contact, COUNT(prod_id)
FROM productCustomers
GROUP BY cust_name, cust_contact;
```

例 8-7　从已经建好的视图 products_view1 建立视图 products_view2，在新视图 products_view2 中不显示商品价格。

SQL 语句如下：

```
CREATE VIEW products_view2
AS SELECT prod_id, vend_id, prod_name
FROM products_view1;
```

使用 SELECT 语句查询视图，SQL 语句如下：

```
SELECT *
FROM products_view2;
```

输出结果如图 8-5 所示。

prod_id	vend_id	prod_name
BR01	BRS01	8 inch teddy bear
BR02	BRS01	12 inch teddy bear
BR03	BRS01	18 inch teddy bear
BNBG01	DLL01	Fish bean bag toy
BNBG02	DLL01	Bird bean bag toy
BNBG03	DLL01	Rabbit bean bag toy
RGAN01	DLL01	Raggedy Ann
RYL01	FNG01	King doll
RYL02	FNG01	Queen doll

图 8-5　例 8-7 结果

例 8-8　基于视图 ordermore_view，建立视图 order2007_view，使其只显示订单编号为 20007 的数据信息。

SQL 语句如下：

```
CREATE VIEW order2007_view
AS SELECT *
FROM ordermore_view
WHERE order_num='20007';
```

使用 SELECT 语句查询视图，SQL 语句如下：

```
SELECT *
FROM order2007_view;
```

输出结果如图 8-6 所示。

order_num	prod_id	Item_price	prod_price
20007	BR03	11.49	11.99
20007	BNBG01	2.99	3.49
20007	BNBG02	2.99	3.49
20007	BNBG03	2.99	3.49
20007	RGAN01	4.49	4.99

图 8-6 例 8-8 结果

4. 创建含表达式的视图

在定义基本表时，为了防止数据库中存在较多的冗余数据，表中一般只存储基本数据，而对于由基本数据通过各种计算产生的派生数据一般不加以存储。由于视图中的数据并不是实际存储的，因此可以在视图中根据需要设置一些基本数据的派生属性列，用于保存利用基本表计算而得的各种数据。由于在基本表中并不存在这些派生属性列，因此也把它们称为虚拟列，包含虚拟列的视图即为带表表达式的视图。

例 8-9 创建一个视图，包含 products 表中的商品编号、商品名称和商品价格信息，并在其中进行筛选使得商品价格小于 10。

SQL 语句如下：

```
CREATE VIEW product_price
AS SELECT prod_id,prod_name,prod_price
FROM products
WHERE prod_price<10;
```

使用 SELECT 语句查询视图，SQL 语句如下：

```
SELECT *
FROM product_price;
```

输出结果如图 8-7 所示。

prod_id	vend_id	prod_name	prod_price
BR01	BRS01	8 inch teddy bear	5.99
BR02	BRS01	12 inch teddy bear	8.99
BNBG01	DLL01	Fish bean bag toy	3.49
BNBG02	DLL01	Bird bean bag toy	3.49
BNBG03	DLL01	Rabbit bean bag toy	3.49
RGAN01	DLL01	Raggedy Ann	4.99
RYL01	FNG01	King doll	9.49
RYL02	FNG01	Queen doll	9.49

图 8-7 例 8-9 结果

例 8-10　基于视图 ordermore_view，创建视图 profit_view，使其显示商品利润大于 0 的商品数据信息。

SQL 语句如下：

```
CREATE VIEW profit_view
AS SELECT *
FROM ordermore_view
WHERE (prod_price-item_price)>0;
```

使用 SELECT 语句查询视图，SQL 语句如下：

```
SELECT *
FROM profit_view;
```

输出结果如图 8-8 所示。

order_num	prod_id	item_price	prod_price
20005	BR01	5.49	5.99
20005	BR03	10.99	11.99
20007	BR03	11.49	11.99
20007	BNBG01	2.99	3.49
20007	BNBG02	2.99	3.49
20007	BNBG03	2.99	3.49
20007	RGAN01	4.49	4.99
20009	BNBG01	2.49	3.49
20009	BNBG02	2.49	3.49
20009	BNBG03	2.49	3.49

图 8-8　例 8-10 结果

例 8-11　创建视图 custom_email_list，筛选出填写联系邮箱的顾客清单。

SQL 语句如下：

```
CREATE VIEW custom_email_list
AS SELECT cust_id, cust_name, cust_email
FROM customers
WHERE cust_email IS NOT NULL;
```

使用 SELECT 语句查询视图，SQL 语句如下：

```
SELECT *
FROM custom_email_list;
```

输出结果如图 8-9 所示。

也可以使用视图重新格式化检索出的数据。若经常使用某个格式的数据，则可以通过

cust_id	cust_name	cust_email
1000000001	Village Toys	sales@villagetoys.com
1000000003	Full4All	jjones@fun4all.com
1000000004	Fun4All	dstephens@fun4all.com
1000000005	The Toy Store	kim@thetoystore.com

图 8-9　例 8-11 结果

创建视图的方法,而不必在每次需要时执行这种拼接,直接使用视图即可。

例 8-12　创建视图 vendor_locations,找出所有的供应商及其所属国家,并采用供应商名称(所属国家)的格式保存,将这一属性重命名为 vend_title。

SQL 语句如下:

```
CREATE VIEW vendor_locations
AS SELECT CONCAT(RTRIM(vend_name),'(',RTRIM(vend_country),')')AS vend_title
FROM vendors
ORDER BY vend_name;
```

使用 SELECT 语句查询视图,SQL 语句如下:

```
SELECT *
FROM vendor_locations;
```

输出结果如图 8-10 所示。

在例 8-12 中,使用函数 CONCAT 拼接多个字符串,使用 RTRIM 函数截断字符串右侧的空白,从而得到所需的字符串格式。

vend_title
Bear Emporium (USA)
Bears R Us (USA)
Doll House Inc. (USA)
Fun and Games (England)
Furball Inc. (USA)
Jouets et ours (France)

图 8-10　例 8-12 结果

此外,在简化计算字段的使用上,视图也非常好用。值得注意的是,应当避免创建视图时绑定特定的数据,这样的目的是希望视图能够被重用,不需要创建和维护多个类似视图。在例 8-13 中,将所有商品的信息都存储起来,而不是只存储某个特定商品的信息。

例 8-13　创建视图 orderitems_total,用来存储每个商品的 ID、购买数量、单价、购买的总价等信息。

SQL 语句如下:

```
CREATE VIEW orderitems_total
AS SELECT prod_id, quantity, item_price, quantity * item_price AS total_price
FROM orderitems;
```

5. 创建含统计信息的视图

在创建视图时,可以使用 GORUP BY 以及聚集函数的查询语句,使得视图中的数据信息按照一定的分组规则排列。而对于使用分组信息的视图而言,只能用于查询,不能修改数据。

例 8-14　创建一个视图,包含商品价格信息,并按照商品价格进行分组。

SQL 语句如下:

```
CREATE VIEW product_byprice
AS SELECT prod_price, COUNT(prod_id) AS num_products
FROM products
GROUP BY prod_price;
```

使用 SELECT 语句查询视图,SQL 语句如下:

```
SELECT *
FROM product_byprice;
```

输出结果如图 8-11 所示。

例 8-15　创建视图 customerOrders,包含每个顾客的姓名及其所下订单的总数(未下过单的顾客的订单数为 0,需要显示)。属性名命名为 cust_name、total_orders。

SQL 语句如下:

```
CREATE VIEW customerOrders
AS SELECT cust_name, COUNT(order_num) AS total_orders
FROM customers LEFT OUTER JOIN orders
ON customers.cust_id = orders.cust_id
GROUP BY customers.cust_id;
```

使用 SELECT 语句查询视图,SQL 语句如下:

```
SELECT *
FROM customerOrders;
```

输出结果如图 8-12 所示。

prod_price	num_products
5.99	1
8.99	1
11.99	1
3.49	3
4.99	1
9.49	2

图 8-11　例 8-14 结果

cust_name	total_orders
Village Toys	2
Kids Place	0
Fun4All	1
Fun4All	1
The Toy Store	1

图 8-12　例 8-15 结果

8.3　使 用 视 图

　　一旦定义了一个视图,就可以用视图名指代该视图生成的虚关系。因为数据库只存储视图定义本身,所以当视图关系出现在查询中时,它就会被已存储的查询表达式代替。视图可以极大地简化复杂 SQL 语句的使用。利用视图,可一次性编写基础的 SQL,然后根据需要多次使用。

8.3.1　查看视图

查看视图是指使用 SQL 语句或数据库管理工具,从数据库中查询、检索并显示已经创建的视图的数据内容。视图是数据库中的虚拟表,它们基于一个或多个基础表的查询而创建,可以提供一个更简单、更易于理解的方式来访问和处理数据。通过查看视图,用户可以像查询普通表一样查询和分析数据。查看视图主要有以下三种方式。

(1) 使用 DESCRIBE 或 DESC 语句,SQL 语句如下:

```
DESCRIBE view_name;
```

或者

```
DESC view_name;
```

例 8-16　使用 DESCRIBE 语句查看视图 product_price。

SQL 语句如下:

```
DESCRIBE product_price;
```

输出结果如图 8-13 所示。

Field	Type	Null	Key	Default	Extra
prod_id	char(10)	NO		NULL	
prod_name	char(255)	NO		NULL	
prod_price	decimal(8,2)	NO		NULL	

图 8-13　例 8-16 结果

例 8-17　使用 DESC 语句查看视图 profit_view。

SQL 语句如下:

```
DESC product_price;
```

输出结果如图 8-14 所示。

Field	Type	Null	Key	Default	Extra
order_num	int	NO		NULL	
prod_id	char(10)	NO		NULL	
item_price	decimal(8, 2)	NO		NULL	
prod_price	decimal(8, 2)	NO		NULL	

图 8-14　例 8-17 结果

（2）使用 SHOW TABLE STATUS 语句查看视图，SQL 语句如下：

```
SHOW TABLE STATUS LIKE 'view_name';
```

例 8-18　使用 SHOW TABLE STATUS 语句，查看视图 product_price。
SQL 语句如下：

```
SHOW TABLE STATUS LIKE 'product_price';
```

输出结果如图 8-15 所示。

Name	product_price
Engine	NULL
Version	NULL
Row_format	NULL
Rows	NULL
Avg_row_length	NULL
Data_length	NULL
Max_data_length	NULL
Index_length	NULL
Data_free	NULL
Auto_increment	NULL
Create_time	2023-08-08 19:10:47
Update_time	NULL
Check_time	NULL
Collation	NULL
Checksum	NULL
Create_options	NULL
Comment	VIEW

图 8-15　例 8-18 结果

（3）通过查询数据库 INFORMATION_SCHEMA 下的 VIEW 表来查看视图，SQL 语句如下：

```
SELECT * FROM INFORMATION_SCHEMA.VIEWS
WHERE TABLE_NAME='view_name';
```

例 8-19　通过查询数据库 NFORMATION_SCHEMA 下的 VIEW 表来查看视图 product_price。
SQL 语句如下：

```
SELECT * FROM INFORMATION_SCHEMA.VIEWS
WHERE TABLE_NAME='product_price';
```

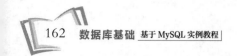

输出结果如图 8-16 所示。

TABLE_CATALOG	def
TABLE_SCHEMA	supply
TABLE_NAME	product_price
VIEW_DEFINITION	select 'supply'.'products'.'prod_id' AS 'prod_id','supply'.'products'.'prod_name' AS 'prod_name','supply'.'products'.'prod_price' AS 'prod_price' from 'supply'.'products' where ('supply'.'products'.'prod_price' <10)
CHECK_OPTION	NONE
IS_UPDATABLE	YES
DEFINER	root@localhost
SECURITY_TYPE	DEFINER
CHARACTER_SET_CLIENT	utf8mb4
COLLATION_CONNECTION	utf8mb4_0900_ai_ci

图 8-16 例 8-19 结果

8.3.2 更新视图

因为视图是基于查询构建的虚拟表,并不实际存储数据,所以需要通过更新视图所基于的底层表的数据来达到更新视图中的数据的目的。更新视图,一般包括插入数据、更新数据和删除数据三部分。在实际操作时,有以下几点需要注意。

(1)修改视图数据时,可以同时修改两个及两个以上基本表或者视图,但每次修改只能作用于一个基本表,不能同时影响多个基本表。

(2)不能修改通过计算得到的列。

(3)执行 UPDATE 和 DELETE 命令时,操作的数据需在视图的结果集之中。

(4)若视图属于多源视图,则在执行 INSERT 或者 UPDATE 语句时,需保证执行的新数据均属于同一个基本表。

(5)若视图定义中有 GROUP BY 子句,则不允许对此视图更新。

(6)若视图定义中有嵌套查询,并且嵌套查询的 FROM 子句涉及导出该视图的基本表,则不允许对此视图更新。

1. 插入数据

由于视图是虚拟表,因此在视图中插入数据本质上是向基本表中插入数据,此时数据不在视图中,但可通过视图展现出来。

例 8-20 创建视图 products_view3，要求显示所有供应商编号为 DLL01 的商品，并插入商品 ID 为 AB01 的数据。

SQL 语句如下：

```
CREATE VIEW products_view3
AS SELECT *
FROM products
WHERE vend_id='DLL01';
```

使用 SELECT 语句查询视图，SQL 语句如下：

```
SELECT *
FROM products_view3;
```

输出结果如图 8-17 所示。

prod_id	vend_id	prod_name	prod_price	prod_desc
BNBG01	DLL01	Fish bean bag toy	3.49	Fish bean bag toy, complete with bean bag worms with which to feed it
BNBG02	DLL01	Bird bean bag toy	3.49	Bird bean bag toy, eggs are not included
BNBG03	DLL01	Rabbit bean bag toy	3.49	Rabbit bean bag toy, comes with bean bag carrots
RGAN01	DLL01	Raggedy Ann	4.99	18 inch Raggedy Ann doll

图 8-17 例 8-20 结果

通过视图 products_view3 向基本表 products 中插入数据，SQL 语句如下：

```
INSERT INTO products_view3
VALUES ('AB01', 'DLL01', 'Dog toy', 5.99, '10 inch pretty dog toy');
```

使用 SELECT 语句查询视图，SQL 语句如下：

```
SELECT *
FROM products_view3;
```

输出结果如图 8-18 所示。

prod_id	vend_id	prod_name	prod_price	prod_desc
BNBG01	DLL01	Fish bean bag toy	3.49	Fish bean bag toy, complete with bean bag worms with which to feed it
BNBG02	DLL01	Bird bean bag toy	3.49	Bird bean bag toy, eggs are not included
BNBG03	DLL01	Rabbit bean bag toy	3.49	Rabbit bean bag toy, comes with bean bag carrots
RGAN01	DLL01	Raggedy Ann	4.99	18 inch Raggedy Ann doll
AB01	DLL01	Dog toy	5.99	10 inch pretty dog toy

图 8-18 例 8-20 结果

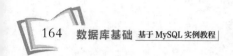

例 8-21　向例 8-2 中创建的视图 vendors_view 中插入供应商编号为 QQ 系列的数据，如图 8-19 所示。

vend_id	vend_name	vend_address	vend_city	vend_state	vend_zip	vend_country
QQ01	Big Fu	333 Red Street	Dog Town	RR	56789	USA
QQ02	Luckin	235 Blue Street	So Town	SS	23234	USA

图 8-19　供应商编号为 QQ 系列的数据

SQL 语句如下：

```
INSERT INTO vendors_view
VALUES ('QQ01', 'Big Fu', '333 Red Street', 'Dog Town', 'RR', '56789', 'USA'),
       ('QQ02','Luckin','235 Blue Street','So Town','SS','23234','USA');
```

使用 SELECT 语句查询视图，SQL 语句如下：

```
SELECT *
FROM vendors_view;
```

输出结果如图 8-20 所示。

vend_id	vend_name	vend_address	vend_city	vend_state	vend_zip	vend_country
BRS01	Bears R Us	123 Main Street	Bear Town	MI	44444	USA
BRE02	Bear Emporium	500 Park Street	Anytown	OH	44333	USA
DLL01	Doll House Inc.	555 High Street	Dollsville	CA	99999	USA
FRB01	Furball Inc.	1000 5th Avenue	New York	NY	11111	USA
QQ01	Big Fu	333 Red Street	Dog Town	RR	56789	USA
QQ02	Luckin	235 Blue Street	So Town	SS	23234	USA

图 8-20　例 8-21 结果

2. 更新数据

更新数据主要通过 UPDATE 语句来实现，将结果更新到基本表中。

例 8-22　将 products_view3 中所有商品的价格数据更新，使得所有商品的价格数值均增加 1。

SQL 语句如下：

```
UPDATE products_view3
SET prod_price=prod_price+1;
```

使用 SELECT 语句查询视图，SQL 语句如下：

```
SELECT *
FROM products_view3;
```

输出结果如图 8-21 所示。

prod_id	vend_id	prod_name	prod_price	prod_desc
BNBG01	DLL01	Fish bean bag toy	4.49	Fish bean bag toy, complete with bean bag worms with which to feed it
BNBG02	DLL01	Bird bean bag toy	4.49	Bird bean bag toy, eggs are not included
BNBG03	DLL01	Rabbit bean bag toy	4.49	Rabbit bean bag toy, comes with bean bag carrots
RGAN01	DLL01	Raggedy Ann	5.99	18 inch Raggedy Ann doll
AB01	DLL01	Dog toy	6.99	10 inch pretty dog toy

图 8-21 例 8-22 结果

例 8-23 将视图 vendors_view 中的 vend_state 为 MI 的记录替换为 AA。
SQL 语句如下：

```
UPDATE vendors_view
SET vend_state='AA'
WHERE vend_state='MI';
```

使用 SELECT 语句查询视图：

```
SELECT *
FROM vendors_view;
```

输出结果如图 8-22 所示。

vend_id	vend_name	vend_address	vend_city	vend_state	vend_zip	vend_country
BRS01	Bears R Us	123 Main Street	Bear Town	AA	44444	USA
BRE02	Bear Emporium	500 Park Street	Anytown	OH	44333	USA
DLL01	Doll House Inc.	555 High Street	Dollsville	CA	99999	USA
FRB01	Furball Inc.	1000 5th Avenue	New York	NY	11111	USA
QQ01	Big Fu	333 Red Street	Dog Town	RR	56789	USA
QQ02	Luckin	235 Blue Street	So Town	SS	23234	USA

图 8-22 例 8-23 结果

3. 删除数据

删除数据主要通过 DELETE 语句来实现，此时通过视图删除的数据可作用于基本表中。

例 8-24 删除视图 products_view3 中商品名称为 Dog toy 的数据。
SQL 语句如下：

```
DELETE FROM products_view3
WHERE prod_name='Dog toy';
```

使用 SELECT 语句查询视图，SQL 语句如下：

```
SELECT *
FROM products_view3;
```

输出结果如图 8-23 所示。

prod_id	vend_id	prod_name	prod_price	prod_desc
BNBG01	DLL01	Fish bean bag toy	4.49	Fish bean bag toy, complete with bean bag worms with which to feed it
BNBG02	DLL01	Bird bean bag toy	4.49	Bird bean bag toy, eggs are not included
BNBG03	DLL01	Rabbit bean bag toy	4.49	Rabbit bean bag toy, comes with bean bag carrots
RGAN01	DLL01	Raggedy Ann	5.99	18 inch Raggedy Ann doll

图 8-23 例 8-24 结果

例 8-25 删除视图 vendors_view 中供应商编号为 QQ 系列的数据。

SQL 语句如下：

```
DELETE FROM vendors_view
WHERE vend_id LIKE '%QQ%';
```

使用 SELECT 语句查询视图，SQL 语句如下：

```
SELECT *
FROM vendors_view;
```

输出结果如图 8-24 所示。

vend_id	vend_name	vend_address	vend_city	vend_state	vend_zip	vend_country
BRS01	Bears R Us	123 Main Street	Bear Town	AA	44444	USA
BRE02	Bear Emporium	500 Park Street	Anytown	OH	44333	USA
DLL01	Doll House Inc.	555 High Street	Dollsville	CA	99999	USA
FRB01	Furball Inc.	1000 5th Avenue	New York	NY	11111	USA

图 8-24 例 8-25 结果

8.3.3 删除视图

在创建视图后，若不再需要该视图，可以通过 DROP VIEW 语句删除。该语句只作用于视图本身，基本表中的数据不会受到任何影响。

例 8-26 利用 DROP VIEW 语句删除视图 products_view3。

SQL 语句如下：

```
DROP VIEW products_view3;
```

需要注意的是,DROP VIEW 语句可以一次性进行多个视图的删除操作。若删除的是某个视图的派生视图,那么该派生视图的基本视图不会受影响;反之,若删除了基本视图,那么该基本视图的派生视图将会自动删除。然而,若删除了某个基本表,在该基本表基础之上建立的视图并不会自动删除。

8.4　练 习 题

基于销售数据表 Sales(见表 8-1)在 MySQL 数据库管理系统中完成以下习题。

表 8-1　销售数据表

Sno	Sgood	Stime	Sprice	Svol	Sgmv	Ssaler
00001	苹果	2023/09/01	2	6	12	001
00002	香蕉	2023/09/02	2	8	16	001
00003	西瓜	2023/09/02	4	6	24	002
00004	梨	2023/09/02	6	12	72	003
00005	苹果	2023/09/03	2	4	8	004
00006	西瓜	2023/09/03	4	3	12	004
00007	西瓜	2023/09/04	4	8	32	005

(1) 创建视图,使其包括销售数据中的订单编号、订单商品、订单总价信息和销售员编号。

(2) 查看题(1)创建的视图。

(3) 创建视图,使其包括销售日期在 2023/09/02 及之后的所有商品销售数据。

(4) 在题(1)视图基础上创建视图,使其包括销售员编号为 001～004 的销售数据。

(5) 向销售数据表 Sales 插入图 8-25 所示的数据。

Sno	Sgood	Stime	Sprice	Svol	Sgmv	Ssaler
00008	草莓	2023/09/06	5	3	15	004
00009	芒果	2023/09/05	4	8	32	002
000010	芒果	2023/09/05	4	5	20	002

图 8-25　待插入数据

(6) 在题(3)基础上,筛选商品“西瓜”,使其商品单价都增加 10%。

第三部分
数据库规范化理论与设计

　　党的二十大精神中强调国家安全和维护人民权益,而数据库设计和信息安全是关乎国家利益重要的一环。信息时代,数据泄露和滥用问题层出不穷,保护国家的信息安全至关重要。通过数据库的设计和安全维护,我们能更好地保护国家利益和维护社会秩序。在本书的第三部分,将深入研究数据库规范化理论和设计原则,了解如何保护敏感数据并维护国家安全。数据库不仅是技术的应用,更是国家的责任。通过数据库的安全设计和维护,我们能够为国家信息安全贡献力量,践行党的使命。

第 9 章

关系规范化理论

学习目标：

- 掌握关系规范化理论的相关概念
- 能够利用 Armstrong 定理进行函数依赖的推断
- 理解函数依赖集的闭包、属性集闭包、最小函数依赖等概念的联系与区别
- 掌握无损分解和保持函数依赖分解的内涵
- 能够判别关系模式的分解结果

9.1 好的关系设计的特点

关系数据库在逻辑设计过程中最重要的部分是：针对具体问题，如何构造一个适合它的数据模式，使关系数据库系统无论是在数据存储方面还是在数据操作方面都具有较好的性能，最大限度地提高效率，消除异常（如插入异常、更新异常、删除异常等）。而关系数据库逻辑设计的工具就是关系数据库的规范化理论。该理论将有助于回答以下问题：如何判定一个关系模式 R 的优劣？如何优化不好的关系模式？如何设计更好的关系模式 R？

9.1.1 不合理关系模式存在的问题

首先回顾之前介绍的关系的相关概念。

关系：描述实体、属性、实体间的联系。从形式上看，它是一张二维表，是所涉及属性的笛卡儿积的一个子集。

关系模式：用来定义关系。

关系数据库：基于关系模型的数据库，利用关系来描述现实世界。从形式上看，它由一组关系组成。

关系数据库的模式：定义这组关系的关系模式的全体。

下面给出关系模式的形式化定义。

【定义 9-1】 关系模式由五部分组成，可以表示为

$$R(U, D, DOM, I, F)$$

其中,R 是关系名;U 是组成该关系模式的属性名集合;D 是 U 中的属性所来自的域;DOM 是属性向域的映像;I 指完整性约束;F 指 U 上的数据依赖。

其中,完整性约束 I 可以有多种表现形式。如限定属性取值范围,要求学生成绩必须为 0~100;又如定义属性值间的相互关联(主要体现于值的相等与否),这就是数据依赖,它是数据库模式设计的关键。

数据依赖通过一个关系中属性间值的相等与否体现出数据间的相互关系,体现属性间相互依存、互相制约的关系,是现实世界属性间相互联系的抽象,是数据内在的性质,是语义的体现。数据依赖具体可以分为函数依赖、多值依赖、连接依赖、分层依赖和相互依赖,其中函数依赖是现实生活中存在最为普遍的一种数据依赖关系。例如在关系学生(学号,姓名,系名)中,存在着学号→姓名,学号→系名的函数依赖关系,称学号决定姓名,学号决定系名,或者称姓名函数依赖于学号,系名函数依赖于学号。9.2 节将具体介绍函数依赖的概念。

关系模式 $R(U,D,DOM,I,F)$ 可以进一步简化为一个二元组 $R(U,F)$,当且仅当 U 上的一个关系 r 满足 F 时,r 称为关系模式 $R(U,F)$ 的一个关系。此外,若把现实问题中涉及的所有属性组合成一个关系模式 $R(U,F)$,通常也将这类关系模式称为泛关系模式。泛关系模式存在许多数据依赖关系,通常不是一种好的关系设计模式,下面举例说明。

例 9-1 假设有描述学生选课及住宿情况的关系模式 S-L-C(Sno,Sname,Ssex,Sdept,Sloc,Cno,Grade),其中各属性分别表示学号、姓名、性别、学生所在系、学生住宿楼、课程号和考试成绩。假设各系的学生都住在同一个宿舍楼中,该关系模式的主键为(Sno,Cno)。根据实际情况,可以得到以下事实。

(1) 每个系有多个学生,某个学生只能属于确定的系。

(2) 每个系都对应同一个宿舍楼。

(3) 每个学生可以选多门课程,对应多个成绩。每门课程可以有多个学生选课。

关系模式 S-L-C 的部分数据如图 9-1 所示。

Sno	Sname	Ssex	Sdept	Sloc	Cno	Grade
23001	张青华	男	信息管理系	1公寓	C001	80
23001	张青华	男	信息管理系	1公寓	C002	98
23002	李丽	女	信息管理系	1公寓	C001	93
23002	李丽	女	信息管理系	1公寓	C002	89
23002	李丽	女	信息管理系	1公寓	C003	79
23003	候建	男	金融系	2公寓	C004	94
23004	周明	女	市场营销系	2公寓	C002	90
23004	周明	女	市场营销系	2公寓	C005	87

图 9-1 S-L-C 关系模式的部分数据

在上述关系模式中,属性间数据的依赖关系集合是 F={学号→姓名,学号→性别,学号

→学生所在系,学生所在系→学生住宿楼,(学号,课程号)→考试成绩},请思考,该关系模式存在哪些问题?

该关系模式存在如下 4 方面的问题。

(1) 数据冗余问题。学生的基本信息(包括学号、姓名、性别、所在系)都被重复存储了多次,即一个学生修了多少门课,该生的基本信息就被重复多少遍;此外,学生所在系和其所在宿舍楼的信息也有冗余,因为一个系有多少个学生,该系对应的宿舍楼的信息就至少要重复存储多少次。

(2) 数据更新问题。如果某个学生从信息管理系转到金融系,那么不但要修改此学生的 Sdept 列的值,还要修改其 Sloc 列的值,从而使修改复杂化。

(3) 数据插入问题。虽然新成立了某个系,并且确定了该系学生的宿舍楼,即已经有了 Sdept 和 Sloc 信息,但是不能将这些信息插入 S-L-C 表中,因为该系还没有招生,其 Sno 和 Cno 列的值均为空。而(Sno,Cno)是这个表的主码,根据实体完整性规则,主码不能为空,造成插入异常。

(4) 数据删除问题。如果一个学生最初只选修一门课程,之后又退选了,那么应该删除该学生选修此门课程的记录。但由于这个学生只选了一门课,因此删除学生选课记录的同时也就删除了该生的其他基本信息,包括学号、姓名、性别、所在系、宿舍楼等。再者,假设学生在毕业离校时要删除该生的住宿信息,但在上述 S-L-C 关系模式中,在删除住宿信息的同时会连同删除学生的选课记录信息,造成学生信息丢失,导致删除异常。

9.1.2 无损分解

避免关系模式中的信息重复问题的方法是将其分解为多个模式,但并非所有的模式分解都是有益的。针对例 9-1 中的关系模式,下面分别介绍 4 种分解方法。

分解方法一:

```
S-L-C-1(Sno,Sname,Ssex,Sdept,Sloc)
S-L-C-2(Sno,Cno,Grade)
```

这种分解方法消除了部分冗余数据,例如,在存储学生选课信息时不需要重复存储学生的个人基本信息(姓名、性别、所在系、宿舍楼);但 Sdept 与 Sloc 的依赖关系仍然导致数据冗余问题的存在。同时,数据更新和插入问题仍然存在。

分解方法二:

```
S-L-C-1(Sno,Sname)
S-L-C-2(Sname,Ssex,Sdept,Sloc,Cno,Grade)
```

在校内有两个重名学生的情况下会暴露这个分解方法的缺陷。假设两位同学都叫"李丽",在原始的 S-L-C 模式上的关系中有以下元组:

(23002,李丽,女,信息管理系,1 公寓,C001,93)

(23007,李丽,男,金融系,2 公寓,C003,94)

　　将原始 S-L-C 关系模式按照本分解方式分解后,再试图用自然连接重新生成原始元组,结果如图 9-2 所示。可以看出,上述两个原始元组伴随着两个新的元组出现于结果中,这两个新的元组将属于这两个名为"李丽"的学生的数据值错误地混合在一起。虽然拥有更多的元组,但是实际上拥有的信息更少。这是因为无法区分出哪个"李丽"对应何种基本信息。这样的分解称为有损分解,即分解后通过自然连接无法得到与原来的关系模式相同的模式。而将那些没有信息丢失的称为无损分解。

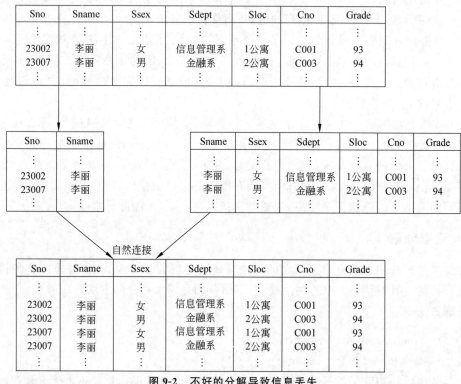

图 9-2　不好的分解导致信息丢失

分解方法三：

```
S-L-C-1(Sno,Sname,Ssex,Sdept)
S-L-C-2(Sno,Sloc)
S-L-C-3(Sno,Cno,Grade)
```

　　这种分解方法消除了冗余数据,不需要重复存储学生的基本信息,但丢失了数据依赖关系 Sdept→Sloc,因此,也不是好的分解方法。

分解方法四：

```
S-L-C-1(Sno,Sname,Ssex,Sdept)
```

```
S-L-C-2(Sdept,Sloc)
S-L-C-3(Sno,Cno,Grade)
```

这种分解之后的数据依赖关系如图 9-3 所示,既消除了数据冗余,又保持了数据依赖,能够保证信息不丢失。通过自然分解将三个分解后的模式进行连接,可以得到原始关系模式 S-L-C 中的元组,因此是无损分解。

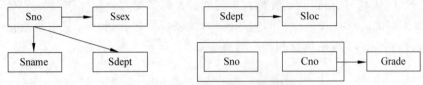

图 9-3 "分解方法四"中的数据依赖关系

从上述讲解可以看出,一个关系中各属性之间可能是相互关联的,而这种关联有"强"有"弱",有直接关联,也有间接关联。如果不从语义上研究和考虑属性子集间的这种关联,而简单地将各种属性随意地编排在一起,形成泛关系模式,就可能产生很大程度的数据冗余,引发各种冲突和异常。在模式分解时,对数据依赖的不恰当处理是产生数据冗余和操作异常的重要原因。

下面通过对关系模式的进一步分解来解决这一问题,即将关系模式中的属性按照一定的约束条件重新分组,争取"一个关系模式只描述一个独立的实体",使得逻辑上独立的信息放在独立的关系模式中,即完成关系模式的规范化处理。在分解的过程中,即对关系实施规范化处理时,必须保持其原有的数据依赖关系(即无损分解),否则分解后的关系模式仍可能因为依赖关系的丢失而造成数据冗余和操作异常等问题。

【**定义 9-2**】 令 R 为关系模式,并令 R_1 和 R_2 构成 R 的分解,也就是说,将 R、R_1 和 R_2 视为属性集,有 $R = R_1 \cup R_2$。如果用两个关系模式 R_1 和 R_2 去替代 R 时没有信息丢失,则称该分解是一个无损分解。用关系代数可以表示为

$$\Pi_{R_1}(r) \bowtie \Pi_{R_2}(r) = r$$

换句话说,把关系 r 投影到模式 R_1 和 R_2 上,然后计算投影结果的自然连接,可以得到一模一样的 r。但如果在计算投影结果的自然连接时得到了原始关系的一个真正超集,则分解是有损的,用关系代数表示为

$$r \subset \Pi_{R_1}(r) \bowtie \Pi_{R_2}(r)$$

9.1.3 规范化理论的提出

不是所有关系模式设计方案都是合适的、满足应用环境需要的。因此,设计好的数据库模式的根本在于分析和掌握属性间的语义关联,再依据这些关联得到相应的设计方案。为使数据库设计合理可靠、简单实用,长期以来形成了关系数据库设计理论,即规范化理论。它旨在根据现实世界存在的数据依赖而进行关系模式的规范化处理,从而得到一个合理的

数据库设计效果。

属性之间多对一对应的是函数依赖,一对多对应的是多值依赖和连接依赖。通过将属性之间的依赖关系分为若干等级,就形成了"规范化"理论。

关系规范化理论包含两个核心问题。

(1) 如何判断关系模式中存在的问题。通过分析关系模式中的数据依赖关系,判断关系模式的"范式"级别,从而得到这种模式中可能存在的数据冗余和操作异常问题。

(2) 如何解决关系模式中存在的问题,即对关系模式进行分解。关系规范化理论为如何分解关系模式提供了理论依据和相应的算法。

9.2 函 数 依 赖

属性间的数据依赖包括函数依赖、多值依赖、连接依赖、分层依赖和相互依赖,其中,函数依赖是最常见、最重要的一种数据依赖。

1. 函数依赖的定义

【**定义 9-3**】 设 $R(U)$ 是属性集 U 上的关系模式,X 和 Y 是 U 的子集。若对于 $R(U)$ 的任意一个可能的关系 r,r 中不可能存在两个元组在 X 上的属性值相等,在 Y 上的属性值不等,则称"X 函数确定 Y"或"Y 函数依赖于 X",记作 $X \rightarrow Y$。

上述定义也可以表达为:对于关系模式 $R(U)$ 的任一具体关系 r,属性集 X 在任意元组上的值能唯一确定属性集 Y 在该元组上的值,则称"X 函数确定 Y"或"Y 函数依赖于 X",记作 $X \rightarrow Y$。

或者说,设 $R(U)$ 是一个关系模式,X 和 Y 是 U 的子集,对于 R 中 X 的每个值都有 Y 的唯一值与之对应,则称"X 函数确定 Y"或"Y 函数依赖于 X",记作 $X \rightarrow Y$。

函数依赖 $X \rightarrow Y$ 也可以用图形表示如下,称之为函数依赖图。

例 9-2 在属性集 $U = \{$学号,姓名,学院名称,院长,项目编号,项目名称,承担任务,导师姓名$\}$ 中,存在哪些事实关系?试给出在该属性集上的函数依赖,并说明各函数依赖的语义。

解:

分析实际情境可知,学院中包含若干研究生,某个研究生只能属于固定的一个学院;每个学院对应一位院长;每个研究生只能选择一名导师,一名导师可以指导若干研究生;每个研究生可以承担多个项目,每个项目可以由多个研究生共同参与,研究生选定项目后要承担相应的任务。因此,该属性集上的函数依赖如下:

$F = \{$学号$\rightarrow$姓名,学号$\rightarrow$学院名称,学号$\rightarrow$导师姓名,学院名称$\rightarrow$院长,项目编号$\rightarrow$项目名称,(学号,项目编号)$\rightarrow$承担任务$\}$

例 9-3 在属性集 $U =$ {学号,姓名,性别,学生所在系,学生住宿楼,课程号,考试成绩} 中存在哪些函数依赖?

解:

分析可知,每个学生属于某个固定的系,每个系在固定的住宿楼,一名学生可以选修多门课程,选修后有对应的成绩。因此,该属性集上的函数依赖如下:

$F =$ {学号→姓名,学号→性别,学号→学生所在系,学生所在系→学生住宿楼,(学号,课程号)→考试成绩}

注意:对于在关系模式 R 上的函数依赖,关系中的所有实体都必须满足,即使有一个特例的存在,也认为这个函数依赖不成立。也就是说,函数依赖不是指关系模式 R 的某个或某些关系满足的条件,而是指 R 的一切关系均满足的约束条件。例如,思考在例 9-3 中,"姓名→学生所在系"的函数依赖是否成立?答案是不成立,因为可能存在重名的学生,姓名并不是该关系的主码。也就是说,即使只有一个特例存在,也认为这个函数依赖不成立。

由函数依赖的定义,可以导出下列概念。

决定因素:若 $X→Y$,则称 X 是决定因素,Y 是被决定因素。决定因素可以是单个的属性,也可以是属性集。

互相依赖:若 $X→Y$,且 $Y→X$,则记作 $X↔Y$,称 X 和 Y 互相依赖。

若 Y 不依赖于 X,则记作 $X↛Y$。

2. 函数依赖的三种基本形式

函数依赖分为三种基本形式。

(1) 平凡函数依赖与非平凡函数依赖。

【定义 9-4】 在关系模式 $R(U)$ 中,对于属性集 U 的子集 X 和 Y,如果 $X→Y$,但 Y 不是 X 的子集,则称 $X→Y$ 是非平凡函数依赖。若 Y 是 X 的子集,即 $Y⊆X$,则称 $X→Y$ 是平凡的函数依赖。

对于任一关系模式,平凡函数依赖都是必然成立的,它不反映新的语义。因此,本书重点关注非平凡函数依赖。

(2) 完全函数依赖与部分函数依赖。

【定义 9-5】 在关系模式 $R(U)$ 中,如果 $X→Y$,并且对于 X 的任何一个真子集 X',都有 $X'↛Y$,则称 Y 对 X 完全函数依赖,记作 $X \xrightarrow{\text{F}} Y$。

【定义 9-6】 在关系模式 $R(U)$ 中,如果 $X→Y$,并且对于 X 的一个真子集 X',有 $X'→Y$,则称 Y 对 X 部分函数依赖,记作 $X \xrightarrow{\text{P}} Y$。

如果 Y 对 X 部分函数依赖,X 中的"部分"就可以确定对 Y 的关联,从数据依赖的观点来看,X 中存在"冗余"属性,需要对关系模式 $R(U)$ 进一步分解。

(3) 传递函数依赖。

【定义 9-7】 在关系模式 $R(U)$ 中,如果 $X→Y$,$Y→Z$,且 $Y⊄X$,$Y↛X$,则称 Z 对 X 传

递函数依赖,记作 $X \xrightarrow{T} Z$。

注意:传递函数依赖定义中之所以要加上条件 $Y \nrightarrow X$,是因为如果 $Y \rightarrow X$,则 $X \leftrightarrow Y$,这实际上是 Z 直接依赖于 X,而不是传递依赖。

例 9-4 在例 9-3 给定的属性集 $U =$ {学号,姓名,性别,学生所在系,学生住宿楼,课程号,考试成绩}中,哪些函数依赖是完全函数依赖,哪些是部分函数依赖,哪些是传递函数依赖?画出该属性集上的函数依赖图。

解:

函数依赖图如图 9-4 所示。

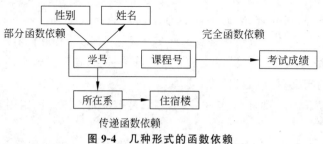

图 9-4 几种形式的函数依赖

例 9-5 设车间考核职工完成生产定额关系为 R(日期、工号、姓名、工种、超额、定额、车间、车间主任),请找出该关系中的完全函数依赖、部分函数依赖和传递函数依赖。

解:

分析可知,工号决定了职工的姓名、工种和所在车间,工种决定了定额任务是多少,每个车间只有一个车间主任来负责,每位职工在相应的日期下有对应的超额,因此,可以画出本关系上的函数依赖图,如图 9-5 所示。

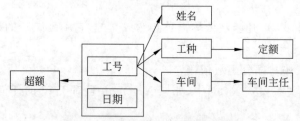

图 9-5 车间考核职工的函数依赖图

因此,该关系上的主码是(日期,工号)。完全函数依赖有{(日期,工号) $\xrightarrow{F}$ 超额},部分函数依赖有{(日期,工号) $\xrightarrow{P}$ 姓名,(日期,工号) $\xrightarrow{P}$ 工种,(日期,工号) $\xrightarrow{P}$ 车间,(日期,工号) $\xrightarrow{P}$ 定额,(日期,工号) $\xrightarrow{P}$ 车间主任},传递函数依赖有{工号 $\xrightarrow{T}$ 定额,工号 $\xrightarrow{T}$ 车间主任}。

3. 码的函数依赖定义

在第3章中给出了关系模式的码的非形式化定义,在这里了解了函数依赖的含义后,可以使用函数依赖的概念来严格定义关系模式的码。码是规范化理论的核心,所以对码进行定义的函数依赖理论是规范化理论的基础。

【定义 9-8】 设 K 为关系模式 $R(U,F)$ 中的属性或属性集合,若 $K \to U$,则称 K 是关系 R 的一个超码。

【定义 9-9】 设 K 为关系模式 $R(U,F)$ 中的属性或属性集合,若 $K \xrightarrow{F} U$,则称 K 是关系 R 的一个候选码。候选码一定是超码,而且是最小的超码,即 K 的任意一个真子集都不再是 R 的超码。

若关系模式 R 的候选码多于一个,则选定其中一个作为主码。包含在任何一个候选码中的属性称为主属性,不包含在任何候选码中的属性称为非主属性。当整个属性组是该关系模式的候选码时,称为全码。例如,关系模式 R(歌手,歌曲,听众)就是全码。

【定义 9-10】 若关系模式 R 中的属性或属性组 X 并非 R 的码,但 X 是另一个关系模式的码,则称 X 是 R 的外码。

主码与外码提供了一个表示关系间联系的手段。

9.3 范　　式

数据库范式主要是为解决关系数据库中数据冗余、更新异常、插入异常、删除异常问题而引入的设计理念。简单来说,数据库范式可以避免数据冗余,减少数据库的存储空间,并且减少维护数据完整性的成本。关系数据库的规范化程度可以用范式来衡量。范式是某种级别的关系模式的集合,是衡量关系模式规范化程度的标准,达到标准的关系才是规范化的。目前主要有6种范式:第一范式(1NF)、第二范式(2NF)、第三范式(3NF)、BC范式(BCNF)、第四范式(4NF)和第五范式(5NF)。一个低一级范式的关系模式,通过模式分解可以转换为若干高一级范式的关系模式的集合,这种过程就叫作规范化。显然,各种范式之间存在如下联系。

$$5NF \subset 4NF \subset BCNF \subset 3NF \subset 2NF \subset 1NF$$

1. 第一范式(1NF)

【定义 9-11】 如果关系模式 R 中每个属性值都是一个不可分解的数据项,则称该关系模式满足第一范式(first normal form,1NF),记作 $R \in 1NF$。

所谓第一范式指在关系模型中,对域添加的一个规范要求,所有的域都应该是原子性的,即数据库表的每一列都是不可分割的原子数据项,而不能是集合、数组、记录等非原子数据项。即当实体中的某个属性有多个值时,必须拆分为不同的属性。在符合第一范式的表中,每个域值只能是实体的一个属性或一个属性的一部分。简而言之,第一范式就是无重复的域。

例 9-6 关系模式 Employee 如图 9-6 所示,工作时长包含坐班和出差两个子属性,即工作时长是一个复合属性,属性名可以再分,因此 Employee∉1NF。

员工编号	员工姓名	工作时长	
		坐班	出差
E001	张三	20	40
E002	李四	34	26
⋮	⋮	⋮	⋮

图 9-6 关系 Employee

存在的问题:关系模式 Employee 属于具有"组合数据项"的非规范化关系,若要求查询 E001 员工的坐班时长,原关系模式无法从工作时长的属性中直接得到结果,所以,不满足第一范式的模式将直接影响对模式的操作,因此,规范化理论要求关系模式至少要满足 1NF。

可以通过用原子属性来取代复合属性,即将表头进行横向展开,修改为如图 9-7 所示的满足 1NF 的关系。

员工编号	员工姓名	坐班时长	出差时长
E001	张三	20	40
E002	李四	34	26
⋮	⋮	⋮	⋮

图 9-7 满足 1NF 的关系 Employee

例 9-7 关系模式 Student 如图 9-8 所示,表示学生的基本信息,有的学生可能本科和研究生都毕业于同一学校,因此修读学位和毕业年份属性的值不唯一,不是原子属性值,所以 Student∉1NF。

学号	姓名	系名	修读学位	毕业年份
S001	周琦	信息管理系	本科 研究生	2018 2021
S002	陈晨	组织管理系	本科	2016
⋮	⋮	⋮	⋮	⋮

图 9-8 具有多值数据项的关系 Student

存在的问题:修读学位和毕业年份为多值属性,当在关系模式 Student 中添加属性"毕业去向"时,无法正确地插入某个学生某年毕业后的去向,即(学号,毕业年份)→毕业去向的函数依赖关系。

可以通过将关系模式 Student 纵向展开,将多值属性改为单值属性,主码确定为(学号,毕业年份),修改为如图 9-9 所示的满足 1NF 的关系。

学号	姓名	系名	修读学位	毕业年份
S001	周琦	信息管理系	本科	2018
S001	周琦	信息管理系	研究生	2021
S002	陈晨	组织管理系	本科	2016
⋮	⋮	⋮	⋮	⋮

图 9-9 满足 1NF 的关系 Student

此外,需要注意满足第一范式的关系模式并不一定是一个好的关系模式,例如在例 9-1 中的关系模式 S-L-C 就仍然存在着数据冗余、插入异常、更新异常和删除异常等问题。

2. 第二范式(2NF)

【定义 9-12】 如果一个关系模式 $R \in 1NF$,且它的每一个非主属性都完全函数依赖于 R 的任一候选码,则 $R \in 2NF$。也就是说,2NF 要求不存在非主属性的部分函数依赖。

下面以例 9-2 中的关系模式 $R(U,F)$ 进行说明。属性集 $U = \{$学号,姓名,学院名称,院长,项目编号,项目名称,承担任务,导师姓名$\}$,函数依赖集 $F = \{$学号→姓名,学号→学院名称,学号→导师姓名,学院名称→院长,项目编号→项目名称,(学号,项目编号)→承担任务$\}$,画出函数依赖图(见图 9-10)。可以看出,存在非主属性的部分函数依赖,例如,姓名和导师姓名部分函数依赖于(学号,项目编号),项目名称部分函数依赖于(学号,项目编号)。

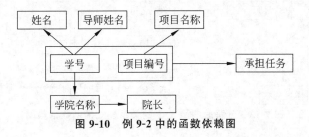

图 9-10 例 9-2 中的函数依赖图

可以尝试对以上关系模式进行分解,使得分解后的每个关系模式都满足 2NF,即分解为如下三个关系模式。

S_D(学号,姓名,导师姓名,学院名称,院长)

P(项目编号,项目名称)

S_P(学号,项目编号,承担任务)

分解后的函数依赖如图 9-11 所示。

然而,在满足 2NF 的关系模式中仍然存在着冗余和操作异常。例如,每个学院的院长都需要重复存储很多遍;如果某个学院的学生都毕业了,则在删除该学院的学生信息的同时,学院和院长的信息也丢失了。

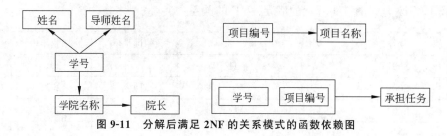

图 9-11 分解后满足 2NF 的关系模式的函数依赖图

3. 第三范式(3NF)

【**定义 9-13**】 如果一个关系模式为 $R \in 2NF$,且它的每个非主属性都不传递函数依赖于 R 的任一候选码,则 $R \in 3NF$。也就是说,3NF 要求每个非主属性既不部分依赖于码也不传递依赖于码。

下面将上述满足 2NF 的关系模式进一步分解为满足 3NF 的关系模式,即分解为如下四个关系模式。

S(学号,姓名,导师姓名,学院名称)

D(学院姓名,院长)

P(项目编号,项目名称)

S_P(学号,项目编号,承担任务)

分解后的函数依赖如图 9-12 所示。

图 9-12 分解后满足 3NF 的关系模式的函数依赖图

可以看出,满足 3NF 的关系模式进一步消除了操作异常。满足 3NF 的关系一般都能获得满意的效果,但是某些情况下,3NF 仍会出现问题。其原因是没有对主属性与候选码之间给出任何限制,如果出现主属性部分依赖或传递依赖于码,则关系性能也会变坏。

例如,关系 Student(Sno, Sname, Cno, Grade)中,如果姓名 Sname 是唯一的,那么该关系模式存在两个候选码(Sno, Cno)和(Sname, Cno)。该关系中只有一个非主属性 Grade,对两个候选码都是完全函数依赖,并且不存在对两个候选码的传递函数依赖,因此,Student$\in$3NF。但是如果学生退选了全部课程,元组被删除,则将失去学生学号(Sno)和姓名(Sname)的对应关系,因此仍然存在删除异常的问题。并且由于学生选课很多,姓名也将被重复存储,造成数据冗余。因此,虽然 3NF 已经是比较好的模式,但仍然存在改进的空间。

4. BC 范式（BCNF）

【**定义 9-14**】　如果关系模式 $R \in 1NF$，对任何非平凡的函数依赖 $X \rightarrow Y(Y \not\subset X)$，$X$ 均包含候选码，则 $R \in BCNF$。即每个决定因素都包含候选码，或者说每个函数依赖的左部都是候选码。

BCNF 是从 1NF 直接定义而成的，可以证明，如果 $R \in BCNF$，则 $R \in 3NF$，并且从定义 9-14 可以看出，一个满足 BCNF 的关系模式具有以下 3 个性质。

（1）所有非主属性对每个码都是完全函数依赖。

（2）所有主属性对每个不包含它的码也是完全函数依赖。

（3）没有任何属性完全函数依赖于非码的任何一组属性。

如果关系模式为 $R \in BCNF$，由定义可知，R 中不存在任何属性对候选码是部分函数依赖或者传递函数依赖，所以必定有 $R \in 3NF$。但是反过来，如果 $R \in 3NF$，则 R 不一定属于 BCNF 范式。有一个特殊情况，如果 $R \in 3NF$，且 R 只有一个候选码，则 R 必属于 BCNF。

3NF 和 BCNF 都是以函数依赖为基础的关系模式规范化程度的测度。如果一个关系数据库中的所有关系模式都属于 BCNF，那么在函数依赖范畴内，它已实现了模式的彻底分解，达到了最高的规范化程度，消除了插入异常和删除异常。

例 9-8　假设有关系模式 SJP(S，J，P)，其中 S 表示学生，学生选修每门课程的成绩会有一定的名次；J 表示课程，每门课程中每一名次只有一名学生；P 表示名次，没有并列名次。试分析该关系模式属于第几层次的规范化程度。

解：

找出关系模式 SJP 中的函数依赖，包括 $(S,J) \rightarrow P$，$(J,P) \rightarrow S$。所以有两个候选码，三个属性都是主属性。那么，首先肯定不存在非主属性的部分函数依赖和传递函数依赖，所以 SJP$\in$3NF。其次，也不存在主属性的部分函数依赖和传递函数依赖，或者说函数依赖的左侧都是候选码，因此 SJP$\in$BCNF。

例 9-9　假设有关系模式 STJ(S，T，J)，其中 S 表示学生，某一位学生选定某门课程后就对应一位固定教师，T 表示教师，每位教师只教一门课，J 表示课程，每门课有若干教师。试分析该关系模式属于第几层次的规范化程度。

解：

找出关系模式 STJ 中的函数依赖，包括 $F = \{(S,J) \rightarrow T, (S,T) \rightarrow J, T \rightarrow J\}$，候选码是 (S,T) 和 (S,T)，因此三个属性都是主属性。那么，首先可以判断出不存在非主属性，也就肯定不存在非主属性的部分函数依赖和传递函数依赖，所以 STJ$\in$3NF。其次，由于存在主属性的部分函数依赖 $T \rightarrow J$（即 $(S,T) \xrightarrow{P} J$），换句话说，函数依赖的左部不都是候选码，T 不是候选码，所以 STJ$\notin$BCNF。

例 9-10　根据对范式的定义，判断以下说法正确与否。

（1）若关系 R 中所有的属性均为主属性，则关系 R 至少可以达到 3NF。

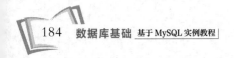

解：

该论述是正确的。若关系 R 中不存在非主属性，则自然不存在非主属性的部分函数依赖或传递函数依赖，满足 3NF 的定义。

（2）若关系 R 为双目关系，则 R 至少可以达到 BCNF。

解：

该论述是正确的。若关系 R 中只有两个属性 A 和 B，则可能存在的函数依赖有 $\{A\rightarrow B，B\rightarrow A\}$，这种情况 A 和 B 都是候选码，函数依赖的左侧都是候选码，满足 BCNF；另一种情况是只存在一个函数依赖 $A\rightarrow B$（或者 $B\rightarrow A$），则函数依赖的左侧是候选码，即不存在依赖于非码属性，也满足 BCNF 的定义。

（3）若每个决定因素都是单属性，则 R 至少可以达到 2NF。

解：

该论述是错误的。假设关系模式 $R(A,B,C,D)$ 存在函数依赖 $F=\{A\rightarrow B，C\rightarrow D\}$，每个决定因素都是单属性，候选码为 (A,C)，但存在非主属性的部分函数依赖，即 $(A,C)\xrightarrow{\quad P\quad}B，(A,C)\xrightarrow{\quad P\quad}D$，所以该关系模式只满足 1NF。

（4）若每个码都是单属性，则 R 至少可以达到 2NF。

解：

该论述是正确的。每个码都是单属性，说明所有的非主属性都可以由单属性决定，即每个函数依赖的左部都是单属性，不存在非主属性的部分函数依赖，满足 2NF 的要求。

在例 9-9 中，为使关系模式 STJ 满足 BCNF，可以将 STJ 进一步分解为两个关系模式：$ST(S,T)$ 和 $TJ(T,J)$。但是，可以发现，用分解的方法提高规范化程度时，将破坏原模式的函数依赖关系，这对于系统设计来说是有问题的。因此，在信息系统设计时普遍采用"基于 3NF 的系统设计"方法，这是因为 3NF 往往可以达到"无损分解"或"依赖保持性"，并且基本解决了数据冗余和操作异常的问题，这种方法目前在数据库设计中被广泛地应用。

总体而言，关系规范化的基本思想包括以下几点：

（1）消除不合适的数据依赖；

（2）使得各关系模式达到某种程度的"分离"；

（3）采用"一事一地"的模式设计原则；

（4）让一个关系只描述一个概念、一个实体或者实体间的一种联系。若概念多于一个就把它"分离"出去；

（5）所谓规范化实质上是概念的单一化。

在函数依赖的范畴内，关系规范化就是围绕"消除决定因素非码的非平凡函数依赖"这一思想，对关系模式逐步分解，提高其规范化程度。从 1NF 到 2NF，是消除非主属性对码的部分函数依赖；从 2NF 到 3NF，是消除非主属性对码的传递函数依赖；从 3NF 到 BCNF，是消除主属性对码的部分和传递函数依赖。

在函数依赖的范畴内,属于 BCNF 的关系模式就已经很完美了,但如果考虑其他类型的数据,如多值依赖和连接依赖,则属于 BCNF 的关系模式仍然存在问题。进一步地,4NF 在 BCNF 的基础上对多值依赖进行了限定,5NF 消除了 4NF 的连接依赖,在这里不再做进一步的探讨。

9.4　函数依赖理论

对关系模式的分解和规范化中最重要的问题就是找出其中的各种函数依赖。本节主要介绍在函数依赖范畴内的一些相关概念,如函数依赖集的闭包、函数依赖集的逻辑蕴涵、属性集的闭包和最小函数依赖集,以及函数依赖的逻辑蕴涵的重要理论——阿姆斯特朗(Armstrong)公理系统。

9.4.1　函数依赖集的闭包

考虑关系模式 R 上已知的函数依赖 $X \rightarrow \{A, B\}$,根据函数依赖的概念,可以得到 $X \rightarrow \{A\}$、$X \rightarrow \{B\}$;另外,已知成立非平凡函数依赖 $X \rightarrow Y$ 和 $Y \rightarrow Z$,且 $Y \not\subset X$,$Y \nrightarrow X$,按照传递函数依赖概念,可以得到新的函数依赖 $X \rightarrow Z$。若在以上两个例子中,$X \rightarrow \{A\}$、$X \rightarrow \{B\}$ 和 $X \rightarrow Z$ 并不直接显现在问题当中,而是按照一定规则(函数依赖的相关理论)推导出来的,就是本节要解决的主要问题,即如何由已知的函数依赖集合 F 推导出新的函数依赖。

【定义 9-15】　函数依赖集 F 的逻辑蕴涵。设有关系模式 $R(U, F)$,X 和 Y 是属性集合 U 的两个子集,如果 $X \rightarrow Y$ 不在 F 中,但是对于其任何一个关系 r 都有 $X \rightarrow Y$ 成立,则称 F 逻辑蕴涵 $X \rightarrow Y$。或者说,$X \rightarrow Y$ 可以由 F 导出。

例 9-11　假设给定一个关系模式 $R(U, F)$,其中属性集 $U = \{A, B, C, G, H, I\}$,函数依赖集 $F = \{A \rightarrow B, A \rightarrow C, CG \rightarrow H, CG \rightarrow I, B \rightarrow H\}$,那么 F 是否逻辑蕴涵 $A \rightarrow H$?

解:

F 逻辑蕴涵 $A \rightarrow H$。可以证明,一个关系实例只要满足给定的函数依赖集,就必会满足 $A \rightarrow H$。假设元组 t_1 及 t_2 满足 $t_1[A] = t_2[A]$,由于已知 $A \rightarrow B$,因此从该函数依赖的定义可以推出 $t_1[B] = t_2[B]$。又已知 $B \rightarrow H$,所以根据该函数依赖的定义可以推出 $t_1[H] = t_2[H]$。因此就证明了对于两个元组 t_1 及 t_2,只要 $t_1[A] = t_2[A]$,则一定有 $t_1[H] = t_2[H]$,即满足 $A \rightarrow H$ 的函数依赖。

例 9-12　给定一个关系模式 $R(U, F)$,属性集 $U = \{A, B, C, D, E\}$ 及函数依赖集 $F = \{A \rightarrow B, C \rightarrow D, AB \rightarrow E\}$,请问 F 是否逻辑蕴涵 $A \rightarrow E$?

解:

F 逻辑蕴涵 $A \rightarrow E$。可以使用类似例 9-11 中的方法来证明。假设元组 t_1 及 t_2 满足 $t_1[A] = t_2[A]$,由于已知 $A \rightarrow B$,因此从该函数依赖的定义可以推出 $t_1[B] = t_2[B]$。又由

于已知 $AB \rightarrow E$,所以根据该函数依赖的定义可以推出 $t_1[E]=t_2[E]$。因此就证明了对于两个元组 t_1 及 t_2,只要 $t_1[A]=t_2[A]$,则一定有 $t_1[E]=t_2[E]$,即满足 $A \rightarrow E$ 的函数依赖。

考虑 F 所蕴涵(所推导)的所有函数依赖,就有了函数依赖集闭包的概念。

【定义 9-16】　函数依赖集 F 的闭包。在关系模式 $R(U,F)$ 中,被 F 及 F 所逻辑蕴涵的函数依赖的全体叫作 F 的闭包,记作 F^+,即

$$F^+ = \{X \rightarrow Y \mid F \text{ 以及 } F \text{ 所逻辑蕴涵的函数依赖}\}$$

根据定义可知,由已知函数依赖集 F 求新的函数依赖可以转换为求函数依赖集 F 的闭包 F^+。如果 F 很大,则这个计算过程会很长且较复杂。因此,通常使用一套成熟的推理规则,即 Armstrong 公理。这是由 Armstrong 于 1974 年提出的一套推理规则,为计算 F^+ 提供了一个有效且完备的理论基础。

9.4.2　函数依赖的推理规则

Armstrong 公理系统一共包含自反律、增广律、传递律、合并律、分解律和伪传递律 6 条公理,其中自反律、增广律和传递律是最基本的 3 条公理,其余公理可以由它们推导得出。

对于关系模式 $R(U,F)$,6 条公理的描述如下。

(1) 自反律:若 $Y \subseteq X \subseteq U$,则 $X \rightarrow Y$ 为 F 所蕴涵。

自反律是正确的,因为在一个关系中不可能存在两个元组在属性 X 上的值相等,而在 X 的某个子集 Y 上的值不等。

(2) 增广律:若 $X \rightarrow Y$ 为 F 所蕴涵,且 $Z \subseteq U$,则 $XZ \rightarrow YZ$ 为 F 所蕴涵。

增广律是正确的,可以考虑反证法。假设关系模式 $R(U,F)$ 中的某个具体关系 r 中存在两个元组 t 和 s 违反了 $XZ \rightarrow YZ$,即 $t[XZ]=s[XZ]$,而 $t[YZ] \neq s[YZ]$,则有 $t[Y] \neq s[Y]$ 或者 $t[Z] \neq s[Z]$。分别考虑如下:

如果是 $t[Y] \neq s[Y]$,则与前提条件 $X \rightarrow Y$ 相矛盾;

如果是 $t[Z] \neq s[Z]$,则与假设 $t[XZ]=s[XZ]$ 相矛盾。因此增广律是正确的。

(3) 传递律:若 $X \rightarrow Y$ 和 $Y \rightarrow Z$ 为 F 所蕴涵,则 $X \rightarrow Z$ 为 F 所蕴涵。

传递律是正确的。假设关系模式 $R(U,F)$ 中的某个具体关系 r 中存在两个元组 t 和 s 违反了 $X \rightarrow Z$,即 $t[X]=s[X]$,但是 $t[Z] \neq s[Z]$。分别考虑如下:

如果 $t[Y] \neq s[Y]$,则与前提条件 $X \rightarrow Y$ 相矛盾;

如果 $t[Y]=s[Y]$,且 $t[Z] \neq s[Z]$,则与 $Y \rightarrow Z$ 相矛盾。

所以传递律是正确的。

(4) 合并律:若 $X \rightarrow Y$ 和 $X \rightarrow Z$ 为 F 所蕴涵,则 $X \rightarrow YZ$ 为 F 所蕴涵。

合并律是正确的,可以由前 3 条公理推导得出。由 $X \rightarrow Y$ 可得 $X \rightarrow XY$(增广律),由 $X \rightarrow Z$ 可得 $XY \rightarrow YZ$(增广律),因此有 $X \rightarrow YZ$(传递律)。

(5) 分解律:若 $X \rightarrow Y$ 为 F 所蕴涵,且 $Z \subseteq Y$,则 $X \rightarrow Z$ 为 F 所蕴涵。

分解律是正确的,同理可由前 3 条公理推导得出。由 $Z \subseteq Y$ 可得 $Y \rightarrow Z$(自反律),又因为 $X \rightarrow Y$,所以有 $X \rightarrow Z$(传递律)。

(6) 伪传递律:若 $X \rightarrow Y$ 和 $WY \rightarrow Z$ 为 F 所蕴涵,则 $XW \rightarrow Z$ 被 F 所蕴涵。

伪传递律是正确的。同理可由前 3 条公理推导得出。由 $X \rightarrow Y$ 可得 $XW \rightarrow YW$(增广律),又因为 $WY \rightarrow Z$,根据传递律可得 $XW \rightarrow Z$。

Armstrong 公理系统是正确且完备的。正确性是指由函数依赖集 F 出发根据 Armstrong 公理推导出来的每个函数依赖一定在 F 的闭包 F^+ 中;完备性是指 F 的闭包 F^+ 中的每一个函数依赖,必定可以由 F 出发根据 Armstrong 公理推导出来。由此,可以从另一个角度理解 F 的闭包的概念,即 F^+ 是由 F 根据 Armstrong 公理系统推导出的函数依赖的集合。

$$F^+ = \{X \rightarrow Y \mid X \rightarrow Y \text{ 由 } F \text{ 根据 Armstrong 公理系统导出}\}$$

此外,根据 Armstrong 公理系统中的 6 条公理,还可以得出以下推论:

若 $A_i(i=1,2,\cdots,n)$ 是关系模式 $R(U,F)$ 的属性,则 $X \rightarrow \{A_1,A_2,\cdots,A_n\}$ 成立的充分必要条件是 $X \rightarrow A_i$ 均成立(这一推论可由合并律和分解律证明得到)。

例 9-13　有关系模式 $R(U,F)$,其中属性集 $U=\{A,B,C,D,E,F,G\}$,函数依赖集 $F=\{A \rightarrow B, C \rightarrow D, AB \rightarrow E, F \rightarrow G\}$,问: F 是否逻辑蕴涵 $A \rightarrow E$?

解:

F 逻辑蕴涵 $A \rightarrow E$。因为 F 逻辑蕴涵 $A \rightarrow B$,根据增广律可得 $A \rightarrow AB$;又因为 $AB \rightarrow E$,根据传递律可得到 $A \rightarrow E$。

例 9-14　给定关系模式 R 的属性集 $U=\{A,B,C,G,H,I\}$,该属性集上的函数依赖集为 $F=\{A \rightarrow B, A \rightarrow C, CG \rightarrow H, CG \rightarrow I, B \rightarrow H\}$,试证明存在: $A \rightarrow H, CG \rightarrow HI, AG \rightarrow I$。

证明:

① 由于 $A \rightarrow B, B \rightarrow H$ 存在于函数依赖集 F 中,依传递律,可得 $A \rightarrow H$。

② 由于 $CG \rightarrow H, CG \rightarrow I$,依合成律,可得 $CG \rightarrow HI$。

③ 由于 $A \rightarrow C, CG \rightarrow I$,根据伪传递律,可得 $AG \rightarrow I$。或者也可这样证明:由 $A \rightarrow C$,依增广律,得 $AG \rightarrow CG$,又 $CG \rightarrow I$,依传递律,得 $AG \rightarrow I$。

9.4.3　属性集的闭包

首先考虑一个问题,在例 9-14 给出的关系模式中,如何判断 AG 是不是关系模式 R 的超码? 一种方法是求 AG 可以函数确定的属性集,若该属性集包括了 R 中所有的属性,则说明 AG 是超码;另一种方法是求 R 上的函数依赖集的闭包 F^+,然后找出所有左部为 AG 的函数依赖,将这些函数依赖的右部合并,检查合并后的函数依赖的右部是否包含了 R 中所有的属性,若是,则 AG 是超码。

从上面这个问题可以引出属性集的闭包的概念,即由 AG 能够函数确定的属性集,可以帮助用户来判断一个关系模式的超码。从另一个角度来看,函数依赖集的闭包 F^+ 可以通过反复应用 Armstrong 公理系统中的几个规则来得到,但实际应用中效率很低,还会产生大量意义不大的函数依赖。因此,实际应用中往往更关心 F^+ 的某个子集,如函数依赖左部是固定的某个属性集,从而引出"属性集的闭包"这一概念。

1. 属性集闭包的概念

【定义 9-17】 设 F 为属性集 U 上的一组函数依赖,$X \subseteq U$,$X_{F^+} = \{A \mid A \in U, X \rightarrow A$ 能由 F 根据 Armstrong 公理系统导出$\}$,则 X_{F^+} 称为属性集 X 关于函数依赖集 F 的闭包。

例 9-15 设关系模式 R 的属性集 $U = \{A, B, C\}$,函数依赖集为 $F = \{A \rightarrow B, B \rightarrow C\}$,分别求 A、B、C 的闭包。

解:

(1) 求 A 的闭包。已知 $A \rightarrow B$、$B \rightarrow C$,根据传递律可得 $A \rightarrow C$;再根据自反律可得 $A \rightarrow A$,因此得到结果 $A_{F^+} = \{A, B, C\}$。

(2) 求 B 的闭包。已知 $B \rightarrow C$,根据自反律得到 $B \rightarrow B$,所以 B 的闭包是 $B_{F^+} = \{B, C\}$。

(3) 求 C 的闭包。根据自反律有 $C \rightarrow C$,所以 $C_{F^+} = \{C\}$。

2. 求属性集闭包的算法

【算法 9-1】 求属性集 $X(X \subseteq U)$ 关于 U 上的函数依赖集 F 的闭包 X_{F^+}。

输入:X, F。

输出:X_{F^+}。

步骤:

① 令 $X^{(0)} = X$,$i = 0$;

② 求 B,这里 $B = \{A \mid \exists V \exists W, V \rightarrow W \in F$ and $V \subseteq X^{(i)}$ and $A \in W\}$,即 B 是这样的集合,在 F 中寻找满足条件 $V \subseteq X^{(i)}$ 的所有函数依赖 $V \rightarrow W$,并记属性 W 的并集为 B;

③ $X^{(i+1)} = X^{(i)} \bigcup B$;

④ 判断是否有 $X^{(i+1)} = X^{(i)}$;

⑤ 如果有 $X^{(i+1)} = X^{(i)}$ 或者 $X^{(i)} = U$,则 $X^{(i)}$ 就是 X_{F^+},算法终止;

⑥ 如果 $X^{(i+1)} \neq X^{(i)}$,则 $i = i+1$,返回第②步。

对于算法 9-1,令 $a_i = |X^{(i)}|$,$\{a_i\}$ 形成一个步长大于 1 的严格递增的序列,序列的上界是 $|U|$,因此该算法最多经历 $|U| - |X|$ 次循环就会终止。

值得一提的是,对于属性集闭包算法的终止条件,下列方法是等价的。

(1) $X^{(i+1)} = X^{(i)}$。

(2) 当发现 $X^{(i)}$ 包含了全部属性时。

(3) 在 F 中的函数依赖的右部属性中,再也找不到 $X^{(i)}$ 中未出现过的属性。

(4) 在 F 未用过的函数依赖的左部属性中已没有 $X^{(i)}$ 的子集。

例 9-16 已知关系模式 $R(U, F)$,其中属性集 $U = \{A, B, C, D, E\}$,函数依赖集 $F = \{AB \rightarrow C, B \rightarrow D, C \rightarrow E, EC \rightarrow B, AC \rightarrow B\}$,求属性集 AB 的闭包 $(AB)_{F^+}$。

解：

按照算法 9-1 中的步骤计算。

(1) 令 $X^{(0)}=AB$。

(2) 因为 $AB{\rightarrow}C,B{\rightarrow}D$，所以 $X^{(1)}=X^{(0)}\bigcup C\bigcup D=ABCD$。

(3) 因为 $C{\rightarrow}E,EC{\rightarrow}B$，所以 $X^{(2)}=X^{(1)}\bigcup E\bigcup B=ABCDE$。

(4) 因为 $X^{(2)}$ 已经等于全部属性集合，所以 $(AB)_{F^+}=ABCDE$。

例 9-17 已知关系模式 $R(U,F)$，其中 $U=\{A,B,C,D,E,F,G,H\}$，$F=\{A{\rightarrow}D,$ $AB{\rightarrow}E,BH{\rightarrow}E,CD{\rightarrow}H,E{\rightarrow}C\}$。令 $X=AE$，求 $(X)_{F^+}$。

解：

同样按照算法 9-1 中的步骤计算。

(1) 令 $X^{(0)}=AE$。

(2) 因为 $A{\rightarrow}D,E{\rightarrow}C$，所以 $X^{(1)}=X^{(0)}\bigcup D\bigcup C=ACDE$。

(3) 因为 $CD{\rightarrow}H$，所以 $X^{(2)}=X^{(1)}\bigcup H=ACDEH$。

(4) 计算得 $X^{(3)}=X^{(2)}$，满足算法终止条件，所以 $(AE)_{F^+}=ACDEH$。

例 9-18 已知关系模式 $R(U,F)$，其中 $U=\{A,B,C,D,E,I\}$，$F=\{A{\rightarrow}D,AB{\rightarrow}C,$ $BI{\rightarrow}C,ED{\rightarrow}I,C{\rightarrow}E\}$，求 $(AC)_{F^+}$。

解：

(1) 令 $X=\{AC\}$，则 $X^{(0)}=AC$。

(2) 在 F 中找出左边是 AC 子集的函数依赖，包括 $A{\rightarrow}D,C{\rightarrow}E$。因此，$X^{(1)}=X^{(0)}\bigcup$ $D\bigcup E=ACDE$，很明显 $X^{(1)}\neq X^{(0)}$。

(3) 在 F 中找左边是 $ACDE$ 子集的函数依赖，包括 $ED{\rightarrow}I$。因此，$X^{(2)}=X^{(1)}\bigcup I=$ $ACDEI$。

(4) 虽然 $X^{(2)}\neq X^{(1)}$，但是 F 中未用过的函数依赖的左边属性已没有 $X^{(2)}$ 的子集，所以停止计算，输出 $(AC)_{F^+}=X^{(2)}=ACDEI$。

3. F 逻辑蕴涵的充要条件

一般而言，给定一个关系模式 $R(U,F)$，其中函数依赖集 F 只是 U 上所有函数依赖集 F^+ 的一个子集，那么对于 U 上的一个函数依赖 $X{\rightarrow}Y$，如何判定它是否属于 F^+，即如何判断 F 逻辑蕴涵 $X{\rightarrow}Y$？一个直接的思路是将 F^+ 计算出来，然后看 $X{\rightarrow}Y$ 是否在集合 F^+ 之中。但是，计算函数依赖集的闭包 F^+ 效率较低，通常不这么做。可以发现，计算一个属性集的闭包 X_{F^+} 更为方便，因此有必要先讨论能将"F 逻辑蕴涵 $X{\rightarrow}Y$"的判断问题转化为求其中决定因素 X 的闭包 X_{F^+}，再判断 Y 是否属于 X_{F^+} 的问题。

设 F 为属性集 U 上的一组函数依赖，$X\subseteq U,Y\subseteq U$，则 $X{\rightarrow}Y$ 能由 F 根据 Armstrong 公理系统导出的充分必要条件是 $Y\subseteq X_{F^+}$。

证明：如果 $Y=A_1A_2{\cdots}A_n$ 并且 $Y\subseteq X_{F^+}$，则由 X 关于 F 的闭包 X_{F^+} 的定义可知，对于每个 $A_i\in Y(i=1,2,{\cdots},n)$ 能够根据 Armstrong 公理系统推导得到 $X{\rightarrow}A_i$，再由

Armstrong 公理系统的推论（或合并律）可知，$X \rightarrow Y$ 能够被 F 所蕴涵，充分性得证。

如果 $X \rightarrow Y$ 能由 F 根据 Armstrong 公理系统推导得到，并且 $Y = A_1 A_2 \cdots A_n$，按照分解律可以得知 $X \rightarrow A_i (i=1,2,\cdots,n)$，这样由 X_F^+ 的定义就得到 $A_i \in X_F^+ (i=1,2,\cdots,n)$，所以 $Y \subseteq X_F^+$，必要性得证。

4. 求关系模式的候选码

对于给定的关系模式 $R(U,F)$，其中属性集 $U = \{A_1, A_2, \cdots, A_n\}$，函数依赖集为 F，可以将其属性分为 L、R、N、LN 类。

L 类：仅出现在 F 的函数依赖左部的属性；

R 类：仅出现在 F 的函数依赖右部的属性；

N 类：在 F 的函数依赖的左右两边均未出现的属性；

LR 类：在 F 的函数依赖左右两边均出现的属性。

那么，有关于关系模式 R 的候选码的以下定理。

（1）对于给定的关系模式 R 及其函数依赖集 F，若 $X(X \in R)$ 是 L 类属性，则 X 一定是 R 的候选码的成员。

（2）对于给定的关系模式 R 及其函数依赖集 F，若 $X(X \in R)$ 是 N 类属性，则 X 一定是 R 的候选码的成员。

（3）对于给定的关系模式 R 及其函数依赖集 F，若 $X(X \in R)$ 是 R 类属性，则 X 必不在任何候选码中。

（4）对于给定的关系模式 R 及其函数依赖集 F，若 $X(X \in R)$ 是 LR 类属性，则 X 可能是 R 的候选码的成员。

根据以上定理，求关系模式 R 的候选码的关键在于确定 LR 类属性中哪些是候选码的成员，可以通过以下算法进行求解。

【算法 9-2】 多属性依赖集候选码求解算法。

输入：$R(U,F)$。

输出：R 的候选码。

步骤：

① 将 R 的所有属性分为 L、R、N 和 LR 两类，令 X 代表 L 和 N 类，Y 代表 LR 类。

② 求 X_F^+。若 X_F^+ 包含了 R 的全部属性，则 X 为 R 的唯一候选码，转步骤⑤；否则转步骤③。

③ 在 Y 中取一个属性 A，求 $(XA)_F^+$。若它包含 R 的全部属性，则转步骤④；否则，换另一个属性反复进行这一过程，直到试完 Y 中的所有属性。

④ 如果已找出所有候选码，则转步骤⑤；否则在 Y 中依次取两个、三个……求它们的属性闭包，直到其闭包包含 R 的全部属性。

⑤ 停止，输出结果。

从以上算法步骤可以看出，求关系模式的候选码实际上是看函数依赖的左侧的属性（即候选码)是否能够推出 R 中的全部属性。

例 9-19　设有关系模式 $R(U,F)$，属性集 $U=\{A,B,C,D,E,P\}$，R 的函数依赖集为：$F=\{A{\rightarrow}D,E{\rightarrow}D,D{\rightarrow}B,BC{\rightarrow}D,DC{\rightarrow}A\}$，求 R 的候选码。

解：

因为在函数依赖集 F 中，C 和 E 是 L 类属性，P 是 N 类属性，所以 CEP 包含在所有候选码中。

计算 CEP 属性集的闭包，得到 $(CEP)_{F^+}=ABCDEP$，包含了 U 中的所有属性，所以 CEP 是 R 的唯一候选码。

由例 9-19 可知，实际上根据候选码的 4 条定理还可以得到一个重要推论：对于给定的关系模式 $R(U,F)$，若 $X(X{\in}R)$ 是 R 的 L 类或 N 类属性组成的属性集，且 X_{F^+} 包含 R 的全部属性，则 X 是 R 的唯一候选码。

例 9-20　设有关系模式 $R(U,F)$，属性集 $U=\{A,B,C,D,E\}$，其上的函数依赖集 $F=\{A{\rightarrow}BC,CD{\rightarrow}E,B{\rightarrow}D,E{\rightarrow}A\}$，请完成：

(1) 计算 B_{F^+}；

(2) 求出 R 的所有候选码。

解：

(1) $B_{F^+}=\{BD\}$。

(2) 根据函数依赖集 F 可知，没有 L 属性和 N 属性，$ABCDE$ 均为 LR 属性。

从 LR 属性集中分别取 1 个属性，求其闭包：

$A_{F^+}=\{ABCDE\}$，所以 A 是候选码；

$B_{F^+}=\{BD\}$，$(BC)_{F^+}=\{ABCDE\}$，$(BE)_{F^+}=\{ABDE\}$，所以 BC 是候选码；

$C_{F^+}=\{C\}$，$(CD)_{F^+}=\{ABCDE\}$，所以 CD 是候选码；

$D_{F^+}=\{D\}$，没有候选码；

$E_{F^+}=\{ABCDE\}$，所以 E 是候选码。

综上，R 的所有候选码为 A、BC、CD、E。

例 9-21　设有关系模式 $R(U,F)$，属性集 $U=\{A,B,C,D,E,G\}$，函数依赖集：$F=\{AB{\rightarrow}E,AC{\rightarrow}G,AD{\rightarrow}B,B{\rightarrow}C,C{\rightarrow}D\}$，求 R 的所有候选码。

解：

根据函数依赖集找出 L 属性为 $\{A\}$，LR 属性为 $\{B,C,D\}$，不存在 N 属性。

首先计算属性 A 的闭包 $A_{F^+}=\{A\}$，然后分别加入 LR 属性集中的属性，计算属性集的闭包：

$(AB)_{F^+}=\{ABCDEG\}$，所以 AB 是一个候选码；

$(AC)_{F^+}=\{ABCDEG\}$，所以 AC 是一个候选码；

$(AD)_{F^+}=\{ABCDEG\}$，所以 AD 是一个候选码；

因此，R 的所有候选码为 AB、AC、AD。

9.4.4 最小函数依赖集

函数依赖的定义以及 Armstrong 公理系统能实现由已知的函数依赖推导出新的函数依赖,例如根据 $X \to Y$ 和 $Y \to Z$ 可以推导出 $X \to Z$。既然有的函数依赖能由其他函数依赖推导出来,那么对于一个函数依赖集,其中有的函数依赖可能是不必要的、冗余的。如果一个函数依赖可以由该集合中的其他函数依赖推导出来,则称该函数依赖在其函数依赖集中是冗余的。数据库设计的实现是基于无冗余的函数依赖集(即最小函数依赖集)的。

【定义 9-18】 设 F 和 G 是函数依赖集,若二者的闭包相等,即 $F^+ = G^+$,则称 F 与 G 等价,记作 $F \equiv G$。

换句话说,两个函数依赖集等价(即 $F^+ = G^+$)的充分必要条件是 $F \subseteq G^+$ 且 $G \subseteq F^+$。

例 9-22 设有关系模式 $R(U, F)$,属性集 $U = \{A, B, C\}$,函数依赖集 $F = \{A \to B, B \to C, A \to C, AB \to C, A \to BC\}$,试证明函数依赖集 F 与 $G = \{A \to B, B \to C\}$ 是等价的。

证明:

根据 $A \to B, B \to C$,由传递律可得 $A \to C$;

根据 $A \to B$,可得 $AB \to B$,再由 $B \to C$ 和传递律可得 $AB \to C$;

根据 $A \to B, B \to C$ 扩展 $B \to BC$ 所以 $A \to BC$。

因此 $F \subseteq G^+$。

另外,根据已知条件得 $G \subseteq F^+$。

所以,F 与 G 是等价的。

【定义 9-19】 如果函数依赖集 F 同时满足下列条件,则称 F 为最小函数依赖集或最小覆盖,记作 F_m。

F 中任一函数依赖的右部仅含有一个属性。

F 中不存在这样的函数依赖 $X \to A$,使得 F 与 $F\text{-}\{X \to A\}$ 等价(即不存在冗余的函数依赖)。

F 中不存在这样的函数依赖 $X \to A$,X 有真子集 Z 使得 $F - \{X \to A\} \bigcup \{Z \to A\}$ 与 F 等价(即函数依赖的决定因素不存在冗余)。

显然,每个函数依赖集至少存在一个最小函数依赖集,但并不一定唯一。

例 9-23 存在关系模式 $R(U, F)$ 表示学生选课情况,属性集 $U = \{SNO, SDEPT, MN, CNAME, G\}$,函数依赖集 $F = \{SNO \to SDEPT, SDEPT \to MN, \{SNO, CNAME\} \to G\}$。设 $F' = \{SNO \to SDEPT, SNO \to MN, SDEPT \to MN, (SNO, CNAME) \to G, (SNO, SDEPT) \to SDEPT\}$。问 F 与 F' 是否等价,以及是不是最小函数依赖集。

解:已知在函数依赖集 F 中有 SNO→SDEPT 和 SDEPT→MN,根据传递律可得 SNO→MN;又已知 SNO→SDEPT,根据自反律可得 (SNO, SDEPT)→SDEPT。因此,$F' \subseteq F^+$。同时,F 中的所有函数依赖都在 F' 中出现,即 $F \subseteq F'^+$。所以,F 与 F' 是等价的。

判断 F 是不是最小依赖集:

F 的所有函数依赖的右部仅有一个属性；

F 的任何一个函数依赖都不能由其他函数依赖推出；

F 的任何一个函数依赖的决定因素都不存在冗余。

所以，F 是最小函数依赖集。

下面可以归纳出求解最小函数依赖集的算法。

【算法 9-3】 求 F 的最小函数依赖集 F_m 的算法。

输入：$R(U,F)$。

输出：F_m。

步骤：

① 检查 F 中的每个函数依赖 $X \rightarrow A$，如果 $A = A_1 A_2 \cdots A_k$，则根据 Armstrong 公理系统的分解律将 $X \rightarrow A_1 A_2 \cdots A_k$ 转换为 $X \rightarrow A_i (i=1,2,\cdots,k)$，即将右部属性分解为单个属性。

② 逐个检查函数依赖 $X \rightarrow A$，令 $G = F - \{X \rightarrow A\}$，若有 $A \in X_{G^+}$，则从 F 中去掉 $X \rightarrow A$。即逐个检查 F 中的每一项，看 $F - \{X \rightarrow A\}$ 是否与 F 等价。

③ 逐个检查函数依赖 $X \rightarrow A$，若 $X = B_1 B_2 \cdots B_m$，逐个考查 $B_i (i=1,2,\cdots,m)$，若 $A \in (X - B_i)_{F^+}$，则以 $X - B_i$ 取代 X。即判断每个函数依赖左部是否有冗余属性。

例 9-24 求解下列函数依赖集 F 的最小函数依赖集。

$$F = \{A \rightarrow B, B \rightarrow A, B \rightarrow C, A \rightarrow C, C \rightarrow A\}$$

解：

观察 F 中函数依赖的右部，都是单属性，无须分解；

消去 F 中冗余的函数依赖：

考查 $A \rightarrow B$，尝试将 $A \rightarrow B$ 从 F 中删除后，令 $X = A$，求属性集的闭包 A_{F^+}。$A^{(0)} = A$，$A^{(1)} = AC = A_{F^+}$。因为 B 不属于 A_{F^+}，所以 $A \rightarrow B$ 不冗余。

考查 $B \rightarrow A$，尝试将 $B \rightarrow A$ 从 F 中删除后，令 $X = B$，求属性集的闭包 B_{F^+}。$B^{(0)} = B$，$B^{(1)} = BC$，$B^{(2)} = ABC = B_{F^+}$。因为 A 属于 B_{F^+}，所以 $B \rightarrow A$ 冗余，删除 $B \rightarrow A$。

考查 $B \rightarrow C$，尝试将 $B \rightarrow C$ 从 F 中删除后，令 $X = B$，求属性集的闭包 B_{F^+}。$B^{(0)} = B$，$B^{(1)} = B = B_{F^+}$，因为 C 不属于 B_{F^+}，所以 $B \rightarrow C$ 不冗余。

考查 $A \rightarrow C$，尝试将 $A \rightarrow C$ 从 F 中删除后，令 $X = A$，求属性集的闭包 A_{F^+}。$A^{(0)} = A$，$A^{(1)} = AB$，$A^{(2)} = ABC = A_{F^+}$。因为 C 属于 A_{F^+}，所以 $A \rightarrow C$ 冗余，删除 $A \rightarrow C$。

考查 $C \rightarrow A$，尝试将 $C \rightarrow A$ 从 F 中删除后，令 $X = C$，求属性集的闭包 C_{F^+}。$C^{(0)} = C$，$C^{(1)} = C = C_{F^+}$。因为 A 不属于 C_{F^+}，所以 $C \rightarrow A$ 不冗余。

判断每个函数依赖左部是否有冗余属性：此时函数依赖左部都是单属性，所以无冗余。

因此，最小函数依赖集为 $F_m = \{A \rightarrow B, B \rightarrow C, C \rightarrow A\}$。

值得一提的是，最小函数依赖集不是唯一的，如果在考查完 $A \rightarrow B$ 后先考查 $B \rightarrow C$，则会推导出 $B \rightarrow C$ 是冗余的函数依赖，得到最小函数依赖集 $F_m = \{A \rightarrow B, B \rightarrow A, A \rightarrow C, C \rightarrow A\}$。

例 9-25 设有关系模式 $R(U,F)$，属性集 $U=\{A,B,C,D\}$，其上的函数依赖集为：$F=\{A\rightarrow C,C\rightarrow A,B\rightarrow AC,D\rightarrow AC\}$，求 F 的最小覆盖。

解：

分解右部为单个属性 $B\rightarrow A,B\rightarrow C,D\rightarrow A,D\rightarrow C$。

逐个考查 F 中的函数依赖是否冗余，$B\rightarrow A,B\rightarrow C$ 中有一个冗余；$D\rightarrow A,D\rightarrow C$ 中有一个冗余。

左部均为单属性，不存在冗余的决定因素。

故本例存在 4 种不同的最小覆盖：

$F_m=\{A\rightarrow C,C\rightarrow A,B\rightarrow A,D\rightarrow A\}$；

$F_m=\{A\rightarrow C,C\rightarrow A,B\rightarrow A,D\rightarrow C\}$；

$F_m=\{A\rightarrow C,C\rightarrow A,B\rightarrow C,D\rightarrow A\}$；

$F_m=\{A\rightarrow C,C\rightarrow A,B\rightarrow C,D\rightarrow C\}$。

9.5 使用函数依赖的分解算法

设有关系模式 $R(U,F)$，取 U 的一个子集的集合 $\{U_1,U_2,\cdots,U_k\}$，使得 $U=U_1\bigcup U_2\bigcup\cdots\bigcup U_k$，如果用一个关系模式的集合 $\rho=\{R_1(U_1,F_1),\cdots,R_k(U_k,F_k)\}$ 代替 $R(U,F)$，其中 F_k 是 F 在 U_k 上的投影，就称 ρ 是关系模式 $R(U,F)$ 的一个分解。

"F_k 是 F 在 U_k 上的投影"的确切定义是：函数依赖集合 $\{X\rightarrow Y\mid X\rightarrow Y\in F^+\wedge XY\subseteq U_k\}$ 的一个覆盖 F_k 叫作在属性 U_k 上的投影。即 F_k 需要包括属性集合 U_k 中所有相关的函数依赖关系。

在 $R(U,F)$ 分解为 ρ 的过程中，需要考虑两个问题。

（1）分解前的模式 R 和分解后的 ρ 是否表示同样的数据，即 R 和 ρ 是否等价的问题，称之为无损连接性。

（2）分解前的模式 R 和分解后的 ρ 是否保持相同的函数依赖，即在模式 R 上有函数依赖集 F，在其上的每个模式 R_i 上有一个函数依赖集 F_i，$\{F_1,F_2,\cdots,F_k\}$ 是否与 F 等价，称之为保持函数依赖性。

按照不同的分解准则，模式所能达到的分离程度各不相同，各种范式就是对分离程度的测度。因此，这一节要讨论的问题如下：

（1）无损连接性和保持函数依赖的含义是什么？如何判断？

（2）对于不同的分解等价定义，究竟能达到何种程度的分离，即分离后的关系模式是第几范式？

（3）如何实现分离？即给出分解算法。

例 9-26 设一关系模式 $R(U,F)$，属性集 $U=\{T\sharp,TD,DH\}$，其中 $T\sharp$ 表示教师编号，TD 表示教师所属系部，DH 表示系主任名。假定每位教师只能在一个系任教，每个系只有一位系主任。部分数据如图 9-13 所示。根据情境可得函数依赖集 $F=\{\text{T}\sharp\rightarrow\text{TD},\text{TD}\rightarrow$ DH,T$\sharp\rightarrow$DH}。下面三种分解,哪一种最好?

分解 1:$\rho_1=\{R_1(\text{T}\sharp),R_2(\text{TD}),R_3(\text{DH})\}$

分解 2:$\rho_2=\{R_1(\text{T}\sharp,\text{TD}),R_2(\text{T}\sharp,\text{DH})\}$

分解 3:$\rho_3=\{R_1(\text{T}\sharp,\text{TD}),R_2(\text{TD},\text{DH})\}$

解:

对于分解 1,分解后的三个关系的数据如图 9-14 所示。当尝试查找 T1 是哪一个系的教师时,是无法回答的。R_1、R_2、R_3 也无法恢复到原来的 R。所产生的诸关系自然连接的结果实际上是它们的笛卡儿积,元组增加了,信息丢失了。因此,该分解不具有无损连接性,不是一个好的分解。

T#	TD	DH
T1	D1	AA
T2	D1	AA
T3	D2	BB
T4	D3	CC

图 9-13 关系模式 $R(U,F)$ 的部分数据

R_1
T#
T1
T2
T3
T4

R_2
TD
D1
D2
D3

R_3
DH
AA
BB
CC

图 9-14 分解 1 的数据示例

对于分解 2,分解后的三个关系的数据如图 9-15 所示。此时,R_1 和 R_2 的分解是可恢复的,但仍然存在插入和删除操作异常。原因是 TD→DH 的依赖关系在 R_1 和 R_2 中没有体现,也就是说,该分解不具有函数依赖保持性,也不是一个好的分解。

对于分解 3,分解后的三个关系的数据如图 9-16 所示。此时,R_1 和 R_2 的分解是可恢复的,并且消除了操作异常。该分解既具有无损连接性又保持了函数依赖。它解决了更新异常,又没有丢失原数据库的信息,这是所希望的分解。

R_1	
T#	TD
T1	D1
T2	D1
T3	D2
T4	D3

R_2	
T#	DH
T1	AA
T2	AA
T3	BB
T4	CC

图 9-15 分解 2 的数据示例

R_1	
T#	TD
T1	D1
T2	D1
T3	D2
T4	D3

R_2	
T#	DH
D1	AA
D2	BB
D3	CC

图 9-16 分解 3 的数据示例

9.5.1 无损连接分解

【定义 9-20】 如果一个关系模式分解后,可以通过自然连接恢复原模式的信息,这一特性称为分解的无损连接性。形式化表示为:设有关系模式 $R(U)$,R 分解为关系模式的

集合 $\rho = \{R_1(U_1), R_2(U_2), \cdots, R_k(U_k)\}$。如果对于 R 中每一个关系 r，都有

$$r = \prod\nolimits_{R_1}(r) \bowtie \prod\nolimits_{R_2}(r) \bowtie \cdots \bowtie \prod\nolimits_{R_k}(r)$$

则称该分解是 R 的一个无损连接分解，简称无损分解，否则就称为有损分解。

如果 R 只被分解为两个关系模式，那么可以使用以下方法判断该分解是否为无损分解：设 $\rho = \{R_1(U_1), R_2(U_2)\}$ 是 $R(U)$ 的一个分解，则 ρ 为无损分解的充分必要条件为

$$(U_1 \cap U_2) \rightarrow (U_1 - U_2) \in F^+ \text{ 或者} (U_1 \cap U_2) \rightarrow (U_2 - U_1) \in F^+$$

换句话说，如果两个关系模式间的公共属性集至少包含其中一个关系模式的关键字，则此分解必定具有无损连接性。这包括两种情况：

(1) 公共属性集既是关系 R_1 也是关系 R_2 的候选码；

(2) 存在外键，即公共属性集是关系 R_1 的候选码，但不是关系 R_2 的候选码。

例 9-27 给定关系模式 $R(U, F)$，其中属性集 $U = \{C\#, TN, D\}$，函数依赖集 $F = \{C\# \rightarrow TN, TN \rightarrow D\}$，给出该关系模式的一个分解 $\rho = \{R_1, R_2\}$，$R_1 = (C\#, TN)$，$R_2 = (TN, D)$，请判断该分解是否为无损分解。

证明：$U_1 = \{C\#, TN\}$，$U_2 = \{TN, D\}$

$(U_1 \cap U_2) = \{TN\}$，$(U_1 - U_2) = \{C\#\}$，$(U_2 - U_1) = \{D\}$

因为 $(U_1 \cap U_2) \rightarrow (U_1 - U_2)$ 即 $TN \rightarrow C\#$ 不成立，而 $(U_1 \cap U_2) \rightarrow (U_2 - U_1)$ 即 $TN \rightarrow D$ 成立，所以 ρ 是无损分解。

例 9-28 设有关系模式 $R(U, F)$，其中属性集 $U = \{X, Y, Z\}$，函数依赖集 $F = \{X \rightarrow Y, X \rightarrow Z, YZ \rightarrow X\}$，分解成 $\rho = \{XY, XZ\}$，判断该分解是否为无损分解。

证明：因为 $(U_1 \cap U_2) = \{X\}$，$(U_1 - U_2) = \{Y\}$，$(U_2 - U_1) = \{Z\}$，在函数依赖集中存在 $X \rightarrow Y$，即 $(U_1 \cap U_2) \rightarrow (U_1 - U_2)$ 成立，所以该分解是无损分解。

对于一般情况的分解，可以用以下算法进行判定。

【算法 9-4】 无损分解的判定算法。

输入：关系模式 $R(U, F)$，其中 $U = \{A_1, A_2, \cdots, A_n\}$；

　　　　R 的一个分解 $\rho = \{R_1(U_1), \cdots, R_k(U_k)\}$，且 $U = U_1 \cup U_2 \cup \cdots \cup U_k$。

输出：ρ 是否为无损分解。

步骤：

① 构造一个 k 行 n 列的表格，每列对应一个属性 $A_j (j = 1, 2, \cdots, n)$，每行对应一个模式 $R_i(U_i) (i = 1, 2, \cdots, k)$ 的属性集合。如果 A_j 在 U_i 中，那么在表格的第 i 行第 j 列处记作 a_j，否则记作 b_{ij}。

② 复查 F 中的每一个函数依赖，并且修改表格中的元素，直到表格不能修改为止。具体地，取 F 中的每个函数依赖 $X \rightarrow Y$，如果表格总有两行在 X 分量上相等，在 Y 分量上不相等，则修改 Y 分量的值，使这两行在 Y 分量上相等，实际修改分为以下两种情况：

- 如果 Y 分量中有一个是 a_j，则另一个也修改为 a_j；

- 如果 Y 分量中没有 a_j，就用标号较小的那个 b_{ij} 替换另一个符号。

③ 修改结束后的表格中若有一行全是 a，即 $a_1, a_2, \cdots, a_n$，则表示该分解 ρ 具有无损连接性，否则 ρ 不具有无损连接性。

例 9-29 已知关系模式 $R(U, F)$，属性集 $U = \{A, B, C, D, E, F\}$，函数依赖集 $F = \{AB \rightarrow C, C \rightarrow D, A \rightarrow F, D \rightarrow E, D \rightarrow F\}$，$R$ 的一个分解 $\rho = \{R_1(A, B, C), R_2(C, D), R_3(D, E, F)\}$，请判断 ρ 是否具有无损连接性。

解：

根据算法 9-4 的步骤，首先构造一个 3 行 6 列的表格，如图 9-17 所示。

检查函数依赖 $AB \rightarrow C$，对图 9-17 中的行进行处理，由于 AB 两列没有相同的两行，所以不改变表。

检查函数依赖 $C \rightarrow D$，由于前两行 C 的值相同，都是 a_3，则修改 D 的值，因为 D 的值中存在 a_4，所以将其他的也改为 a_4，结果如图 9-18 所示。

A	B	C	D	E	F
a_1	a_2	a_3	b_{14}	b_{15}	b_{16}
b_{21}	b_{22}	a_3	a_4	b_{25}	b_{26}
b_{31}	b_{32}	b_{33}	a_4	a_5	a_6

图 9-17 判断无损分解所构造的初始表格

A	B	C	D	E	F
a_1	a_2	a_3	a_4	b_{15}	b_{16}
b_{21}	b_{22}	a_3	a_4	b_{25}	b_{26}
b_{31}	b_{32}	b_{33}	a_4	a_5	a_6

图 9-18 第一次修改结果

检查函数依赖 $A \rightarrow F$，由于 A 两列没有相同的两行，所以不改变表。

检查函数依赖 $D \rightarrow E$，由于 D 的三行都相同，所以改变 E 的值都为 a_5，结果如图 9-19 所示。

检查函数依赖 $D \rightarrow F$，由于 D 的三行都相同，所以改变 F 的值都为 a_6，结果如图 9-20 所示。

A	B	C	D	E	F
a_1	a_2	a_3	a_4	a_5	b_{16}
b_{21}	b_{22}	a_3	a_4	a_5	b_{26}
b_{31}	b_{32}	b_{33}	a_4	a_5	a_6

图 9-19 第二次修改结果

A	B	C	D	E	F
a_1	a_2	a_3	a_4	a_5	a_6
b_{21}	b_{22}	a_3	a_4	a_5	a_6
b_{31}	b_{32}	b_{33}	a_4	a_5	a_6

图 9-20 第三次修改结果

此时，F 中的所有函数依赖都已检查完毕，图 9-20 中的第一行是全 a 行，所以该分解具有无损连接性。

例 9-30 设有关系模式 $R(U, F)$，其中属性集 $U = \{B, O, I, S, Q, D\}$，函数依赖集为：$F = \{S \rightarrow D, I \rightarrow B, IS \rightarrow Q, B \rightarrow O\}$，如果将 R 分解为 $\rho = \{R_1(S, D), R_2(I, B), R_3(I, S,$

Q),R_4(B,O)},这样的分解是否具有无损连接性?

解:

根据算法 9-4 的步骤,首先构造一个 4 行 6 列的表格,如图 9-21 所示。

检查函数依赖 $S \to D$,对图 9-21 中的行进行处理,由于 S 的第一行和第三行相同,所以修改 D 的第三行为 a_6,结果如图 9-22 所示。

B	O	I	S	Q	D
b_{11}	b_{12}	b_{13}	a_4	b_{15}	a_6
a_1	b_{22}	a_3	b_{24}	b_{25}	b_{26}
b_{31}	b_{32}	a_3	a_4	a_5	b_{36}
a_1	a_2	b_{43}	b_{44}	b_{45}	b_{46}

图 9-21 判断无损分解所构造的初始表格

B	O	I	S	Q	D
b_{11}	b_{12}	b_{13}	a_4	b_{15}	a_6
a_1	b_{22}	a_3	b_{24}	b_{25}	b_{26}
b_{31}	b_{32}	a_3	a_4	a_5	a_6
a_1	a_2	b_{43}	b_{44}	b_{45}	b_{46}

图 9-22 第一次修改结果

检查函数依赖 $I \to B$,对图 9-22 中的行进行处理,由于 I 列的第二行和第三行相同,所以修改 B 列的第三行为 a_1,结果如图 9-23 所示。

检查函数依赖 $IS \to Q$,对图 9-23 中的行进行处理,由于 IS 两列没有相同的两行,所以不改变表。

检查函数依赖 $B \to O$,对图 9-23 中的行进行处理,由于 B 的第二、三、四行都相同,所以改变 O 列对应的值都为 a_2,结果如图 9-24 所示。

B	O	I	S	Q	D
b_{11}	b_{12}	b_{13}	a_4	b_{15}	a_6
a_1	b_{22}	a_3	b_{24}	b_{25}	b_{26}
a_1	b_{12}	a_3	a_4	a_5	a_6
a_1	a_2	b_{43}	b_{44}	b_{45}	b_{46}

图 9-23 第二次修改结果

B	O	I	S	Q	D
b_{11}	b_{12}	b_{13}	a_4	b_{15}	a_6
a_1	a_2	a_3	b_{24}	b_{25}	b_{26}
a_1	a_2	a_3	a_4	a_5	a_6
a_1	a_2	b_{43}	b_{44}	b_{45}	b_{46}

图 9-24 第三次修改结果

此时,F 中的所有函数依赖都已检查完毕,图 9-24 中的第三行是全 a 行,所以该分解具有无损连接性。

例 9-31 回顾例 9-26 中的三种分解,用以上方法判断三种分解是否是无损分解。

属性集 U={T#,TD,DH},函数依赖集 F={T#→TD,TD→DH,T#→DH}。

分解 1:ρ_1={R_1(T#),R_2(TD),R_3(DH)}

分解 2:ρ_2={R_1(T#,TD),R_2(T#,DH)}

分解 3:ρ_3={R_1(T#,TD),R_2(TD,DH)}

解：

按照算法 9-4 的步骤，检查每一个函数依赖后，三个分解的最终表格如图 9-25 所示。在 ρ_2 对应的表格中，由于存在函数依赖 T♯→TD，因此将 b_{22} 改为 a_2。在 ρ_3 对应的表格中，由于存在函数依赖 TD→DH，因此将 b_{13} 改为 a_3。所以在最终表格中 ρ_2 和 ρ_3 中存在全 a 行，可以判断这两个分解是无损分解，而 ρ_1 不是无损分解。

也可以按照仅分解为两个关系模式时的简要判别方法来判断 ρ_2 和 ρ_3。

ρ_2：公共属性 T♯ 是两个表的候选码，所以是无损分解。

ρ_3：公共属性 TD 是表 2 的候选码，所以是无损分解。

ρ_1			ρ_2			ρ_3		
T#	TD	DH	T#	TD	DH	T#	TD	DH
a_1	b_{12}	b_{13}	a_1	a_2	b_{13}	a_1	a_2	b_{13}
b_{21}	a_2	b_{23}	a_1	b_{22}	a_3	b_{21}	a_2	a_3
b_{31}	b_{32}	a_3						

图 9-25　三种分解的判别表格

9.5.2　保持函数依赖分解

【定义 9-21】　若关系 $R(U,F)$ 的一个分解 $\rho=\{R_1(U_1,F_1),R_2(U_2,F_2),\cdots,R_k(U_k,F_k)\}$ 的所有函数依赖的并集 $(\bigcup_{i=1}^{K}F_i)$ 逻辑蕴涵了 F 中所有函数依赖，即 $(\bigcup_{i=1}^{K}F_i)^+\equiv F^+$，则称分解 ρ 具有函数依赖保持性。

例 9-32　有关系模式 $R(U,F)$，其中属性集 $U=\{A,B,C,D\}$，函数依赖集 $F=\{A\to B,B\to C,C\to D,D\to A\}$，请问分解 $\rho=\{R_1(A,B),R_2(B,C),R_3(C,D)\}$ 是否具有函数依赖保持性？其中：$F_1(A\to B,B\to A),F_2(B\to C,C\to B),F_3(C\to D,D\to C)$。

解：

找出 F 的闭包，再确定分解后的每个关系中的函数依赖的并集是否与 F 的闭包等价。由于有 $D\to C,C\to B,B\to A$，所以根据传递律有 $D\to A$，即 $(\bigcup_{i=1}^{K}F_i)^+\equiv F^+$，所以该分解具有函数依赖保持性。

例 9-33　设有关系模式 $R(U,F)$，其中，$U=\{A,B,C,D,F\}$，$F=\{A\to C,B\to C,C\to D,DF\to C,CF\to A\}$，$R$ 的一个分解为 $\rho=\{R_1(A,B),R_2(A,D),R_3(A,F),R_4(B,F),R_5(C,D,F)\}$，判断该分解是否具有函数依赖保持性。

解：

该分解对应的各个关系模式中的函数依赖为：$F_1(\varnothing),F_2(\varnothing),F_3(\varnothing),F_4(\varnothing),F_5(C\to D,DF\to C)$。$(\bigcup_{i=1}^{K}F_i)^+$ 中并不包含涉及 A,B 属性的函数依赖，因此该分解不具有函数依赖保持性。

【算法 9-5】　保持函数依赖分解的判定算法。

输入：关系模式 $R(U,F)$；

　　　　R 的一个分解 $\rho = \{R_1(U_1),\cdots,R_k(U_k)\}$，且 $U = U_1 \bigcup U_2 \bigcup \cdots \bigcup U_k$。

输出：ρ 是否保持函数依赖。

步骤：

① 令 $G = (\bigcup\limits_{i=1}^{K} F_i)$，$F = F - G$，$\text{Result} = \text{True}$；

② 对于 F 中的第一个函数依赖 $X \to Y$，计算 X_{G^+}，并令 $F = F - \{X \to Y\}$；

③ 若 Y 不在 X_{G^+}，则令 $\text{Result} = \text{False}$，转向步骤④；

④ 若 $\text{Result} = \text{True}$，则 ρ 保持函数依赖，否则 ρ 不保持函数依赖。

例 9-34　对于例 9-32 给出的关系模式分解，用上述算法进行判定。

解：

$G = \{A \to B, B \to A, B \to C, C \to B, C \to D, D \to C\}$，$F = F - G = \{D \to A\}$，$\text{Result} = \text{True}$；

对于函数依赖 $D \to A$，即令 $X = \{D\}$，$F = F - \{X \to Y\} = \varnothing$，经过计算可以得到 $X_{G^+} = \{ABCD\}$；

由于 $Y = \{A\} \subseteq X_{G^+}$，直接转向步骤④；

由于 $\text{Result} = \text{True}$，所以模式分解 ρ 保持函数依赖。

在进行函数分解时，若要求分解具有无损连接性，分解可达到 BCNF；若要求分解具有函数依赖保持性，则分解可达到 3NF，但不一定能达到 BCNF；若同时要求具有无损连接和函数依赖保持，则分解可达到 3NF，但不一定能达到 BCNF。

【算法 9-6】 转换为 3NF 的保持函数依赖的分解算法。

输入：关系模式 R 和函数依赖集 F

输出：结果为 3NF 的一个依赖保持分解

步骤：

① 对 R 中的函数依赖集 F 进行最小化处理（处理后的函数依赖集仍记为 F）；

② 找出不在 F 中出现的属性，把这样的属性构成一个关系模式，把这些属性从 U 中去掉，剩余的属性仍记为 U；

③ 若有 $X \to A \in F$，且 $XA = U$，则 $\rho = \{R\}$，算法中止（即如果 F 中有一个依赖涉及 R 中的所有属性，则输出 R）；

④ 否则，对于 F 中的每一个 $X \to A$，构成一个关系模式 XA。如果有 $X \to A_1, X \to A_2, \cdots,$ $X \to A_n$（左部相同），则可以用模式 $XA_1A_2\cdots A_n$ 代替 n 个模式 $XA_1, XA_2, \cdots, XA_n$（即左边相同的函数依赖，将其对应的属性集合构成一个关系）。

例 9-35　设有关系模式 $R(U,F)$，其中，$U = \{C,T,H,R,S,G\}$ 及其函数依赖 $F = \{C \to T,$ $CS \to G, HT \to R, HR \to C, CH \to R, HS \to R\}$，请给出满足 3NF 的一个函数依赖保持的分解。

解：

首先对函数依赖集 F 进行最小化处理，即消除冗余的函数依赖，得到 $F = \{C \to T, CS \to$

$G, HT \rightarrow R, HR \rightarrow C, HS \rightarrow R$);

　　由于所有属性均在 F 中出现,所以没有属性从 R 中分离出去;

　　根据算法 9-6,本例中 6 个函数依赖对应于下面的 5 个关系模式

　　$R_1 = \{C, T\}, R_2 = \{C, S, G\}, R_3 = \{H, R, T\}, R_4 = \{C, H, R\}, R_5 = \{H, S, R\}$

所以 $\rho = \{R_1, R_2, R_3, R_4, R_5\}$。

【算法 9-7】 转换为 3NF,且既保持函数依赖又具有无损连接性的分解算法。

输入:关系模式 R 和函数依赖集 F。

输出:结果为 3NF 的一个依赖保持和无损连接分解。

步骤:

在得到的满足 3NF 的函数依赖保持的分解的基础上,

　① 若该分解包含原关系模式 R 的一个候选码 X,则分解不变,算法终止。

　② 若不包含,则增加一个关系,即该关系含有原关系模式的候选码 X。

例 9-36　对于例 9-35 给定的关系模式 $R(U, F)$,请给出满足 3NF 的一个函数依赖保持且连接无损的一个分解。

　　解:

　　首先求关系模式 $R(U, F)$ 的候选码。L 类属性为 $\{H, S\}$,没有 N 类属性,LR 类属性为 $\{C, T, R\}$。计算 $(HS)_{F^+} = \{CTHRSG\}$,已经包括了 R 中的全部属性,所以唯一候选码是 HS。

　　然后判断例 9-35 中得到的分解 $R_1 = \{C, T\}, R_2 = \{C, S, G\}, R_3 = \{H, R, T\}, R_4 = \{C, H, R\}, R_5 = \{H, S, R\}$ 是否包括了该候选码,发现 R_5 包括了候选码,所以分解结果不变。

例 9-37　设有关系模式 $R(U, F)$,属性集 $U = \{A, B, C, D, E, P\}$,函数依赖集为 $F = \{C \rightarrow B, E \rightarrow D, D \rightarrow B, B \rightarrow D, BC \rightarrow D, DC \rightarrow A\}$,求 R 的一个满足 3NF 的无损连接和函数依赖保持的分解。

　　解:

　　首先确定 F 的最小函数依赖集为 $F_m = \{C \rightarrow B, E \rightarrow D, D \rightarrow B, B \rightarrow D, C \rightarrow A\}$。

　　根据算法 9-6 求出满足 3NF 的函数依赖保持的分解为 $\{CBA, DE, BD, P\}$。

　　求关系模式 R 的候选码。L 类属性有 $\{CE\}$,N 类属性是 $\{P\}$,LR 类属性有 $\{BD\}$。计算 $(CEP)_{F^+} = \{ABCDEP\}$,已经包括了 R 中的全部属性,所以唯一候选码是 CEP。

　　在上面的分解中并不包括候选码 CEP,因此,最终满足 3NF 的无损连接和函数依赖保持的分解结果是 $\{CBA, DE, BD, CEP\}$。

9.6　练　习　题

1. 指出下列关系模式属于第几范式,并说明理由。

(1) $R(X, Y, Z)$, $F = \{XY \rightarrow Z\}$

(2) $R(X,Y,Z),F=\{Y\rightarrow Z,XZ\rightarrow Y\}$

(3) $R(X,Y,Z),F=\{Y\rightarrow Z,Y\rightarrow X,X\rightarrow YZ\}$

2. 设有关系模式 $R(U,F)$，属性集 $U=\{A,B,C,D\}$，F 是 R 上成立的函数依赖集，$F=\{A\rightarrow B,C\rightarrow B\}$，试写出关系模式 R 的候选码，并说明理由。

3. 设有关系模式 $R(U,F)$，属性集 $U=\{A,B,C,D,E\}$，R 的函数依赖集 $F=\{AB\rightarrow D,B\rightarrow CD,DE\rightarrow B,C\rightarrow D,D\rightarrow A\}$

(1) 计算 $(AB)_F^+$，$(AC)_F^+$，$(DE)_F^+$；

(2) 求 R 的所有候选码；

(3) 求 F 的最小覆盖。

4. 设有关系模 $R(U,F)$，属性集 $U=\{A,B,C,D\}$，R 的函数依赖集 $F=\{A\rightarrow C,C\rightarrow A,B\rightarrow AC,D\rightarrow AC,BD\rightarrow A\}$，求 F 的最小函数依赖集。

5. 图 9-26 中输出的关系 R 为第几范式？是否存在操作异常？如何分解为高一级范式？分解完成后，是否可避免分解前关系 R 中本来存在的操作异常？

工程号	材料号	数量	开工日期	完工日期	价格
$P1$	$M1$	5	1802	1809	2500
$P2$	$M2$	8	1802	1809	3000
$P2$	$M3$	23	1802	1809	12000
$P3$	$M2$	6	1810	1912	2800
$P3$	$M4$	54	1810	1912	55000

图 9-26 关系 R

6. 设有关系模式 $R(U,F)$，属性集 $U=\{A,B,C,D\}$，R 的函数依赖集 $F=\{A\rightarrow C,C\rightarrow A,B\rightarrow AC,D\rightarrow AC,BD\rightarrow A\}$，求 F 的最小覆盖集。

7. 设关系模式 $R(U,F)$，属性集 $U=\{A,B,C\}$，F 是 R 上成立的函数依赖集，$F=\{C\rightarrow A,B\rightarrow C\}$，$\rho=\{AB,AC\}$，判断 ρ 是否具有"无损连接性"和"函数依赖性"。

8. 设有关系模式 $R(U,F)$，属性集 $U=\{A,B,C,D,E\}$，R 的函数依赖集 $F=\{AB\rightarrow C,C\rightarrow D,D\rightarrow E\}$。判断分解 $\rho=\{R_1(A,B,C),R_2(C,D),R_3(D,E)\}$ 是否为无损连接分解。并且：

(1) 求 R 的所有候选码；

(2) 求 F 的最小覆盖；

(3) 将 R 分解为 3NF 并具有"无损连接性"和"函数依赖保持性"。

9. 假定要构造一个数据库，属性集为 $\{A,B,C,D,E,F,G\}$，给定的函数依赖集 $F=\{BCD\rightarrow A,BC\rightarrow E,A\rightarrow F,F\rightarrow G,C\rightarrow D,A\rightarrow G\}$。求：

(1) R 的一个满足 3NF 的函数依赖保持分解；

(2) R 的一个满足 3NF 的无损连接和函数依赖保持的分解。

第 10 章

关系数据库设计

学习目标：

- 了解数据库设计的原则和基本步骤
- 掌握数据流图和数据字典的功能和要素
- 能够根据需求分析结果进行 E-R 图设计
- 掌握 E-R 图向逻辑模型的转换规则
- 了解物理结构设计的关键要素

10.1　数据库设计概述

数据库设计是指对于一个给定的应用环境，构造最优的数据库模式，建立数据库及其应用系统，使之能够有效地存储数据，满足各种用户的应用需求，包括信息管理需求和数据操作需求。

（1）信息管理需求表示一个组织所需要的数据及其结构，该部分的数据库设计是将应用系统所要用到的所有信息描述成实体、属性及实体间的联系，主要用来描述数据之间的联系。

（2）数据操作需求表示对数据对象需要进行哪些操作，如查询、增加、删除、修改等。

信息管理需求表达了对数据库的内容及结构的要求，是静态要求；数据操作需求表达了基于数据库的数据处理要求，是动态要求。

由于数据库系统的复杂性及其与环境联系的密切性，数据库设计成为一个困难、复杂和费时的过程。大型数据库设计和实施涉及多学科的综合与交叉，是一项开发周期长、耗资巨大、风险较高的工程，因此，一个从事数据库设计的专业人员至少应该具备以下几方面技术和知识：

（1）计算机科学的基础知识与程序设计的方法和技巧；

（2）软件工程的原理和方法；

（3）数据库的基本知识和数据库设计技术；

（4）应用领域的知识。

10.1.1　数据库设计的原则

数据库设计是一个关键的步骤,它决定了数据库如何组织和存储数据,因此需要遵循以下基本原则来确保数据库的有效性、可扩展性和性能。

(1) 数据库规范化。遵循数据库规范化原则,将数据分解为逻辑上相关的表,以减少数据冗余和提高数据的一致性。通常使用关系规范化理论来衡量和规范数据。

(2) 数据完整性。数据库应能对各种原始数据的格式和内容进行存储和管理,对数据的存储和管理不依赖于某个特定的软件系统,能满足信息管理需求和数据操作需求,同时确保数据库中的数据是可用的、准确的、安全的。

(3) 数据一致性。在数据库中建立一致性规则,以确保数据符合预期的格式和值,没有语义冲突和值冲突。这包括使用数据类型、默认值和检查约束等操作来避免不必要的数据冗余,以减少存储空间被占用和维护的复杂性。合理地存储重复数据,并使用关联来获取需要的信息。

(4) 数据可扩展性。随着新数据源的出现和用户需求的增加,今后数据库所包含的数据种类可能会比现在更多,因此这要求系统具有一定的可扩展性。这包括合适的索引、表分区和性能优化。

(5) 数据安全性。确保数据库中的数据得到适当的保护。使用访问控制、身份验证和授权操作来限制对数据库的访问。

(6) 检索和管理的高效性。数据库系统的重点是对数据的管理和数据的提供,因此如何高效地实现"知道在什么地方、有什么数据、迅速提取数据并加工成用户所要求的产品"是进行系统设计时考虑的一个主要因素。优化数据库查询和操作以提高性能,这包括创建适当的索引、使用合适的查询语句和监控数据库的性能。

(7) 数据备份和恢复策略。记录数据库设计的详细信息,包括表结构、关系图、索引和数据字典,以便团队合作和维护数据库。制订数据备份和恢复策略,以确保在发生故障或数据丢失时能够迅速恢复数据。

(8) 合理的命名规范。使用清晰、一致和具有描述性的命名规范来命名数据库对象,以提高代码的可读性和可维护性。

这些原则可以帮助确保数据库设计的质量和可维护性,并满足应用程序的需求。具体的数据库设计原则可能会根据项目的特定需求和技术选择而有所不同。

10.1.2　数据库设计的工具

数据库工作者和数据库厂商一直在研究和开发数据库设计工具,辅助人们进行数据库设计,该工具称为 CASE(computer aided software engineering,计算机辅助软件工程)。这些工具旨在帮助数据库设计师和开发人员更有效地进行数据库设计、开发和维护,提供一系列功能和工具,以简化数据库工程的不同阶段。CASE 工具在数据库设计中有很多用途,包括数据建模、图形化设计、代码生成、文档化和性能优化等。

CASE 工具通常提供以下一些主要功能。

（1）数据建模：允许设计师创建和编辑数据库模型，包括实体-关系图、表结构、关联和约束。

（2）图形化设计：提供可视化界面，使用户能够以图形方式设计和调整数据库架构，而不需要直接编写 SQL。

（3）自动生成代码：根据设计模型自动生成数据库架构的创建脚本，以及用于应用程序开发的数据访问代码。

（4）版本控制：支持版本控制和团队协作，允许多个设计师同时合作并跟踪数据库设计的变化。

（5）文档化：生成数据库文档，包括表和字段描述、关系图、数据字典等，以便于开发和维护。

（6）性能分析和优化：提供性能分析工具，帮助设计师识别潜在的性能瓶颈，并提供优化建议。

（7）反向工程：允许从现有数据库中反向生成数据库模型，以便进行分析和修改。

（8）数据字典管理：维护数据库中的元数据，包括表、字段、数据类型和约束的信息。

（9）数据库比较和同步：比较不同数据库实例之间的结构差异，并支持将它们同步以保持一致性。

一些常见的 CASE 工具包括 ER/Studio、IBM Data Architect、Oracle SQL Developer Data Modeler、SAP Power Designer 等。

（1）ER/Studio。ER/Studio 是一款强大的数据库建模和设计工具，由 Embarcadero Technologies 开发。它旨在帮助数据库设计师、开发人员和数据架构师更轻松地进行数据建模、数据库设计和文档化工作。ER/Studio 支持多种数据库平台，包括关系型数据库、NoSQL 数据库和大数据平台，允许用户创建和编辑数据库模型，以可视化方式表示数据库架构，并且提供了性能优化工具，也支持从现有数据库中反向生成数据库模型，允许分析和修改现有架构。

（2）IBM Data Architect。IBM Data Architect 是 IBM 公司开发的数据库建模和设计工具，是一种协作式企业数据建模和设计解决方案，旨在简化和加速商业智能、主数据管理和面向服务架构计划的集成设计。该工具支持多种数据库平台，包括 IBM DB2、Oracle、Microsoft SQL Server、MySQL 等主流关系型数据库系统。IBM Data Architect 是一个功能强大的数据库建模和设计工具，适用于大型和复杂的数据库项目，尤其是在使用 IBM DB2 数据库的环境中。

（3）Oracle SQL Developer Data Modeler。Oracle SQL Developer Data Modeler 是由 Oracle 公司开发的数据库建模工具，旨在帮助数据库设计师、开发人员和数据架构师创建、维护和进行文档化数据库设计。它是 Oracle SQL Developer 套件的一部分，具有数据建模、多平台支持、自动生成脚本、版本控制、性能优化等功能,适用于各种数据库项目,特别是在使用 Oracle 数据库的环境中。

（4）SAP Power Designer。SAP 公司的 Power Designer 是一个 CASE 工具集,它提供了一个完整的软件开发解决方案。在数据库系统开发方面,能同时支持数据库建模和应用开发。其中 Process Analyst 是数据流图 DFD 设计工具,用于需求分析;Data Architect 是数据库概念设计工具和逻辑设计工具;App Modeler 是客户程序设计工具,可以快速生成客户端程序（如 Power Builder、Visual Basic、Delphi 等程序）;Warehouse Architect 是数据仓库设计工具;Meta Works 用于管理设计元数据,以便建立可共享的设计模型。

10.1.3 数据库设计的步骤

数据库的设计按规范化设计方法包括需求分析、概念结构设计、逻辑结构设计、物理结构设计、数据库实施以及数据库运行和维护 6 个阶段。其中,需求分析和概念结构设计独立于任何数据库管理系统,逻辑结构设计和物理结构设计与选用的数据库管理系统密切相关。

（1）需求分析。进行数据库设计首先必须准确了解和分析用户需求（包括数据与处理）。需求分析是整个设计过程的基础,也是最困难,最耗时的一步。需求分析是否做得充分和准确,决定了在其上构建数据库大厦的速度与质量。需求分析做得不好,会导致整个数据库设计返工重做。

需求分析的任务,是通过详细调查现实世界要处理的对象,充分了解原系统工作概况,明确用户的各种需求,然后在此基础上确定新的系统功能。新系统还得充分考虑今后可能的扩充与改变,不只是能够按当前应用需求来设计。

（2）概念结构设计。概念结构设计是整个数据库设计的关键,它通过对用户需求进行综合、归纳与抽象,形成一个独立于具体 DBMS 的概念模型,一般使用 E-R 模型,是对现实世界的可视化描述,属于信息世界,是逻辑结构设计的基础。

设计概念结构通常有自顶向下、自底向上、逐步扩张和混合策略四类方法。

① 自顶向下。即首先定义全局概念结构的框架,再逐步细化。

② 自底向上。即首先定义各局部应用的概念结构,然后再将它们集成起来,得到全局概念结构。

③ 逐步扩张。首先定义最重要的核心概念结构,然后向外扩张,以滚雪球的方式逐步生成其他的概念结构,直至总体概念结构。

④ 混合策略。即自顶向下和自底向上相结合。

（3）逻辑结构设计。将概念结构设计的概念模型转化为数据库的逻辑模式,即适应于某种特定 DBMS 所支持的逻辑数据模型,并对其进行优化。与此同时,还需为各种数据处理应用领域产生相应的逻辑子模式。这一步设计的结果是"逻辑数据库"。

（4）物理结构设计。根据特定 DBMS 所提供的、依赖于具体计算机结构的多种存储结构和存取方法等,对具体的应用任务选定最合适的物理存储结构（包括文件类型、索引结构和数据的存放次序等）、存取方法和存取路径等，建立数据库物理模式（内模式）。这一步设计的结果是"物理数据库"。

（5）数据库实施。在逻辑结构、物理结构设计的基础上，收集数据并建立一个具体数据库，运行一些典型的应用任务，来验证数据库设计的正确性和合理性。当发现问题时，可能需要返回到前面的步骤进行修改。

（6）数据库的运行和维护。经过试运行后即可正式投入运行，在运行过程中必须不断对其进行评估、调整与修改。数据库设计是一种动态和不断完善的运行过程，运行和维护阶段开始，并不意味着设计过程的结束，一般一个大型数据库的设计过程往往需要经过多次循环反复。因此，在做上述数据库设计时，就应考虑到今后修改设计的可能性和方便性。任何一个哪怕只有细微的结构改变，都可能会引起对物理结构的调整、修改，甚至物理结构的完全改变，因此数据库运行和维护阶段是保证数据库日常活动的一个重要阶段。

参与数据库设计的人员包括三类。

（1）系统分析人员和数据库设计人员：是数据库设计的核心人员，将自始至终参与数据库设计，其水平决定了数据库系统的质量。

（2）数据库管理员和用户代表：主要参加需求分析与数据库的运行和维护。

（3）应用开发人员（包括程序员和操作员）：在实施阶段参与进来，分别负责编制程序和准备软硬件环境。

10.2 需 求 分 析

需求分析简单地说就是分析用户的要求，是设计数据库的起点。需求分析结果是否准确反映用户的实际要求，将直接影响到后面各阶段的设计，并影响到设计结果是否合理和实用。

10.2.1 需求分析的任务

需求分析的任务是通过详细调查现实世界要处理的对象（组织、部门、企业等），充分了解原系统（手工系统或计算机系统）的工作概况，明确用户的各种需求，然后在此基础上确定新系统的功能。在用户需求分析中，除了充分考虑现有系统的需求外，还要充分考虑系统将来可能的扩充和修改，从开始就让系统具有扩展性。

调查的重点是"数据"和"处理"，通过调查、收集与分析，获得用户对数据库的如下要求。

（1）信息需求。指用户需要从数据库中获得信息的内容与性质。由信息要求可以导出数据要求，即在数据库中需要存储哪些数据。

（2）处理需求。指用户要完成的数据处理功能，处理的对象是什么，处理的方法和规则是什么，处理周期多长，处理量多大等。

（3）性能需求。指用户对新系统性能的要求，如系统的响应时间、系统的容量，以及安全性与完整性方面的要求。安全性是用来保护数据库以防止用户非法使用而造成的数据泄露、更改或者破坏。完整性则保证数据库中数据的正确性和相容性。

确定用户最终需求的难点主要在于：①用户缺少计算机知识，不能准确地表达自己的需求；②用户所提出的需求往往不断地变化；③设计人员缺少用户的专业知识，不易理解用户的真正需求，甚至误解用户的需求。因此，设计人员必须不断深入地与用户进行交流，才能逐步确定用户的实际需求。

10.2.2 需求分析的方法和过程

需求分析的目标是调查清楚用户的实际要求并进行初步分析，与用户达成共识，分析与表达这些需求。

调查用户需求的具体步骤如图 10-1 所示。

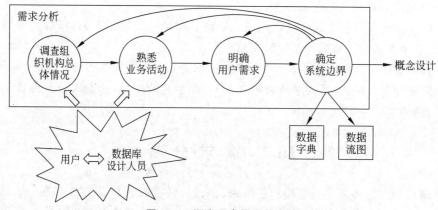

图 10-1 调查用户需求的步骤

（1）调查组织机构情况。包括了解该组织的部门组成情况、各部门的职责等，为分析信息流程做准备。

（2）熟悉各部门的业务活动情况。包括了解各部门输入和使用什么数据，如何加工处理这些数据，输出什么信息，输出到什么部门，输出结果的格式是什么等，这是调查的重点。

（3）在熟悉业务活动的基础上，协助用户明确对新系统的各种要求，包括信息需求、处理需求、性能需求。这是调查的又一个重点。

（4）确定新系统的边界。对前面调查的结果进行初步分析，确定哪些功能由计算机完成或将来准备让计算机完成，哪些活动由人工完成。由计算机完成的功能就是新系统应该实现的功能。

为了完成上述调查的内容，可以采取各种有效的调查方法，常用的调查方法如下。

（1）跟班作业。通过亲身参加业务工作来了解业务活动的情况。

（2）开调查会。通过与用户座谈来了解业务活动情况及用户需求。

（3）请专人介绍。

（4）询问。对某些调查中的问题可以找专人询问。

（5）设计调查表请用户填写。如果调查表设计得合理，那么很有效。

（6）查阅记录。查阅与原系统有关的数据记录，包括原始单据、账簿、报表等。

在进行需求分析时，要首先分析用户活动，产生业务流程图。其次确定系统范围，在和用户充分讨论的基础上，确定计算机所能进行数据处理的范围。之后，分析用户活动所涉及的数据，产生数据流图（data flow diagram，DFD），以数据流图的形式表示出数据的流向和对数据所进行的加工，可以形象地表示数据流与各业务活动的关系，它是需求分析的工具和分析结果的描述手段。此外，仅有 DFD 并不能构成需求说明书，DFD 只表示出系统由哪几部分组成和各部分之间的关系，并没有说明各个成分的含义。因此，还需要分析系统数据来产生数据字典（data dictionary，DD）。数据字典的功能是存储和检索各种数据描述（又称元数据，metadata），数据字典是数据收集和数据分析的主要成果，在数据库设计中占有很重要的地位。

10.2.3　数据流图与数据字典

由以上需求分析的过程可知，数据流图和数据字典是需求分析中的两个重要工具。

1. 数据流图

数据流图是一种用于表示系统、子系统、模块或过程之间数据流动和处理的图形化工具。它在数据库设计和系统分析中非常有用，可以帮助设计师和分析师理清数据流程，确定数据的来源、去向和处理方式。数据流图的主要目的是帮助理解系统的功能和数据流动，以便更好地规划数据库结构和应用程序设计。

数据流图的要素包括外部实体、加工、数据流和数据存储。

（1）外部实体表示与系统进行交互的外部组件，例如用户、另一个系统或设备。它通常用矩形图标表示，并用名字标识，例如"客户"，描述一个输入源点或输出汇点。

（2）加工或者称为"过程"，表示对数据进行处理的功能或操作。它通常用椭圆形图标表示，并用描述性的名字标识，例如"登记订单"或"计算总额"。

（3）数据流表示数据在不同过程之间流动的路径。它通常用箭头线表示，箭头指向数据流的流向。数据流有标签，描述数据的内容，例如"订单信息"。

（4）数据存储表示数据的持久化位置，通常是数据库表或文件。它用上下两条横线图标表示，通常包括表名或文件名。

画 DFD 分两个步骤。

① 首先画系统的输入输出，即先画出顶层数据流图。顶层数据流图只包含一个加工，用以表示被开发的系统，然后考虑该系统有哪些输入数据、输出数据。顶层图的作用在于表明被开发系统的范围以及它和周围环境的数据交换关系。

② 画系统内部结构，即画下层数据流图。不能再分解的加工称为基本加工。一般将层

号进行编号,采用自顶向下,由外向内的原则。画一层数据流图时,分解顶层流图的系统为若干子系统,确定每个子系统间的数据接口和活动关系。

例 10-1 有如下的一个简单考务处理系统,要求完成以下工作。

(1) 对考生送来的报名单进行检查;

(2) 对合格的报名单编好准考证号后将准考证送给考生,并将汇总后的考生名单送给阅卷站;

(3) 对阅卷站送来的成绩单进行检查,并根据考试中心制定的合格标准审定合格者;

(4) 制作考生通知单(含成绩及合格/不合格标志)送给考生;

(5) 按地区进行成绩分类统计和试题难度分析,产生统计分析表。

请进行需求分析,并画出数据流图。

解:

首先画出顶层数据流图,找出上述业务过程的外部实体和数据流。外部实体有考生、考试中心、阅卷站。数据流包括报名单、准考证、考生通知单、统计分析表、合格标准、考试名单、成绩单等。得到的顶层数据流图如图 10-2 所示。

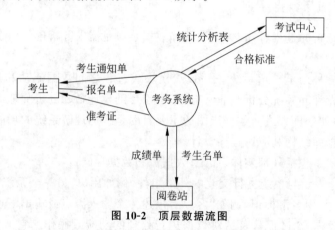

图 10-2 顶层数据流图

其次,将顶层数据流图分解为两个加工过程:检验报名单、分析成绩,得到的一层数据流图如图 10-3 所示。

然后,继续将一层数据流图分解为多个子系统,得到二层数据流图,两个子系统分别如图 10-4 和图 10-5 所示。

2. 数据字典

数据字典是将数据流图中各个要素的具体内容和特征以特定格式记录下来所形成的文档,是指对数据的数据项、数据结构、数据流、数据存储、处理逻辑等进行定义和描述,其目的是对数据流图中的各个元素做出详细的说明。简而言之,数据字典是描述数据的信息集合,是对系统中使用的所有数据元素的定义的集合。

数据字典最重要的作用是作为需求分析阶段的工具。在结构化分析中,数据字典的作

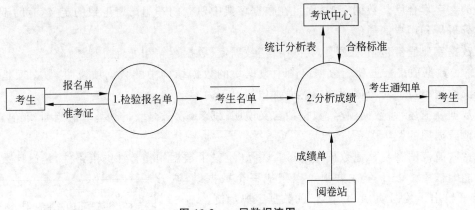

图 10-3 一层数据流图

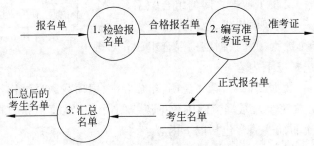

图 10-4 二层数据流图的子系统(1)

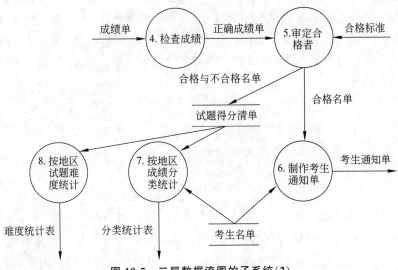

图 10-5 二层数据流图的子系统(2)

用是给数据流图上每个成分加以定义和说明。换句话说,数据流图上所有的成分的定义和解释的文字集合就是数据字典,而且在数据字典中建立的一组严密一致的定义,有助于改进需求分析员和用户的通信。

数据字典通常包括数据项、数据结构、数据流、数据存储和处理过程 5 部分。

（1）数据项。数据项指数据流图中数据块的数据结构中的数据项说明,数据项是不可再分的数据单位。对数据项的描述通常包括以下内容:

数据项描述＝｛数据项名,数据项含义说明,别名,数据类型,长度,取值范围,取值含义,与其他数据项的逻辑关系｝

其中,"取值范围""与其他数据项的逻辑关系"定义了数据的完整性约束条件,是设计数据检验功能的依据。若干个数据项可以组成一个数据结构。图 10-6 给出了数据项"考生编号"的数据字典示例。

（2）数据结构。数据结构指数据流图中数据块的数据结构说明,数据结构反映了数据之间的组合关系。一个数据结构可以由若干个数据项组成,也可以由若干个数据结构组成,或由若干个数据项和数据结构混合组成。对数据结构的描述通常包括以下内容:

```
名称：考生编号
描述：参加考试的考生的唯一标号
别名：
类型：字符型
说明：使用学生报名时的编号
```

图 10-6　数据项示例

数据结构描述＝｛数据结构名,含义说明,组成:｛数据项或数据结构｝｝

（3）数据流。数据流是对数据流图中数据流线的说明。数据流是数据结构在系统内传输的路径。对数据流的描述通常包括以下内容:

数据流描述＝｛数据流名,说明,数据流来源,数据流去向,组成:｛数据结构｝,平均流量,高峰期流量｝

其中,"数据流来源"是说明该数据流来自哪个过程,即数据的来源。"数据流去向"是说明该数据流将到哪个过程去,即数据的去向。"平均流量"是指在单位时间（每天、每周、每月等）里的传输次数。"高峰期流量"则是指在高峰时期的数据流量。图 10-7 给出了数据流"成绩单"的数据字典示例。

```
名称：成绩单
描述：考生的成绩列表
数据流来源：阅卷站
数据流云向：检查成绩功能模块
组成：考生编号，考试科目，考试时间，成绩，是否通过
平均流量：每天传输600次
高峰期流量：一天传输2000次
```

图 10-7　数据流示例

（4）数据存储。数据存储指数据流图中数据块的存储特性说明。数据存储是数据结构停留或保存的地方,也是数据流的来源和去向之一。对数据存储的描述通常包括以下内容:

数据存储描述＝｛数据存储名,说明,编号,流入的数据流,流出的数据流,组成:｛数据

结构},数据量,存取方式}

其中,"数据量"是指每次存取多少数据,每天(或每小时、每周等)存取几次等信息。"存取方法"包括是批处理还是联机处理、是检索还是更新、是顺序检索还是随机检索等。另外"流入的数据流"要指明其来源,"流出的数据流"要指明其去向。

(5)处理过程。处理过程是对数据流图中"加工"模块的说明,在数据字典中只需要描述处理过程的说明性信息,通常包括以下内容:

处理过程描述={处理过程名,说明,输入数据流,输出数据流,处理:{简要说明}}

其中,"简要说明"中主要说明该处理过程的功能及处理要求。功能是指该处理过程用来做什么,不是怎样做。处理要求包括处理频度要求,如单位时间里处理多少事务、多少数据量,响应时间要求等,这些处理要求是后面物理设计的输入及性能评价的标准。图 10-8 给出了处理过程中"审定合格者"的数据字典示例。

名称:审定合格者
描述:筛选出符合标准/通过考试的考生
输入数据流:正确成绩单、合格标准
输出数据流:合格与不合格名单
处理:比对正确成绩单上每位学生的成绩与合格标准,达到标准的标记为合格,放到合格名单中,剩余的放入不合格名单中。单位时间内要能处理1000条数据记录

图 10-8　处理过程示例

数据字典是关于数据库中数据的描述,即元数据,并不是数据本身。数据本身将存放在物理数据库中,由 DBMS 管理。数据字典有助于对这些数据的进一步管理和控制,为设计人员和数据库管理员在数据库设计、实现、运行和维护阶段控制有关的数据提供依据。

10.3　概念结构设计

概念结构设计是对现实世界的抽象和模拟,是在对用户需求描述与分析的基础上,把数据流图和数据字典提供的信息作为输入,设计人员运用信息模型工具,发挥综合抽象能力,对目标进行描述,并以用户能理解的形式表达信息。这种结构设计之所以称为"概念",是因为它仅由表示现实世界中的实体及其联系的抽象数据形式定义,不涉及计算机软件和硬件环境,与 DBMS 和任何其他的物理特性无关。

概念模型的表示方法有很多,其中最常用的是 1976 年提出的实体-联系方法(entity-relationship approach, E-R 方法),该方法用 E-R 图表示概念模型,在第 1 章有关于 E-R 图的基本概念介绍。

概念模型的主要特点包括以下几点。

(1)能真实、充分地反映现实世界,包括事物和事物之间的联系,是现实世界的一个真实模型。

(2)易于理解,可以用它与不熟悉计算机的用户交换意见。

(3)易于更改,当应用环境和应用要求改变时容易对概念模型进行修改和扩充。

(4)易于向关系、网状、层次等各种数据模型转换。

10.3.1　概念结构设计的方法

设计概念结构通常可采用以下几种方法。

（1）自顶向下法。自顶向下法又称为集中式模式设计法。首先定义全局的概念结构的框架，然后逐步细化。

（2）自底向上法。自底向上法又称视图集成法。以各部分的需求说明为基础，分别设计各自的局部模式，然后将局部的概念结构集成全局的概念结构。

（3）混合方法。混合方法是将自顶向下方法和自底向上方法相结合，用自顶向下的方法设计一个全局的概念结构的框架，再用自底向上方法设计各个局部的概念结构，最后形成总体的概念结构。

（4）逐步扩张法。逐步扩张法又称由内向外法。首先定义最重要的核心概念结构，然后以核心概念结构为中心，向外部扩充，考虑已存在概念附近的新概念使得建模过程向外扩展，直至形成全局的概念结构。使用该策略，可以先确定模式中比较明显的一些实体类型，然后继续添加其他相关的实体类型。

具体采用以上的哪种方法，与需求分析方法相关。其中比较常用的方法是自底向上的设计方法，根据各个模块的子需求设计局部 E-R 图，然后再集成为全局 E-R 图。

10.3.2　局部 E-R 图设计

E-R 图提供了表示实体、属性和联系的方法。实体用矩形表示，矩形框内写明实体名。属性用椭圆形表示，并用无向边将其与相应的实体连接起来。联系用菱形表示，菱形框内写明联系名，并用无向边分别与有关实体连接起来，同时在无向边旁标上联系的类型例如（1：1、1：n、n：m）。下面通过一个实例回顾一下如何根据需求描述画出 E-R 图。

例 10-2　画出某个工厂物资管理的概念模型。物资管理涉及的实体如下。

仓库：属性有仓库号、面积、电话号码。

零件：属性有零件号、名称、规格、单价、描述。

供应商：属性有供应商号、姓名、地址、电话号码、账号。

项目：属性有项目号、预算、开工日期。

职工：属性有职工号、姓名、年龄、职称。

这些实体之间的联系如下。

（1）一个仓库可以存放多种零件，一种零件可以存放在多个仓库中。因此仓库和零件具有多对多的联系。用库存量来表示某种零件在某个仓库中的数量。

（2）一个仓库有多个职工当仓库保管员，一个职工只能在一个仓库工作。因此仓库和职工之间是一对多的联系。

（3）职工之间具有领导与被领导关系，即仓库主任领导若干保管员。因此职工实体中具有一对多的联系。

（4）供应商、项目和零件三者之间具有多对多的联系，即一个供应商可以供给若干项目多种零件，每个项目可以使用不同供应商供应的零件，每种零件可由不同供应商供给。

解：

第一步，画出该场景下涉及的实体及其属性图，如图 10-9 所示。

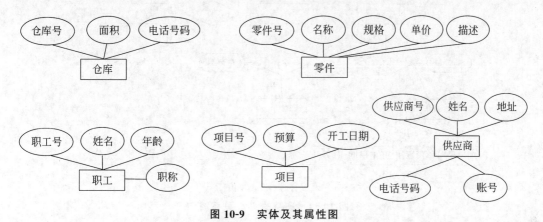

图 10-9　实体及其属性图

第二步，画出实体之间的联系，如图 10-10 所示。

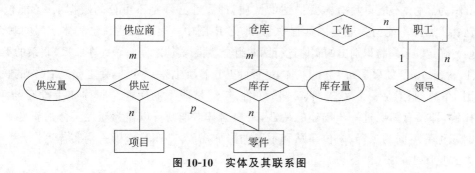

图 10-10　实体及其联系图

第三步，将属性图与联系图合并，得到最终完整的实体-联系图，见图 10-11。

局部 E-R 图设计一般包括 4 个步骤：确定范围、识别实体、定义属性、确定联系。

（1）确定范围。范围是指局部 E-R 图设计的范围。范围划分要自然、便于管理，可以按业务部门或业务主题划分。与其他范围界限比较清晰，相互影响比较小。范围大小要适中，实体控制在 10 个左右。

（2）识别实体。在确定的范围内寻找和识别实体，确定实体的码。在数据字典中按人员、组织、物品、事件等寻找实体。找到实体后，给实体起一个合适的名称，并根据实体的特点标识实体的码。

（3）定义属性。属性用来描述实体的特征和组成，也是分类的依据。相同实体应该具有相同数量的属性、名称和数据类型。实体和属性之间没有严格的划分，但为了简化 E-R

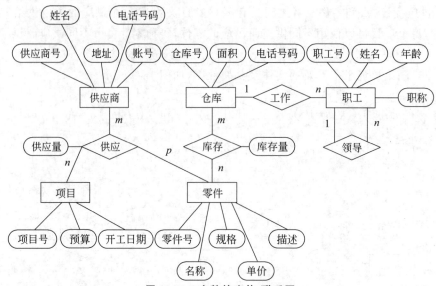

图 10-11 完整的实体-联系图

图的处置,现实世界的事物能作为属性对待的,尽量作为属性对待。定义属性的基本原则是:①作为属性,不能再具有需要描述的性质,即属性必须是不可分的数据项,不能包含其他属性;②属性不能与其他实体具有联系,即 E-R 图中所表示的联系是实体之间的联系。

(4)确定联系。将识别出的实体进行两两组合,判断实体之间是否存在联系,联系的类型是 $1:1$、$1:n$、$m:n$。如果是 $m:n$ 的实体,是否可以分解,增加关联实体,使之成为 $1:n$ 的联系。

例 10-3 职工是一个实体,职工号、姓名、年龄是职工的属性。职称如果没有与工资、福利挂钩,即没有需要进一步描述的特性,则根据基本准则可以作为职工实体的属性。如果不同的职称有不同的工资、岗位津贴和不同的附加福利,则职称作为一个实体更恰当。两种表示方式见图 10-12。

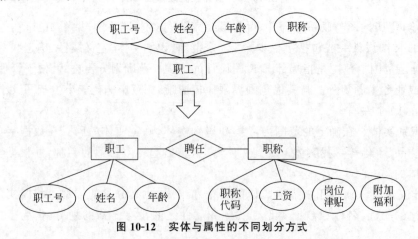

图 10-12 实体与属性的不同划分方式

例 10-4　请设计销售管理子系统的 E-R 图。该子系统的主要功能如下:

(1) 处理顾客和销售员送来的订单;

(2) 工厂是根据订货安排生产的;

(3) 交出货物同时开出发票;

(4) 收到顾客付款后,根据发票存根和信贷情况进行应收款处理。

参照需求分析和数据字典中的详尽描述,遵循前述的设计步骤及实体和属性划分的基本准则,进行如下调整。

(1) 每张订单由订单号、若干头信息和订单细节组成。订单细节又有订货的零件号、数量等来描述。按照第(2)条准则,订单细节就不能作为订单的属性处理而应该上升为实体。一张订单可以订若干产品,所以订单与订单细节两个实体之间是 $1:n$ 的联系。

(2) 原订单和产品的联系实际上是订单细节和产品的联系。每条订货细节对应一个产品描述,订单处理时从中获得当前单价、产品重量等信息。

(3) 工厂对大宗订货给予优惠。每种产品都规定了不同订货数量的折扣,应增加一个"折扣规则"实体存放这些信息,而不应把它们放在产品实体中。

对每个实体定义的属性如下:

顾客:{顾客号,顾客名,地址,电话,信贷状况,账目余额}

订单:{订单号,顾客号,订货项数,订货日期,交货日期,工种号,生产地点}

订单细则:{订单号,细则号,产品号,订货数,金额}

应收账款:{顾客号,订单号,发票号,应收金额,支付日期,支付金额,当前余额,货款限额}

产品:{产品号,产品名,单价,重量}

折扣规则:{产品号,订货量,折扣}

根据以上属性可以画出销售管理子系统的局部 E-R 图如图 10-13 所示。

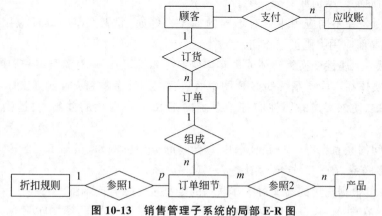

图 10-13　销售管理子系统的局部 E-R 图

10.3.3　全局 E-R 图设计

局部 E-R 图设计好后,下一步就是将所有的局部 E-R 图集成起来,形成一个全局 E-R 图。集成方法分为一次集成和逐步集成两种。一次集成是指一次将所有的局部 E-R 图综合起来,形成总的 E-R 图,这种方法比较复杂,难度比较大,适用于局部视图比较简单的情况。逐步集成是指一次将两个或几个局部 E-R 图综合,逐步形成总的 E-R 图,这种方法难度相对较小,更常用。

无论采用哪种集成方法,一般都需要分以下两步。

(1) 合并。解决各局部 E-R 图之间的冲突,将局部 E-R 图合并起来生成初步 E-R 图。

(2) 修改和重构。消除不必要的冗余,生成基本 E-R 图。

下面对这两个步骤进行详细讲解。

1. 合并 E-R 图,生成初步 E-R 图

各个局部应用所面向的问题不同,各个子系统的 E-R 图之间必定会存在许多不一致的地方,称之为冲突。各子系统的 E-R 图之间的冲突包括属性冲突、命名冲突和结构冲突。

(1) 属性冲突。一种情况是属性域冲突,即属性值的类型、取值范围或取值集合不同。例如零件号,有的部门把它定义为整数,有的部门把它定义为字符型。例如年龄,某些部门以出生日期形式表示职工的年龄,而另一些部门用整数表示职工的年龄。另一种情况是属性取值单位冲突。例如零件的质量有的以公斤为单位,有的以斤为单位,有的以克为单位。属性冲突理论上好解决,但实际上需要各部门讨论协商,解决起来并非易事。

(2) 命名冲突。同名异义,即不同意义的对象在不同的局部应用中具有相同的名字。异名同义(一义多名),即同一意义的对象在不同的局部应用中具有不同的名字。如把科研项目,财务科称为项目,科研处称为课题,生产管理处称为工程。命名冲突可能发生在实体、联系一级上,也可能发生在属性一级上,通过讨论、协商等行政手段加以解决。

(3) 结构冲突。结构冲突分三类。

① 同一对象在不同应用中具有不同的抽象。例如,职工在某一局部应用中被当作实体,而在另一局部应用中则被当作属性。

解决方法:把属性变换为实体或把实体变换为属性,使同一对象具有相同的抽象。

② 同一实体在不同子系统的 E-R 图中所包含的属性个数和属性排列次序不完全相同。

解决方法:使该实体的属性取各子系统的 E-R 图中属性的并集,再适当调整属性的次序。

③ 实体间的联系在不同的 E-R 图中为不同的类型。例如,实体 E1 与 E2 在一个 E-R 图中是多对多联系,在另一个 E-R 图中是一对多联系。

解决方法:根据应用的语义对实体联系的类型进行综合或调整。

例 10-5　在图 10-14(a)中零件与产品之间存在多对多的联系"构成",在图 10-14(b)中,产品、零件与供应商三者之间还存在多对多的联系"供应",这两个联系互相不能包含,则应在合并两个 E-R 图时就把它们综合起来,结果如图 10-14(c)所示。

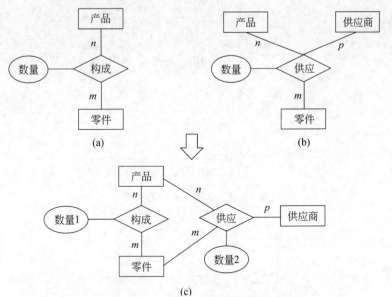

图 10-14　存在冲突的局部 E-R 图的合并过程

2. 消除冗余,设计基本 E-R 图

在初步 E-R 图中可能存在一些冗余的数据和实体间冗余的联系。冗余的数据是指可由基本数据导出的数据,冗余的联系是指可由其他联系导出的联系。冗余数据和冗余联系容易破坏数据库的完整性,给数据库的维护增加困难,应该予以消除,消除后的 E-R 图称为基本 E-R 图。

消除冗余主要采用分析方法,即以数据字典和数据流图为依据,根据数据字典中关于数据项之间逻辑关系的说明来消除冗余。并不是所有的冗余数据与冗余联系都必须加以消除,有时为了提高效率,不得不以冗余信息作为代价。

（1）用分析方法消除冗余。

如图 10-15 所示,$Q_3 = Q_1 \times Q_2$,$Q_4 = \sum Q_5$,所以 Q_3 和 Q_4 是冗余数据,可以消去,并且由于 Q_3 消去,产品与材料间 $m:n$ 的冗余联系也应消去。

（2）用规范化理论消除冗余。

首先,确定局部 E-R 图实体之间的数据依赖。实体之间一对一、一对多、多对多的联系可以用实体码之间的函数依赖来表示。例如在图 10-16 所示的局部 E-R 图中,部门和职工之间一对多的联系可表示为职工号→部门号,职工和产品之间多对多的联系可表示为(职工号,产品号)→工作天数等。于是有函数依赖集 F_L。

其次,求 F_L 的最小覆盖 G_L,差集为 $D = G_L - F_L$。逐一考查 D 中的函数依赖,确定是否是冗余的联系,若是就把它去掉。

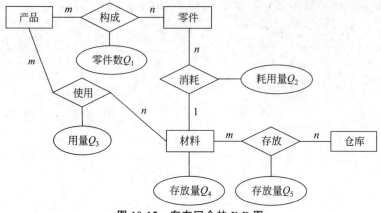

图 10-15　存在冗余的 E-R 图

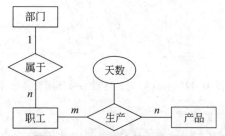

图 10-16　E-R 图中的函数依赖

由于规范化理论受到泛关系假设的限制,应注意冗余的联系一定在 D 中,而 D 中的联系不一定是冗余的;当实体之间存在多种联系时,要在形式上将实体之间的联系加以区分。

10.4　逻辑结构设计

逻辑结构设计的任务是把概念结构设计阶段设计好的基本 E-R 图转换为与选用数据库管理系统产品所支持的数据模型相符合的逻辑结构。在数据模型的选用上,网状和层次模型正在逐步淡出市场,而新型的数据模型如对象关系数据模型还没有得到广泛应用,所以一般选择关系数据模型。

基于关系数据模型的逻辑结构的设计分为 E-R 图向关系模型的转换、数据模型的优化和设计用户子模式三步。

10.4.1　E-R 图向关系模型的转换

关系模型的逻辑结构是一组关系模式的集合。E-R 图是由实体、实体的属性和实体之间的联系三个要素组成的。将 E-R 图转换为关系模型,实际上就是要将实体、实体的属性和实体之间的联系转化为关系模式。

对于实体的转换,其转换原则是:一个实体转换为一个关系模式(即 table),关系的属性就是实体的属性(即对应表的列 column),关系的码就是实体的码(即 primary key)。

对于联系的转换,需要考虑几种联系的不同情况。

(1) 一个 1∶1 联系可以转换为一个独立的关系模式,也可以与任意一端对应的关系模式合并。

① 转换为一个独立的关系模式。

关系的属性:与该联系相连的各实体的码以及联系本身的属性。

关系的候选码:每个实体的码。

② 与某一端实体对应的关系模式合并。

合并后关系的属性:加入对应关系的码和联系本身的属性。

合并后关系的码:不变。

(2) 一个 1∶n 联系可以转换为一个独立的关系模式,也可以与 n 端对应的关系模式合并。

① 转换为一个独立的关系模式。

关系的属性:与该联系相连的各实体的码以及联系本身的属性。

关系的码:n 端实体的码。

② 与 n 端对应的关系模式合并。

合并后关系的属性:在 n 端关系中加入 1 端关系的码和联系本身的属性。

合并后关系的码:不变。

第②种转换方式可以减少系统中的关系个数,因此一般情况下更倾向于采用这种方法。

(3) 一个 m∶n 联系转换为一个关系模式。

关系的属性:与该联系相连的各实体的码以及联系本身的属性。

关系的码:各实体码的组合。

(4) 三个或三个以上实体间的一个多元联系转换为一个关系模式。

关系的属性:与该多元联系相连的各实体的码以及联系本身的属性。

关系的码:各实体码的组合。

(5) 具有相同码的关系模式可合并。

目的:减少系统中的关系个数。

合并方法:将其中一个关系模式的全部属性加入到另一个关系模式中,然后去掉其中的同义属性(可能同名也可能不同名),适当调整属性的次序。

例 10-6　针对图 10-17,请将其转换为关系模型,并列出关系模型中的表格及其属性和主码。

解:

根据上述转换的基本原则,分别对 E-R 图中涉及的实体和联系进行转换,结果为:

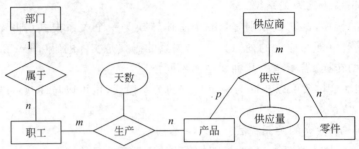

图 10-17 某工厂管理信息系统的局部 E-R 图

部门(部门号,部门名,负责人职工号,…)。

职工(职工号、部门号,姓名,职务,…)。

产品(产品号,产品名,产品组长的职工号,…)。

供应商(供应商号,姓名,…)。

零件(零件号,零件名,…)。

生产(职工号,产品号,工作天数,…)。

供应(产品号,供应商号,零件号,供应量,…)。

10.4.2 数据模型的优化

数据库逻辑设计的结果并不是唯一的。在得到初步数据模型后,还应该适当地修改、调整数据模型的结构,以进一步提高数据库应用系统的性能,这就是数据模型的优化。关系数据模型的优化通常以规范化理论为指导。

在进行数据模型的优化时,通常包括以下步骤:

(1)确定数据依赖,按需求分析阶段所得到的语义,分别写出每个关系模式内部各属性之间的数据依赖以及不同关系模式属性之间数据依赖;

(2)对于各个关系模式之间的数据依赖进行极小化处理,消除冗余的联系;

(3)按照数据依赖的理论对关系模式逐一进行分析,考查是否存在部分函数依赖、传递函数依赖、多值依赖等,确定各关系模式分别属于第几范式;

(4)根据需求分析阶段得到的处理要求,分析对于这样的应用环境这些模式是否合适,确定是否要对某些模式进行合并或分解;

(5)对关系模式进行必要的分解,提高数据操作效率和存储空间的利用率。

值得注意的是,并不是规范化程度越高的关系就越优。因为规范化程度越高的关系,连接运算就越多,而连接运算的代价相当高(可以说关系模型低效的主要原因就是由连接运算引起的)。对于查询频繁而很少更新的表,可以是较低的规范化程度,第二范式甚至第一范式也许是适合的。

非 BCNF 的关系模式虽然从理论上会存在不同程度的更新异常或冗余,但如果在实际应用中对此关系模式只是查询,并不执行更新操作,就不会产生实际影响。对于一个具体应用来说,规范化进行到什么程度,需要权衡响应时间和潜在问题两者之间的利弊才能决定。

分解的目的是提高数据操作的效率和存储空间的利用率。常用的分解方式是水平分解和垂直分解。

(1) 水平分解。水平分解指把(基本)关系的元组分为若干子集合,定义每个子集合为一个子关系,以提高系统的效率。即将一个表横向分解为两个或多个表。

在分解时,一般可以根据"80/20 原则",把经常使用的数据(约 20％)水平分解出来,形成一个子关系。水平分解为若干子关系后,使每个事务存取的数据对应一个子关系。

(2) 垂直分解。垂直分解指把关系模式 R 的属性分解为若干子集合,形成若干子关系模式。即将一个表纵向分解为两个或多个表。

分解原则是将经常在一起使用的属性从 R 中分解出来形成一个子关系模式。这样做可以提高某些事务的效率,但同时也存在缺点,可能使另一些事务不得不执行连接操作,降低了效率。是否进行垂直分解取决于分解后 R 上的所有事务的总效率是否得到了提高。

10.4.3 设计用户子模式

概念模型通过转换、优化后成为全局逻辑模型,还应该根据局部应用的需要,结合 DBMS 的特点,设计用户子模式。目前,关系数据库管理系统一般都提供了视图的概念,可以通过视图功能设计用户模式。此外,也可以通过垂直分解的方式来实现。

定义数据库全局模式主要是从系统的时间效率、空间效率、易维护等角度出发,而定义用户子模式时应该更注重考虑用户的习惯与方便。包括如下三方面。

(1) 使用更符合用户习惯的别名。

在合并各分 E-R 图时曾做了消除命名冲突的工作,使数据库系统中同一关系和属性具有唯一的名字。这在设计数据库整体结构时是非常必要的。用视图机制可以在设计用户视图时重新定义某些属性名,使其与用户习惯一致,以方便使用。

(2) 针对不同级别的用户定义不同的视图,以保证系统的安全性。

假设有关系模式产品(产品号,产品名,规格,单价,生产车间,生产负责人,产品成本,产品合格率,质量等级),可以在产品关系上建立如下两个视图。

为一般顾客建立视图:产品 1(产品号,产品名,规格,单价)。

为产品销售部门建立视图:产品 2(产品号,产品名,规格,单价,车间,生产负责人)。

(3) 简化用户对系统的使用。

如果某些局部应用中经常要使用某些很复杂的查询,为了方便用户,可以将这些复杂查询定义为视图。

10.5　物理结构设计

数据库的物理设计是从数据库的逻辑模式出发,设计一个可实现的、有效的物理数据结构。数据库在物理设备上的存储结构与存取方法称为数据库的物理结构,它依赖于选定的数据库管理系统。

数据库物理设计在关系数据库中主要指存取方法和存储结构的确定。具体地,首先对要运行的事务进行详细分析,获得选择物理数据库设计所需要的参数;其次要充分了解所用关系数据库管理系统的内部特征,特别是系统提供的存取方法和存储结构。

在选择物理数据库设计所需参数时,对于数据库查询事务,需要得到如下信息:

(1) 查询的关系;

(2) 查询条件所涉及的属性;

(3) 连接条件所涉及的属性;

(4) 查询的投影属性。

对于数据更新事务,需要得到如下信息:

(1) 被更新的关系;

(2) 每个关系上的更新操作条件所涉及的属性;

(3) 修改操作要改变的属性值。

还需要知道每个事务在各关系上运行的频率和性能要求。

关系数据库物理设计的内容主要包括为关系模式选择存取方法(建立存取路径)以及设计关系、索引等数据库文件的物理存储结构。

10.5.1　关系模式存取方法的选择

数据库系统是多用户共享的系统,为了满足用户快速存取的要求,必须选择有效的存取方法,一般数据库管理系统常用的存取方法包括 B+树索引存取方法(索引方法)、哈希索引存取方法(索引方法)和聚簇存取方法(聚簇方法)。

1. B+树索引存取方法的选择

索引是数据库表的一个附加表,存储了建立索引列的值和对应的记录地址。查询数据时,先在索引中根据查询的条件值找到相关记录的地址,然后在表中存取对应的记录,这样能加快查询速度。需要根据应用要求确定对关系的哪些属性列建立索引、哪些属性列建立组合索引、哪些索引要设计为唯一索引。

建立索引的一般规则如下:

(1) 如果一个(或一组)属性经常在查询条件中出现,则考虑在这个(或这组)属性上建立索引(或组合索引);

(2) 如果一个属性经常作为最大值或最小值等聚集函数的参数,则考虑在这个属性上建立索引；

（3）如果一个（或一组）属性经常在连接操作的连接条件中出现，则考虑在这个（或这组）属性上建立索引。

关系上定义的索引数并不是越多越好，系统为维护索引要付出代价，查找索引也要付出代价。例如，若一个关系的更新频率很高，这个关系上定义的索引数不能太多。因为更新一个关系时，必须对这个关系上有关的索引做相应的修改。

2. 哈希索引存取方法的选择

哈希存取方法的主要原理是根据查询条件的值，按哈希函数计算查询记录的地址，减少数据存取的 I/O 次数，加快存取速度。如果一个关系的属性主要出现在等值连接条件中或主要出现在等值比较选择条件中，而且满足下列两个条件之一，则此关系可以选择哈希存取方法。

（1）该关系的大小可预知，而且不变；

（2）该关系的大小动态改变，但所选用的数据库管理系统提供了动态哈希存取方法。

3. 聚簇存取方法的选择

聚簇的基本思想是为了提高某个属性（或属性组）的查询速度，把这个（或这些）属性上具有相同值的元组集中存放在连续的物理块中。该属性（或属性组）称为聚簇码（cluster key）。

一个数据库可以建立多个聚簇，但一个关系只能加入一个聚簇。选择聚簇存取方法，即确定需要建立多少个聚簇、每个聚簇中包括哪些关系。

首先设计候选聚簇，一般来说应遵循以下原则：

（1）对经常在一起进行连接操作的关系可以建立聚簇；

（2）如果一个关系的一组属性经常出现在相等比较条件中，则该单个关系可建立聚簇；

（3）如果一个关系的一个（或一组）属性上的值重复率很高，则此单个关系（或一组关系）可建立聚簇，即对应每个聚簇码值的平均元组数不能太少，太少则聚簇的效果不明显。

然后检查候选聚簇中的关系，取消以下不必要的关系：

（1）从聚簇中删除经常进行全表扫描的关系；

（2）从聚簇中删除更新操作远多于连接操作的关系；

（3）不同的聚簇中可能包含相同的关系，一个关系可以在某一个聚簇中，但不能同时加入多个聚簇。要从这多个聚簇方案（包括不建立聚族）中选择一个最优的，即在这个聚簇上运行各种事务的总代价最小。

聚簇存取方法不仅适用于单个关系，也适用于经常进行连接操作的多个关系。当通过聚簇码进行访问或连接是该关系的主要应用，且与聚簇码无关的其他访问很少或者是次要的时候可以使用聚簇。尤其当 SQL 语句中包含有与聚簇码有关的 ORDER BY、GROUP BY、UNION、DISTINCT 等子句或短语时，使用聚簇特别有利，可以简化或省去对结果集的排序操作。

必须强调的是,聚簇只能提高某些应用的性能,而且建立与维护聚簇的开销是相当大的。对已有关系建立聚簇,将导致关系中元组的物理存储位置移动,并使此关系上原来建立的所有索引无效,必须重建。当一个元组的聚簇码改变时,该元组的存储位置也要做相应移动。

10.5.2　确定数据库的存储结构

确定数据库的存储结构主要指确定数据的存放位置、合理设置系统参数,包括确定关系(表)、索引、聚簇、日志、备份等的存储安排和存储结构。

确定数据的存放位置和存储结构要综合考虑存取时间、存储空间利用率和维护代价三方面的因素。这三方面常常是相互矛盾的,因此需要进行权衡,选择一个折中方案。

(1) 确定数据的存放位置。为了提高系统性能,应该根据应用情况将数据的易变部分与稳定部分、经常存取部分和存取频率较低部分分开存放。例如,可以将比较大的表分别放在两个磁盘上,以加快存取速度,这在多用户环境下特别有效,也可以将日志文件与数据库对象(表、索引等)放在不同的磁盘上,以改进系统的性能。

(2) 确定系统配置。关系数据库管理系统产品一般都提供了一些系统配置变量和存储分配参数,供设计人员和数据库管理员对数据库进行物理优化。初始情况下,系统都为这些变量赋予了合理的默认值。但是这些值不一定适合每一种应用环境,在进行物理设计时需要重新对这些变量赋值,以改善系统的性能。

10.6　练　习　题

1. 在数据库设计中,用 E-R 图来描述信息结构但不涉及信息在计算机中的表示,它是数据库设计的(　　)阶段。

    A. 需求分析　　　　B. 概念设计　　　　C. 逻辑设计　　　　D. 物理设计

2. 在关系数据库设计中,设计关系模式是(　　)的任务。

    A. 需求分析阶段　　　　　　　　　B. 概念设计阶段

    C. 逻辑设计阶段　　　　　　　　　D. 物理设计阶段

3. 数据库概念设计的 E-R 方法中,用属性描述实体的特征,属性在 E-R 图中,用(　　)来表示。

    A. 矩形　　　　　　B. 四边形　　　　　C. 菱形　　　　　　D. 椭圆形

4. 从 E-R 模型关系向关系模型转换时,一个 $m:n$ 联系转换为关系模型时,该关系模式的关键字是(　　)。

    A. m 端实体的关键字

    B. n 端实体的关键字

    C. m 端实体关键字与 n 端实体关键字组合

D. 重新选取其他属性

5. 概念模型独立于(　　　)。

A. E-R 模型

B. 硬件设备和 DBMS

C. 操作系统和 DBMS

D. DBMS

6. 数据流程图(DFD)是用于描述结构化方法中(　　　)阶段的工具。

A. 可行性分析　　　　B. 详细设计　　　　C. 需求分析　　　　D. 程序编码

7. 某教务管理系统的局部 E-R 图如图 10-18 所示,请把 E-R 图转换成关系模式,列出所有的关系(即表),以及每个关系的列和主码。

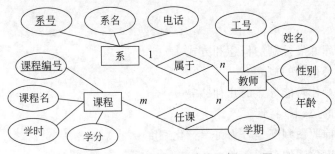

图 10-18　某教务管理系统的局部 E-R 图

第 11 章

数据库安全与保护

学习目标：

- 掌握数据库并发控制的概念和方式
- 了解活锁与死锁的概念
- 掌握并发操作可能导致的几种冲突
- 掌握事务的 ACID 特性
- 能够使用前驱图判断是否为可串行化调度
- 了解数据库故障的分类

相较于文件系统，数据库系统最重要的特点之一就是共享性好。在数据库系统中运行的最小逻辑工作单位是"事务"，所有对数据库的操作都要以事务为一个整体单位来执行或撤销。当多个用户共享地使用数据库时，就产生了并发操作，会发生多个事务同时操作同一数据的情况。若不对并发操作加以控制，就可能发生读取或写入不正确数据的情况，从而破坏数据的一致性，所以数据库管理系统必须提供并发控制机制。本章首先介绍事务的相关概念和特性，以此为基础讨论数据库的并发控制和恢复。

11.1 事 务 管 理

11.1.1 事务的概念

事务(transaction)是访问并可能更新各种数据项的一个程序执行单元(unit)。当涉及数据库操作时，事务是一组被视为单个逻辑单元的操作，这些操作要么全部完成，要么全部不完成。因此，如果一个事务开始执行，无论任何原因出现了故障，事务对数据库所做的任何可能的修改都必须被撤销。无论事务本身是否故障，或者操作系统崩溃，或者计算机本身停止运行，这项要求都要满足。所以，事务确保数据库在各种故障情况下仍然保持一致性和可靠性。

事务和程序是两个不同的概念，一个程序中可以包含多个事务。下面对事务举例说明。

银行转账：假设你从一个账户向另一个账户转账，事务包括从一个账户扣除金额并将相同金额添加到另一个账户。如果扣款成功但添加失败,整个事务会回滚,确保不会丢失资金。

航班预订:当旅客预订航班时,系统必须从可用座位数中减去相应数量的座位。如果在此期间发生故障,事务将回滚,确保座位数保持准确。

在线购物:用户在网上购物时,将商品添加到购物车,然后进行结账。结账涉及从库存中减去商品数量,并创建订单。如果库存减少成功但订单创建失败,事务将回滚,以防止库存和订单不匹配。

学生成绩录入:老师录入学生成绩时,系统将成绩与学生关联并存储在数据库中。如果录入学生成绩的操作成功但与之相关的学生关联失败,事务将回滚,以保持数据的一致性。

这些例子展示了事务在确保数据操作的一致性和可靠性方面的重要性。

11.1.2 事务的 ACID 特性

为确保 DBMS 对数据库管理过程的正常进行,事务必须具备原子性(atomicity)、一致性(consistency)、隔离性(isolation)和持久性(durability)。这 4 个性质通常被称为 ACID 特性。

1. 原子性

事务被视为不可分割的单元,要么所有操作都完成,要么一个都不完成。如果事务中的任何操作失败,整个事务将回滚到初始状态,如图 11-1 所示。

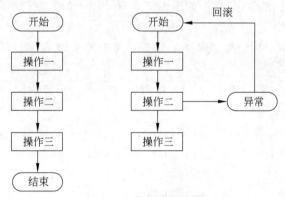

图 11-1 事务的原子性

下面看一些示例。

(1) 对于事务中的多条 SQL,要么全部成功,要么全部失败。例如 A 向 B 转账 100 元需要执行 2 条 SQL,即 A 余额减少 100 元,B 余额增加 100 元。这 2 条 SQL 必须同时成功,或者同时失败,否则会导致账目对不上。

(2) 一条 SQL 更新多条记录时,要么全部记录更新成功,要么全部都没有更新。例如给所有 VIP 用户增加积分,要么全部都增加了,要么全部没有增加。

(3) 对于某一个数据页(或者某一行记录、某个字段),需要完整更新,不能只写入了一部分。例如,插入一段 10Kb 的字符串到数据库,磁盘写入到 6Kb 的时候断电了,重新启动数据库之后,需要能恢复到修改前的状态,或者完整写入 10Kb 字符串。

事务执行过程中,可能出现很多意外,例如用户回滚了事务、连接断开、断电、数据库崩溃、操作系统崩溃、死锁等,导致事务被中断执行。原子性可以在事务被中断执行时,撤销已经执行的修改,从而保证不会出现上述例子中的账目对不上、数据完整性被破坏等情况。

事务的原子性通过"回滚"(rollback)来实现,数据需要同时保存修改前和修改后的信息,需要回滚时,把修改前的信息还原即可。

2. 一致性

一致性是指数据库在事务操作前和事务处理后,其中的数据都必须满足业务规则约束,即数据库都必须保持一致状态。这意味着事务应该确保数据从一个一致性状态转移到另一个一致性状态,不会破坏数据库的完整性和约束条件。如果执行后数据是矛盾的,事务就会回滚到执行前的状态。

数据库在实现一致性时,必须满足之前提到的各类约束,包括实体完整性约束、用户参照完整性约束等。

(1) 实体完整性约束:给学号添加唯一索引,创建学生信息时,如果已存在相同学号,则创建失败。

(2) 用户参照完整性约束:给论文表的用户 ID 创建外键,创建论文时,如果不存在对应的用户,则创建失败;删除用户时,如果论文表有该用户的文章,则无法删除用户,或者将用户和论文一起删除。

(3) 域完整性约束:对年龄字段指定数据类型为非负整数,则当年龄为负数或字母时保存失败。

(4) 用户定义完整性:设置学生的入学时间这一字段不能为空,则当不指定入学时间时,学生信息创建失败。

例如,在银行相关的数据库中,数据满足完整性约束,即转账前后 A、B 两个账户的总钱数不变,转账前总数是多少,转账后总数还是多少。即账户 A 增加值=账户 B 减少值,数据库从一个一致形态变成另一个一致形态。

3. 隔离性

事务之间应该是相互隔离的,一个事务的操作不应该影响另一个事务的操作。当多个事务并发执行时,系统应保证与这些事务先后单独执行时的结果一样,不受其先后次序的影响。换句话说,在事务完成之前,它对数据库产生的结果不能被其他事务引用。隔离性确保了事务的并发执行不会导致数据混乱或不一致。

为了防止这种因并发事务的相互干扰而导致的数据库不正确或不一致,DBMS 必须对它们的执行给予一定的控制,使若干并发执行的结果等价于它们一个接一个地串行执行的结果。也就是说,事务在执行过程中,其操作结果是不可见的,即完全"隔离"的,保证事务隔离性的任务由 DBMS 的"并发控制"部件完成。此外,数据库定义了隔离性的 4 个级别,包括读未提交(read uncommitted)、读已提交(read committed)、可重复读(repeatable read)和可串行化(serializable),将在 11.1.3 节详细介绍。

如果要实现数据库事务最高隔离性,也就是最安全的隔离性,有个显而易见的实现就是当一个事务在执行的时候,其他全部事务都阻塞,等待这个事务执行完再执行,这在现代多核 CPU 环境下显然非常浪费计算资源。为了充分利用资源,必须支持并发,这里就涉及并发控制(concurrency control),将在 11.2 节中详细介绍。

4. 持久性

一旦事务完成,其对数据库的影响应该是永久的,即使在系统故障的情况下也是如此。这意味着事务的结果被保存在数据库中,不会因为系统崩溃而丢失。

那么,一个关键的定义是怎样才算是事务完成了?

一种情况是它对数据库的操作全部执行结束,但其结果保存在内存中,没有真正写回到数据库中;另一种情况是不仅全部操作完成,而且其结果也都写回到数据库中了。

对于第一种情况,问题是:当其结果要写而未写到数据库时,系统发生故障并使结果丢失怎么办?

对于第二种情况,一方面写回数据库需要磁盘 I/O,因此可能等待很长时间,从而大大影响事务的并发度,降低系统性能;另一方面即使已经写到数据库中,也可能因为磁盘故障而使数据损坏或丢失。

因此,DBMS 提供了日志功能来记录每一事务的各种操作及其结果和写入磁盘的信息。无论何时发生故障,都能用这些记录的信息来恢复数据库,所以确保事务持久性的是 DBMS 的"恢复管理"部件。

事务持久性的难题在于,一个事务会牵扯到多次磁盘 I/O 操作,多次 I/O 操作之间相互独立,所以在发生故障和意外时会出现部分数据写入成功,部分数据写入失败的情况,为了保证数据最终都能成功写入磁盘,在修改数据之前,通过日志提前记录一份最终需要完成修改的数据记录,如果在事务提交的过程中发生故障、死机的意外导致数据写入不成功,在意外发生后通过日志来将未成功写入的数据重新写入,最终把需要修改的数据全部写入磁盘,从而保证了事务的持久性。

通过维护事务的 ACID 特性,数据库可以有效地处理并发操作和系统故障,从而确保数据的正确性和可靠性。

11.2　并发控制与恢复

数据库是共享资源,通常有许多个事务在同时运行。当多个事务并发地存取数据库时就会产生同时读取或修改同一数据的情况。若对并发操作不加控制就可能会存取或存储不正确的数据,破坏数据库的一致性。所以数据库管理系统必须提供并发控制机制,以保证事务的一致性和隔离性。并发控制机制是衡量一个数据库管理系统性能的重要标志之一。

11.2.1　冲突操作

对于事务,通常采用如下方式进行表示。

$R_i(X)$ 表示事务 T_i 的读 X 操作;

$W_i(X)$ 表示事务 T_i 的写 X 操作。

已知 n 个事务 $T_1,T_2,\cdots,T_n$,则这 n 个事务的一个调度 S 指 n 个事务中所有操作的一个执行次序且该次序满足这样的约束:对于任意事务 T_i,其操作的先后顺序在调度 S 中得到保持。注意,来自其他事务 T_j 的操作是可以同 T_i 的操作交替执行的。

例如,有两个事务分别为 $T_1(\text{Read}(B);A=B+1;\text{write}(A));T_2(\text{Read}(A);B=A+1;$ $\text{write}(B))$。则这两个事务可以分别表示为:$T_1:R_1(B)W_1(A);T_2:R_2(A)W_2(B)$。

在并发存取环境下,如果不同事务的两个操作均针对同一数据对象,且至少一个是写操作,则称这两个操作是冲突的。在上例中,T_1 和 T_2 存在冲突操作,包括 $R_1(B)$ 与 $W_2(B)$、$W_1(A)$ 与 $R_2(A)$。

例 11-1　在以下给出的两个事务中,存在哪些冲突操作?

事务 $T_0:W_0(X)W_0(Y)W_0(Z)$

事务 $T_1:R_1(X)R_1(Z)W_1(X)$

解:

根据"两个操作针对同一个数据对象,且至少一个是写操作"的判断规则,可以得出 $R_1(X)$ 与 $W_0(X)$、$W_1(X)$ 与 $W_0(X)$、$R_1(Z)$ 与 $W_0(Z)$ 是冲突操作。

1. 冲突操作引发的问题

事务的冲突可以归纳为写-写冲突、读-写冲突和写-读冲突三种,分别可能会引发三类问题,即丢失修改、不可重复读和读"脏"数据。

(1) 丢失修改。丢失修改是指事务 T_1 与事务 T_2 从数据库中读入同一数据并修改,其中事务 T_2 的提交结果破坏了事务 T_1 提交的结果,导致事务 T_1 的修改丢失。丢失修改是由于两个事务对同一个数据并发地进行写入操作引起的,因而称为写-写冲突。

例如在图 11-2 中,事务 T_1 和事务 T_2 分别对数据对象 C 执行读操作和写操作。假设 C 的初始值为 500,且按照图中的顺序并发执行,C 的最终结果将为 700,因为 T_2 提交的结果覆盖了 T_1 对 C 的修改,从而使得 T_1 的修改丢失了。可见,并发执行结果与 T_1、T_2 串行执行的结果不一样,在本例中,按照 $T_1 \rightarrow T_2$ 或者 $T_2 \rightarrow T_1$ 的顺序执行将得到一致的结果,即 C 的最终结果为 800。但在某些情况下,事务执行的顺序将会影响最终结果。

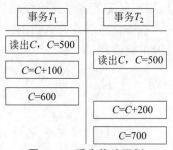

图 11-2　丢失修改示例

例 11-2 假设有一个银行数据库,两个人同时想要从同一个账户中取钱,账户余额为1000元,他们的操作如下。

事务 A:读取账户余额为 1000 元,然后准备扣除 100 元。

事务 B:读取账户余额为 1000 元,然后准备扣除 200 元。

若按照图 11-3 所示的顺序并发执行,事务 A 读取余额后,事务 B 也读取了相同的余额,即 1000 元。事务 A 扣除 100 元,将余额更新为 900 元;接着,事务 B 扣除 200 元,将余额更新为 800 元。最终账户余额为 800 元,而不是正确的 700 元,导致事务 A 的修改丢失。

时间	事务A	数据库中账户余额	事务B
t_0		1000	
t_1	Read(X)	1000	
t_2		1000	Read(X)
t_3	$X=X-100$	1000	
t_4		1000	$X=X-200$
t_5	Write(X)	1000	
t_6		900	Write(X)
t_7		800	

图 11-3 导致丢失修改的并发执行序列示例

(2) 不可重复读。一个事务如果没有执行任何更新数据库数据的操作,则同一个查询操作执行两次或多次,结果应该是一致的。不可重复读是指事务 T_1 读取数据 A 后,事务 T_2 执行更新 A 的操作,使得事务 T_1 再次读取 A 时,发现前后两次读取的值发生了变化,从而无法再现前一次的读取结果。

例 11-3 事务 T_1 和事务 T_2 分别对数据对象 A 和 B 执行读操作和写操作,如图 11-4所示,A 的初始值为 50,B 的初始值为 100,则事务 T_1 初次读取 A 和 B 的值,计算二者之和为 150。之后事务 T_2 读取 B 的值为 100,执行 $B=B\times2$,并将 B 的结果 200 写回数据库。此时,事务 T_1 再次读取 A 和 B 的值分别为 50 和 200,计算二者之和为 250,与初次读取的结果不一致,产生了不可重复读的现象。这一现象是由于事务 T_2 在事务 T_1 的两次重复读之间进行了写操作,由读-写冲突引起的。

具体地,不可重复读现象又可以分为读不一致、删除幻影和插入幻影三类,分别对应在事务 T_1 的两次数据读取中间,事务 T_2 执行修改、删除和插入的操作。

① 读不一致。事务 T_1 读取数据 A,事务 T_2 修改 A,事务 T_1 读取 A。

② 删除幻影。事务 T_1 读取元组集合 A,事务 T_2 删除部分元组,事务 T_1 读取元组集合 A。

时间	事务 T_1	数据A的值	数据B的值	事务 T_2
t_0	Read(A), A=50	50	100	
t_1	Read(B), B=100	50	100	
t_2	求和A+B=150	50	100	
t_3		50	100	Read(B), B=100
t_4		50	100	B=B×2
t_5		50	200	Write(B)
t_6	Read(A), A=50	50	200	
t_7	Read(B), B=200	50	200	
t_8	求和A+B=250			

图 11-4　导致不可重复读的并发执行序列示例

③ 插入幻影。事务 T_1 读取元组集合 A，事务 T_2 插入一些元组，事务 T_1 读取元组集合 A。

（3）读"脏"数据。读"脏"数据是指一个事务读取了另一个未提交的事务中的数据。例如事务 T_1 将某一数据 A 修改为 B，并将其写回磁盘，事务 T_2 读取该数据、得到值 B 后，事务 T_1 由于某种原因撤销（rollback），此时该数据恢复原来的值 A，则事务 T_2 读到的值 B 就与数据库中的数据不一致，是不正确的数据。这种不一致或者不存在的数据通常称为"脏"数据。读"脏"数据是由写-读冲突造成的。

例 11-4　事务 T_1 和事务 T_2 对数据对象 C 执行读操作和写操作，如图 11-5 所示。C 的初始值为100，事务 T_1 首先读取 C 的值，然后对其进行修改，执行 C＝$C*2$，并将结果写回到数据库中，此时 C 的值为200。这时事务 T_2 从数据库中读取 C 的值为200。但由于某种原因，事务 T_1 中途停止，对 C 的操作通过 Rollback 撤销，于是 C 恢复为100。此时事务 T_2 就读取了"脏"数据。

时间	事务 T_1	数据C的值	事务 T_2
t_0	Read(C), C=100	100	
t_1	C=C×2	100	
t_2	Write(C)	100	
t_3		200	Read(C), C=200
t_4	Rollback	200	
t_5		100	

图 11-5　导致读"脏"数据的并发执行序列示例

2. 冲突的可串行化

由上文可以知道,多个事务并发执行时可能存在冲突操作,那么如何应对这些冲突操作呢?

调度 S 中的任意两个事务 T_i 和 T_j,如果 T_i 的所有操作都先于 T_j 的所有操作,或者相反,则称 S 为串行调度。串行调度事务执行的结果总是正确的,但是串行调度不能够充分利用系统资源。如果在一个调度中,各个事务交叉地执行,则这个调度称为并发调度。如图 11-6 所示,事务 T_1 执行 $A-5$ 和 $B+5$ 的操作后写入数据库,事务 T_2 执行 $B-5$ 的操作后写入数据库。调度(a)和调度(b)分别表示两种顺序的串行调度,可以看出,执行后的结果是一致的,即 $A=5$,$B=10$。图 11-7 所示的调度(c)和调度(d)分别对应两种可能的并发调度,经分析可知第 2 种并发调度会引发写-写冲突,造成丢失修改。

调度(a)			调度(b)		
事务T_1	数据库	事务T_2	事务T_1	数据库	事务T_2
Read(A), A=10	A=10, B=10			A=10, B=10	Read(B), B=10
A=A-5	A=10, B=10			A=10, B=10	B=B-5
Write(A)	A=5, B=10			A=10, B=5	Write(B)
Read(B), B=10	A=5, B=10		Read(A), A=10	A=10, B=5	
B=B+5	A=5, B=10		A=A-5	A=10, B=5	
Write(B)	A=5, B=15		Write(A)	A=5, B=5	
	A=5, B=15	Read(B), B=15	Read(B), B=5	A=5, B=5	
	A=5, B=15	B=B-5	B=B+5	A=5, B=5	
	A=5, B=10	Write(B)	Write(B)	A=5, B=10	

图 11-6 两种顺序的串行调度

如果一个事务集的并发调度与某一串行调度是等价的,则称该并发调度是可串行化的。显然,可串行化调度的结果能够保持数据库的一致性,也是正确的。所以,在一般的 DBMS 中,都是以可串行化作为并发调度正确与否的判断准则。

冲突可串行化:一个调度 S 在保证冲突操作的次序不变的情况下,通过交换两个事务不冲突操作的次序得到另一个调度 S′,如果 S′ 是串行的,称调度 S 为冲突可串行化调度。若一个调度是冲突可串行化的,则该调度一定是可串行化调度,反之则不成立。即冲突可串行化调度是可串行化调度的充分条件,不是必要条件。

此外,调整次序时应该注意:①不能改变冲突操作的先后次序;②同一事务的读写先后顺序不能改变。

例 11-5 调度 $S_1=R_1(A)W_1(A)R_2(A)W_2(A)R_1(B)W_1(B)R_2(B)W_2(B)$,请判断

调度(c)			调度(d)		
事务T_1	数据库	事务T_2	事务T_1	数据库	事务T_2
Read(A), A=10	A=10, B=10		Read(A), A=10	A=10, B=10	
	A=10, B=10	Read(B), B=10	A=A−5	A=10, B=10	
A=A−5	A=10, B=10			A=10, B=10	Read(B), B=10
	A=10, B=10	B=B−5	Write(A)	A=5, B=10	
Write(A)	A=5, B=10			A=5, B=10	B=B−5
	A=5, B=5	Write(B)	Read(B), B=10	A=5, B=10	
Read(B), B=5	A=5, B=5			A=5, B=5	Write(B)
B=B+5	A=5, B=5		B=B+5	A=5, B=5	
Write(B)	A=5, B=10		Write(B)	A=5, B=15	

图 11-7　两种可能的并发调度

S_1 是否是冲突可串行化的调度。

解：

两个事务若涉及对同一个数据的写操作，则是冲突操作。

首先把 $W_2(A)$ 和 $R_1(B)W_1(B)$ 交换，得到：

$$R_1(A)W_1(A)R_2(A)R_1(B)W_1(B)W_2(A)R_2(B)W_2(B)$$

再把 $R_2(A)$ 和 $R_1(B)W_1(B)$ 交换，得到：

$$S_2 = R_1(A)W_1(A)R_1(B)W_1(B)R_2(A)W_2(A)R_2(B)W_2(B)$$

此时，S_2 等价于串行调度 $T_1 T_2$，所以 S_1 是冲突可串行化的调度。

还可以通过更一般的方法来判断一个调度 S 是否是冲突可串行化的，即构造前趋图。设 S 是若干事务 $\{T_1, T_2, \cdots, T_n\}$ 的一个调度，S 的前趋图 $G(V,E)$ 是一个有向图，其构成规则如下：

（1）V 是由所有参加调度的事务构成的节点。

（2）E 是图中的一条有向边，如果 O_i 和 O_j 是冲突操作，且 O_i 先于 O_j 执行，则在图中有一条边 $T_i \rightarrow T_j$。即包括下列情况：

事务 T_i 读 X 在事务 T_j 写 X 之前；

事务 T_i 写 X 在事务 T_j 读 X 之前；

事务 T_i 写 X 在事务 T_j 写 X 之前。

在构造完一个并发调度的前趋图后，判断规则是：若在前趋图中存在回路（即有环），则 S 不可能等价于任何串行调度；若没有回路（即无环），则该调度是可串行化的，可以通过拓扑排序获得 S 等价的串行调度。

例 11-6 给定如图 11-8 所示的并发调度,包括 4 个事务 T_1, T_2, T_3, T_4,请构造该调度的前趋图并判断该调度是否为可串行的。

解:

首先画出 T_1、T_2、T_3、T_4 4 个节点,然后依次找出冲突操作并连线。冲突操作包括:

T_1 的 Read(x) 与 T_3 的 Write(x),即存在连线 $T_1 \rightarrow T_3$;

T_1 的 Read(x) 与 T_2 的 Write(x),即存在连线 $T_1 \rightarrow T_2$;

T_1 的 Read(x) 与 T_4 的 Write(x),即存在连线 $T_1 \rightarrow T_4$;

T_2 的 Write(x) 与 T_4 的 Write(x),即存在连线 $T_2 \rightarrow T_4$;

T_3 的 Write(y) 与 T_2 的 Read(y),即存在连线 $T_3 \rightarrow T_2$;

T_3 的 Write(x) 与 T_2 的 Write(x),即存在连线 $T_3 \rightarrow T_2$;

T_3 的 Write(z) 与 T_4 的 Read(z),即存在连线 $T_3 \rightarrow T_4$。

最终的前趋图如图 11-9 所示。

事务T_1	事务T_2	事务T_3	事务T_4
		Write(y)	
Read(x)			
	Read(y)		
		Write(x)	
	Write(x)		
		Write(z)	
			Read(z)
			Write(x)

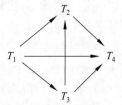

图 11-8 一个包括 4 个事务的并发调度 S   图 11-9 4 个事务的并发调度所构造的前趋图

具体地,在获取 S 的等价的串行调度时,需要找出前趋图的拓扑排序。由于图中无回路,必有一个节点无入弧,将这个节点及其相连的弧删去,并把该节点存入先进先出的队列中。对剩下的图做同样的处理,直至所有节点移入队列中。按照队列中次序串行安排各事务的执行,就可以得到一个等价的串行调度。在例 11-6 中,首先找出 T_1 是无入弧的,然后在图中删除 T_1 后,得到的子图中 T_3 无入弧,所以依次删除 T_3,在剩下的子图中 T_2 无入弧,再依次删除 T_2,最终只剩下 T_4,所以等价的串行调度为 $T_1 \rightarrow T_3 \rightarrow T_2 \rightarrow T_4$。

例 11-7 有 3 个事务的一个调度 $R_3(B)R_1(A)W_3(B)R_2(B)R_2(A)W_2(B)R_1(B)W_1(A)$,请判断该调度是否是冲突可串行化的。

解:

交换 $R_1(A)$ 和 $W_3(B)R_2(B)R_2(A)W_2(B)$,可以得到:

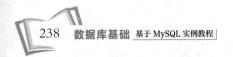

$$R_3(B)W_3(B)R_2(B)R_2(A)W_2(B)\ R_1(A)R_1(B)W_1(A)$$

等价于串行调度 $T_3T_2T_1$，因此该调度是冲突可串行化的。

另外，也可以通过构造前趋图来判断。

首先，找出冲突操作和对应的连线。

$R_2(A)$ 与 $W_1(A)$，即存在连线 $T_2 \rightarrow T_1$；

$R_3(B)$ 与 $W_2(B)$，即存在连线 $T_3 \rightarrow T_2$；

$W_3(B)$ 与 $R_2(B)$，即存在连线 $T_3 \rightarrow T_2$；

$W_3(B)$ 与 $W_2(B)$，即存在连线 $T_3 \rightarrow T_2$；

$W_3(B)$ 与 $R_1(B)$，即存在连线 $T_3 \rightarrow T_1$；

$W_2(B)$ 与 $R_1(B)$，即存在连线 $T_2 \rightarrow T_1$；

之后，可以得到该并发调度的前趋图，如图 11-10 所示。

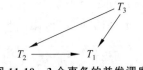

由于前趋图中无环，所以判断该并发调度是冲突可串行化的，根据前趋图的拓扑排序可得等价的串行化调度为 $T_3T_2T_1$。

图 11-10　3 个事务的并发调度所构造的前趋图

11.2.2　事务的隔离性级别

数据库为了提高资源利用率和事务执行效率、降低响应时间，允许事务并发执行。但是多个事务同时操作同一对象，必然存在冲突，事务的中间状态可能暴露给其他事务，导致一些事务依据其他事务中间状态，把错误的值写到数据库里。这就需要提供一种机制，保证事务执行不受并发事务的影响，让用户感觉，当前仿佛只有自己发起的事务在执行，这就是隔离性。隔离性让用户可以专注于单个事务的逻辑，不用考虑并发执行的影响。数据库通过并发控制机制保证隔离性。由于隔离性对事务的执行顺序要求较高，很多数据库提供了不同选项，用户可以牺牲一部分隔离性，提升系统性能。这些不同的选项就是事务隔离级别。

事务的隔离性级别又称事务的一致性级别，是一个事务必须与其他事务实现隔离的程度，也是事务可接受的数据不一致程度。数据库事务的隔离级别由低到高依次是读未提交、读已提交、可重复读和可串行化。这 4 个级别可以逐个解决丢失修改、读脏数据、不可重复读、幻影读这几类问题。

(1) 读未提交。读未提交是最低等级，一个事务可以读到另外一个事务未提交的数据，不允许丢失修改，接受读脏数据和不可重复读现象。也可以认为，事务之间完全不隔离，事务 A 开始一个事务，接着事务 B 开始，事务 B 对数据 C 继续更新，这时候，A 读取了 B 未提交的数据，这种情况叫作读脏数据。这个时候如果事务 B 遇到错误必须回滚，那么 A 读取的数据就是完全错误的。可以想象在这样完全不隔离的状态下，返回的结果将有非常大的不确定性。

(2) 读已提交。既然读取别的事务未提交的数据很不安全，那么在上一个等级完全不隔离的基础上，增加一个要求，即事务读取的数据，都是别的事务已经提交的。换句话说，若事务还没提交,其他事务不能读取该事务正在修改的数据。这一隔离性级别不允许丢失修改和读脏数据,接受不可重复读现象。

但是只要在还没达到串行执行的情况下,总是会有问题的,例如事务 A 选择了一条数据,接着事务 B 更新这条数据,然后提交,这时候 A 还未提交,A 再回来读这条数据,发现数据居然发生了改变。按照之前所讲,我们的目标是对于一个事务本身来说,它所感知的数据库应该只有它自己在操作,然而事务 A 会觉得自己并没有更新数据,但数据发生了变化,这种情况叫作不可重复读。

(3) 可重复读。可重复读指事务多次读取同一数据对象的结果一致。由 11.2.1 节内容可知,存在三种不可重复读现象,即读不一致、删除幻影和插入幻影。这一隔离性级别不允许丢失修改、读脏数据和读不一致,接受幻影读现象。

可重复读是在上一个级别的基础上,保证不会在一个事务内两次选择同一条数据时会出现变化,即别的事务对选择的对象进行更新操作不会有影响。但是,如果是插入操作,在这个隔离级别还是会受到影响的。例如,事务 A 开启事务,并选择一段有范围的数据,然后事务 B 开启事务,在先前 A 事务选择的那段有范围的数据中插入一条数据,然后提交事务,接着事务 A 再选择出来这段数据,发现数据多了一条,这就是出现了幻影读现象。

(4) 可串行化。可串行化具有最高级别的隔离性,同时花费的代价也最大,性能很低,一般较少使用。在该级别下,事务相当于顺序执行,能保证事务之间不会有任何冲突,每个事务都可以认为只有它自己在操作数据库。该隔离性级别不允许丢失修改、读脏数据、读不一致以及幻影读现象的发生。

将 4 种隔离性级别和对应允许的冲突操作总结在表 11-1 中。

表 11-1　事务的 4 种隔离性级别

隔离性级别	丢失修改	读脏数据	读不一致	幻影读
读未提交	×	√	√	√
读已提交	×	×	√	√
可重复读	×	×	×	√
可串行化	×	×	×	×

11.2.3　封锁技术

封锁是一项支持多用户同时访问数据库的技术,是实现并发控制的一项重要手段,能够防止当多用户同时改写数据库时造成数据不一致与冲突。当有一个用户对数据库内的数据进行操作时,在读取数据前先锁住数据,这样其他用户就无法访问和修改该数据,直到这一数据被修改并写回数据库解除封锁为止。

1. 封锁类型

封锁技术中主要有两种基本类型的锁：排他型封锁和共享型封锁。

排他型封锁又叫 X 锁或写锁。若事务 T 对数据对象 A 加上排他锁，则只允许 T 读取和修改 A，不允许其他任何事务再对 A 加锁，直到 T 释放 A 上的 X 锁。一旦一个事务获得了对某一数据的排他锁，则任何其他事务均不能对该数据进行任何封锁，其他事务只能进入等待状态，直到第一个事务撤销了对该数据的封锁。

共享型封锁又叫 S 锁或读锁。若事务 T 对数据对象 A 加上共享锁，则事务 T 可以读 A 但不能修改 A，其他事务只能对 A 加 S 锁，而不能加 X 锁，直到 T 释放 A 上的 S 锁。对于读操作，可以多个事务同时获得共享锁，但阻止其他事务对已获得共享锁的数据进行排他封锁（即不允许写操作）。

2. 封锁粒度

封锁对象的大小称为封锁粒度，根据对数据的不同处理，封锁的对象可以是字段、记录、属性值、属性值结合、索引项、表、整个数据库等逻辑单元，也可以是数据页、块等物理单元。封锁对象可以很大，如对整个数据库加锁，也可以很小，如只对某个属性值加锁。

常见的封锁粒度包括行级封锁、页级封锁和表级封锁。

行级封锁是最细粒度的封锁，它允许数据库系统锁定表中的单个行，而不是整个表。行级封锁允许高度的并发性，因为不同事务可以同时锁定表中的不同行，而不会互相阻塞。但是，管理大量行级锁可能会增加系统开销，因为需要更多的锁管理和内存消耗。此外，如果事务需要锁定多个相关行，可能会导致死锁。

页级封锁允许数据库系统锁定数据表的页或数据页，一个页通常包含多行数据。页级封锁相对于行级封锁来说，减少了锁管理开销，因为锁的数量较少。同时，仍然可以实现一定程度的并发性。但是，如果多个事务需要访问同一数据页，那么它们仍可能会发生锁冲突，导致一些事务等待。

表级封锁是最粗粒度的封锁，它允许整个表被锁定，而不管事务需要访问的具体数据行。表级封锁最简单，管理开销最低，适用于只读事务或对整个表进行操作的事务。但同时，表级封锁也会极大地降低并发性，因为只有一个事务可以同时访问整个表，其他事务必须等待。

选择适当的封锁粒度取决于应用程序的需求和数据库系统的特性。通常，行级封锁是首选，因为它提供了最高的并发性，但需要更多的系统资源来管理锁。如果应用程序的锁冲突较少或者数据访问模式倾向于整页或整表操作，那么页级封锁或表级封锁可能更合适。综合考虑并发性和资源消耗，通常需要在封锁策略中进行权衡，以满足应用程序的性能和一致性需求。

3. 封锁协议

在运用封锁机制时，还需要约定一些规则，例如何时申请 X 锁或 S 锁、持锁时间、何时释放锁等，这些规则称为封锁协议。对封锁方式不同的规则，就形成了各种不同级别的封锁协议。

最常使用的是三级封锁协议，分别在不同程度上解决了并发操作带来的各种问题，为并发操作的正确调度提供了一定的保证。

（1）一级封锁协议。事务 T 在修改数据 R 之前必须先对其加 X 锁，直到事务结束才释放。事务结束包括正常结束和非正常结束。一级封锁协议可以防止丢失修改，并保证事务 T 是可恢复的。使用一级封锁协议可以解决丢失修改问题。在一级封锁协议中，如果仅读数据而不对其进行修改，是不需要加锁的，它不能保证可重复读和不读"脏"数据。

（2）二级封锁协议。一级封锁协议加上事务 T 在读取数据 R 之前必须先对其加 S 锁，读完后方可释放 S 锁。二级封锁协议除防止了丢失修改，还可以进一步防止读"脏"数据。但在二级封锁协议中，由于读完数据后即可释放 S 锁，所以它不能保证可重复读。

（3）三级封锁协议。一级封锁协议加上事务 T 在读取数据 R 之前必须先对其加 S 锁，直到事务结束才释放。三级封锁协议除防止了丢失修改和不读"脏"数据外，还进一步防止了不可重复读。

上述三级协议的主要区别在于什么操作需要申请封锁，以及何时释放。三级封锁协议与数据的一致性保证的对应关系总结如表 11-2 所示。

表 11-2　三级封锁协议的内容和数据一致性

级别	X 锁		S 锁		一致性保证		
	操作结束释放	事务结束释放	操作结束释放	事务结束释放	不丢失修改	不读"脏"数据	可重复读
一级封锁协议		√			√		
二级封锁协议		√	√		√	√	
三级封锁协议		√		√	√	√	√

例 11-8　在图 11-11 所示的三组并发操作中，分别对应着丢失修改、读"脏"数据、不可重复读的问题，请解决这些问题。

事务 T_1	事务 T_2	事务 T_1	事务 T_2	事务 T_1	事务 T_2
Read(A), A=16		Read(C), C=100		Read(A), A=50	
	Read(A), A=16	C=C×2		Read(B), B=100	
A=A−1		Write(C)		A+B=150	
	A=A−1		Read(C), C=200		Read(B), B=100
Write(A)		Roolback			B=B×2
	Write(A)				Write(B)
				Read(A), A=50	
				Read(B), B=200	
				A+B=250	
丢失修改		读"脏"数据		不可重复读	

图 11-11　三组并发操作

求解：使用一级封锁协议尝试解决第一组并发操作中的丢失修改问题，其加锁和放锁的过程如图 11-12 所示，由于事务 T_2 只有在 T_1 完成对数据 A 的写操作并释放 X 锁后才能读取 A，所以解决了丢失修改的问题。

使用二级封锁协议可以解决第一组并发操作中的丢失修改问题，同时也可以解决第二组并发操作中的读"脏"数据问题，其对于第二组并发操作的加锁和放锁的过程如图 11-13 所示，由于事务 T_2 只有在 T_1 事务结束（Commit 或者 Rollback）并释放 X 锁后才能对 A 加 S 锁并进行读取，所以解决了读"脏"数据的问题。

T_1	T_2
Xlock A	
读A=16	
	Xlock A
	等待
	等待
$A \leftarrow A-1$	等待
写回A=15	等待
Commit	等待
Unlock A	Xlock A
	读A=15
	$A \leftarrow A-1$
	写回A=14
	Commit
	Unlock A

图 11-12　一级封锁协议解决丢失修改问题

T_1	T_2
Xlock C	
读C=100	
$C \leftarrow C \times 2$	Slock C
写回C=200	等待
	等待
	等待
Rollback	等待
Unlock C	Slock C
	读C=100
	Commit
	Unlock C

图 11-13　二级封锁协议解决读"脏"数据问题

使用三级封锁协议可以解决三组并发操作中丢失修改、读"脏"数据和不可重复读的问题，其对于第三组并发操作的加锁和放锁的过程如图 11-14 所示，由于事务 T_2 只有在 T_1 事务结束并释放 S 锁后才能对 A 加 X 锁并进行写操作，即事务 T_1 在读取数据 A 期间没有任何其他事务可以对 A 进行修改操作，所以解决了不可重复读的问题。

前面说明了封锁是一种最常用的并发控制技术，可串行性是并发调度的一种正确性准则。接下来的问题是怎么封锁其调度才是可串行化的呢？最简单有效的方法是采用两阶段封锁协议（two-phase locking protocol，2PL 协议）。两阶段封锁协议规定所有的事务应遵守下面两条规则。

（1）某一事务在对数据进行读、写之前，先要申请并获得对该数据的封锁。

（2）在释放一个封锁之后，事务不再申请和获得任何其他封锁。

T_1	T_2
Slock A	
Slock B	
读A=50	Xlock B
读B=100	等待
求和=150	等待
	等待
	等待
读A=50	等待
读B=100	等待
求和=150	等待
Unlock B	获得Xlock B
Unlock A	读B=100
	$B=B \times 2$
	写回B=200
	Commit
	Unlock B

图 11-14　三级封锁协议解决不可重复读问题

两阶段锁的含义是：事务分为两个阶段，第一个阶段是获得封锁，也称为扩展阶段，在这个阶段，事务可以申请获得任何数据项上的任何类型的锁，但是不能释放任何锁；第二个阶段是释放封锁，也称为释放阶段，在这个阶段，事务可以释放任何数据项上的任何类型的锁，但是不能再申请任何锁。即要求所有的加锁操作都在第一个解锁操作之前完成。

例 11-9　下面两个事务的加锁和解锁过程是否符合两阶段协议？

T_1：Lock(A) Lock(B) Lock(C) Unlock(B) Unlock(C) Unlock(A)

T_2：Lock(A) UnLock(A) Lock(B) lock(C) Unlock(C) Unlock(B)

解：

T_1 是符合两阶段协议的，而 T_2 不符合。这是因为 T_2 在释放对 A 的锁之后又对数据 B 和 C 加锁。

两阶段封锁协议不是一个具体的协议，但其思想可以融入具体的加锁协议之中。并且有以下定理：

任何一个遵从 2PL 协议的调度都是可串行化的。

因此，两阶段封锁协议给出了一个很好的避免冲突操作的方式。但值得注意的是，事务遵守 2PL 协议是可串行化调度的充分条件，而不是必要条件。此外，事务遵守 2PL 协议可达到第三级封锁协议的要求。

4. 封锁带来的问题

封锁技术是确保数据库操作的一致性和完整性的重要组成部分，但不正确的封锁策略可能会导致性能、活锁和死锁等问题。

(1) 活锁问题。事务 T_1、T_2 申请数据对象 A，T_1 先给 A 加锁，T_1 释放 A 上的锁后，事务 T_3 又给 A 加锁，T_2 等待，这样，A 始终被其他事务封锁，事务 T_2 可能长时间得不到 A，这种情况称为活锁(live lock)。即系统可能使某个事务永远处于等待状态，得不到封锁的机会。

避免活锁的一种简单方法是采用"先来先服务"的策略，也就是简单的排队方式。当多个事务请求封锁同一数据对象时，封锁子系统按请求封锁的先后次序对这些事务排队，该数据对象上的锁一旦释放，首先批准申请队列中第一个事务获得锁。如果运行时事务有优先级，那么很可能存在优先级低的事务，即使排队也很难轮上封锁的机会。那么此时可采用"升级"方法来解决，也就是当一个事务等待若干时间还轮不上封锁时，可以提高其优先级别，这样总能轮上封锁。

(2) 死锁问题。事务 T_1 已经封锁 A，而又想申请封锁 B，而此时事务 T_2 已经封锁 B，而又想申请封锁 A，这样，T_1 等待 T_2 释放 B，而 T_2 等待 T_1 释放 A，使得 T_1、T_2 均无法继续执行下去，这种情况称为死锁(dead lock)。即系统中两个或两个以上的事务都处于等待状态，并且每个事务都在等待另一个事务解除封锁，才能继续执行下去，结果造成任何一个事务都无法继续执行。

有两种主要的方法用于处理死锁的问题：一是通过死锁预防协议来保证系统永不进入死锁状态；二是可以允许系统进入死锁状态，然后试着用死锁检测与死锁恢复机制进行恢复。如果系统进入死锁状态的概率较高，则通常使用的是预防机制。否则，使用检测与恢复机制会更有效。

死锁的预防主要是通过对封锁请求进行排序来实现的，或者要求同时获得所有的锁来保证不会发生循环等待。其最简单的机制是要求每个事务在它开始之前封锁它的所有数据项，又称为一次加锁法。在一个步骤中要求全部封锁这些涉及的数据项，要么全不封锁。这种方式有两个主要的缺点：首先是在事务开始之前，通常很难预知哪些数据项需要封锁，且数据库中的数据是不断变化的，原来不需要封锁的数据在执行过程中可能会变成封锁对象，所以很难事先精确地确定每个事务要封锁的数据对象；其次是数据项使用率可能很低，因为许多数据项可能被封锁但却长时间不被使用。改进后的方法是对所有数据项施加一种次序，同时要求事务只能按照次序规定的顺序来封锁数据对象。即一旦一个事务封锁了一个特定的数据项，它就不能申请在次序中位于该数据项前面的那些数据项上的锁。只要在事务开始执行的时候，它要访问的数据项集合是已知的，该机制就很容易实现。但该方法也存在一些问题，因为事务的封锁请求可能随着事务的执行而动态地决定，所以随着数据操作的不断变化，维护这些数据的封锁顺序需要很大的系统开销。

如果系统没有采用能保证不产生死锁的一些机制，那么就必须采用死锁检测与恢复机制。另外，预防死锁的代价太高，还可能发生许多不必要的回退操作。因此，现在大多数 DBMS 采用的方法都是允许死锁发生，然后定期调用检查系统状态的算法以确定是否发生了死锁。如果发生了死锁，则系统必须试着从死锁中恢复。

检测死锁有超时法和等待图法。

（1）超时法。如果一个事务的等待时间超过某个时限，则认为发生死锁。超时法容易实现，但是时限多长难以确定。如果时限设得太小，死锁的误判会增加，本不是死锁而是由于其他原因（如通信受阻）导致事务等待时间超时而被误判为死锁；如果时限设得太大，则发现死锁的滞后时间会过长。

（2）等待图法。等待图是一个有向图 $G=(V, E)$，其中 V 是顶点集，E 是边集。顶点集由系统中的所有事务 $\{T_1, T_2, \cdots, T_n\}$ 组成，边集 E 中的每个元素是一个有序对 $T_i \rightarrow T_j$。如果事务 T_i 正在等待事务 T_j 释放一个 T_i 所需的数据项，则存在从事务 T_i 到 T_j 的一条有向边。只有当事务 T_j 不再持有事务 T_i 所需的数据项时，这条边才被删除。

当且仅当等待图中包含环路时，系统中存在死锁。陷入该环路中的每个事务被称为处于死锁状态。为了检测死锁，系统需要根据事务加锁和释放锁申请情况，动态地维护等待图，并周期性地激活一个在等待图中搜索环路的算法。

发现死锁后，解除死锁最常用的方案是回滚一个或多个事务。一般地，由锁管理器在循环等待的事务中选择一个牺牲代价最小的事务执行回滚，并释放它获得的锁及其他资源，使其他事务得以运行下去。

例 11-10　根据以下描述，画出等待图，并判断系统中是否存在死锁。

（1）事务 T_1 正在等待事务 T_2 和 T_3。

（2）事务 T_3 正在等待事务 T_2。

（3）事务 T_2 正在等待事务 T_4。

（4）事务 T_4 正在等待事务 T_3。

解：

根据描述所画出的等待图如图 11-15 所示。

可知该等待图中包含了环路：$T_2 \rightarrow T_4 \rightarrow T_3 \rightarrow T_2$。这意味着 T_2、T_3、T_4 都陷入了死锁。

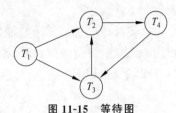

图 11-15　等待图

11.2.4　故障分类及恢复

数据库系统像其他任何设备一样会发生故障,可能会导致有些事务还没有完成就被迫中止,这些未完成的事务所做的操作可能已经对数据库造成影响,使数据库处于不一致的状态,还有些事务虽然已经提交,但是结果还没有完全写入到数据库中。因此,DBMS 的恢复机制必须对这两种情况能够处理,保证事务的原子性和持久性。

数据库系统可能会发生的故障可以分为以下 4 类。

（1）事务故障。事务故障是指在当前事务内部操作执行过程中可能发生的故障。事务内部故障可分为预期的和非预期的,其中大部分的故障都是非预期的。预期的事务内部故障是指可以通过事务程序本身发现的事务内部故障;非预期的事务内部故障是不能由事务程序处理的,如运算溢出故障、并发事务死锁故障、违反了某些完整性限制而导致的故障等。

这类故障的解决方法是将事务回滚,在保证该事务对其他事务没有影响的条件下,利用日志文件撤销其对数据库的修改。

（2）系统故障。系统故障也称为软故障,是指数据库在运行过程中,由于硬件故障、数据库软件及操作系统的漏洞、突然停电、DBMS 代码错误等情况,导致系统停止运转,所有正在运行的事务以非正常方式终止,需要系统重新启动的一类故障。这类事务不破坏数据库,但是影响正在运行的所有事务,可能会造成数据的不一致。其原因是:一方面,故障发生时,尚未完成的事务的结果可能已送入物理数据库;另一方面,故障发生时,有些已完成的事务所做的数据更改还在缓冲区中,尚未写到物理数据库中。

这类故障的解决方法是待计算机重新启动之后,对于未完成的事务可能写入数据库的内容,回滚所有未完成的事务写的结果;对于已完成的事务可能部分或全部留在缓冲区的结果,需要重做所有已提交的事务(即撤销所有未提交的事务,重做所有已提交的事务)。

（3）介质故障。介质故障也称为硬故障,主要指数据库在运行过程中,由于磁头碰撞、磁盘损坏、强磁干扰、天灾人祸等情况,使得数据库中的数据部分或全部丢失的一类故障。在介质故障中数据库会遭到破坏,虽然故障发生的可能性比前两类小,但是破坏性最大,属于灾难性故障。

对于介质故障的软件容错,解决方法是使用数据库备份及事务日志文件,通过恢复技术,恢复数据库到备份结束时的状态;对于介质故障的硬件容错,解决方法是采用双物理存储设备,使两个硬盘存储内容相同,当其中一个硬盘出现故障时,及时使用另一个备份硬盘。

(4) 计算机病毒故障。计算机病毒故障是一种恶意的计算机程序,它可以像病毒一样繁殖和传播,在对计算机系统造成破坏的同时也可能对数据库系统造成破坏,其破坏方式以数据库文件为主。

这类故障的解决方法是使用防火墙软件防止病毒侵入,对于已感染病毒的数据库文件,使用杀毒软件进行查杀,如果杀毒软件杀毒失败,此时只能用数据库备份文件,用软件容错的方式恢复数据库文件。

11.3　练　习　题

1. 请列出事务的 ACID 特性,并解释每种特性的用途。

2. 事务 T_1 和事务 T_2 对数据对象 A 执行读操作和写操作,如图 11-16 所示。A 的初始值为 100,事务 T_1 首先读取 A 的值,然后对其进行修改,执行 $A=A-50$,并将结果写回数据库中。这时候事务 T_2 从数据库中读取 A。但由于某种原因,事务 T_1 中途停止,对 A 的操作通过 Rollback 撤销。请问这两个事务之间是否存在冲突操作? 若存在,导致了哪种数据不一致的现象?

时间	事务T_1	事务T_2
t_0	Read(A), A=100	
t_1	A=A−50	
t_2	Write(A)	
t_3		Read(A), A=50
t_4	Rollback	

图 11-16　并发执行序列表

3. 设 T_1、T_2 是如下的两个事务

$$T_1 : A := A * B + 2$$
$$T_2 : B := A * 2$$

设 A 的初值为 2,B 的初值为 4,

(1) 请一一列举可能的串行调度并求每种调度的结果。

(2) 若这两个事务允许并发执行,试给出一个可串行化调度,并给出执行结果。

4. 若系统中存在 5 个等待事务 T_0、T_1、T_2、T_3、T_4,其中 T_0 正等待被 T_1 锁住的数据项,T_1 正等待被 T_2 锁住的数据项,T_2 正等待被 T_3 锁住的数据项,T_3 正等待被 T_1 和 T_4 锁住的数据项,T_4 正等待被 T_0 和 T_2 锁住的数据项,请画出等待图,并分析是否存在死锁。

第 12 章

数据库前沿新技术

学习目标：

- 了解大数据管理背景下传统数据库面临的挑战
- 了解新一代数据库技术的类型和代表性系统
- 掌握分布式数据库的体系架构及其与集中式数据库相比的优势
- 了解图数据库的定义和特点
- 了解时空数据库的定义、特点和常见应用场景

随着计算技术和计算机网络的发展，数据库应用领域也在不断地扩大。尤其是在大数据背景下数据体量急剧扩张，计算机硬件的算力增强，以关系数据库为代表的传统数据库已经很难满足新领域的需求，因为新的应用要求数据库能处理复杂性较高的数据，如处理和时间、空间、网络结构、文本、图像等相关的属性，有些还要求数据库有动态性、分布性、主动性等。因此，随着数据库技术与时序处理技术、人工智能技术、多媒体技术等多学科的交叉和集成，一批数据库前沿新技术不断涌现。

12.1 大数据管理下的挑战

信息技术发展的主流一直是以计算为中心的，数据仅作为输入和输出围绕着计算任务组织，信息系统设计和优化的核心目标是提升计算效能。随着数据体量的快速增长，以计算为中心的技术体系开始显现出弊端，算力增长难以匹配数据规模的增长，大数据对数据处理、分析、管理提出了全新的挑战，对于伸缩性、容错性、可扩展性（满足数据增长需求）等需求，传统关系型数据库已经无法满足。

近年来，引发广泛关注的是一种以数据为核心的新技术体系，涌现出一些具有前景的创新技术：①算法演变：从多项式精确算法为主导，逐渐向亚线性概率近似算法为主导发展，改变了算法理论的格局。②大数据方法演进：从依赖经验积累逐渐转向数据模型驱动，从单纯依赖机器发展为人机协作计算模式，构建更智能的系统。③大数据系统架构：通过数据中心的泛在操作系统，推动数据间的高效互操作，有效组织分布广泛的计算资源。

这一变革驱使计算技术体系从"以计算为中心"向"以数据为中心"转型。在这一新技术体系下，一些基础理论和核心技术问题亟待破解，新型大数据系统技术也成为重要的发展方向，然而，它还面临着以下四大挑战。

挑战一：数据规模增长迅猛。全球数据规模呈指数级增长，从2016年的40ZB增长至2020年的64ZB，预计到2035年将达到2140ZB。数据已成为数字经济的重要组成部分，需要建立以数据为中心的新型计算体系，以适应这一应用环境。管理和组织庞大的数据资源是一个严峻挑战，具有跨域访问、可用性下降、成本和能耗上升等问题。

挑战二：高效处理大数据。数据规模的迅速增长带来了高度动态、稀疏关联、复杂应用的挑战，传统大数据处理架构面临高成本和低时效性的问题，如何满足规模海量、多样化和需求多变的大数据高效处理需求成为一个重要挑战。

挑战三：多源异构数据的可解释性。随着数据量的爆炸性增长和多样化应用的涌现，传统基于深度学习的方法难以应对多源异构数据。如何融合不同领域的数据知识，实现分析结果的可解释性，提高其可用性，成为当前大数据分析的主要挑战。

挑战四：系统化大数据治理。在大数据应用过程中，数据汇聚、融合、质量保障、开放共享、标准化和生态系统建设等需求日益突出，但目前仍缺乏系统化的大数据治理框架和关键技术，限制了大数据发展的进程。

以关系数据库为代表的传统数据库已经很难满足大数据时代的需求，因为新的应用要求数据库能处理复杂性较高的数据，如处理与时空有关的属性、处理复杂网络结构等。针对大数据时代下的数据特点，出现了如下几种新一代的数据库技术，见表12-1。

表 12-1　新一代的数据库技术

数据库分类	代表性系统	主要解决的问题
分布式数据库	MongoDB、Redis、Spanner、Oceanbase	数据的规模大
流数据库	Aurora、TelegraphCQ、NiagaraCQ、Gigascope	数据的变化快
图数据库	Neo4j、JanusGraph、Ultipa Graph	数据的种类杂
时空数据库	SpatialHadoop、Simba、OceanRT、DITA	数据的种类杂
众包数据库	CrowdDB、CDB、Deco、Qurk、gMission	数据的价值密度低

（1）分布式数据库。移动互联网时代下，数据规模大在诸多数据处理场景中都有所体现。例如社交媒体应用中的用户关系数据，如用图数据模型进行建模，其涉及的节点数可高达几亿。为了处理这类大规模数据，一个朴素的想法是分而治之，即将数据分布式地存储在多台机器上分别处理。据此，人们提出了各类分布式数据库。

（2）流数据库。智能手机的普及和移动互联网的发展极大地加快了数据的生成过程，使数据呈现出爆炸式的增长，并给大数据的实时管理带来了前所未有的难题和挑战。例如，微信的月活跃用户已超过了10亿，用户之间的交互则会带来更大规模的数据，包括语音、视频、图片以及相关的文本等。数据变化快这一特征具体体现在数据实时到达、规模庞大、大小无法提前预知,并且数据一经处理,除非进行存储,否则很难再次获取。在金融应用、网络监控、社交媒体等诸多行业领域,都会产生这类变化极快的数据。为了处理实时增长的大规模复杂数据,人们提出了流数据处理系统。

(3) 图数据库。针对数据种类杂的特征,人们采取"各个击破"的手段,针对各类数据分别提出专门的数据管理系统。图数据模型是一种具有高度概括性的数据模型,近年来,随着社交网络与语义网的发展,基于互联网的图数据规模越来越大。针对这些规模巨大的图数据,设计与实现高效的图数据管理系统成为一个很重要的研究热点。

(4) 时空数据库。时空数据在人们的日常生活中也十分常见,例如各类地图应用在提供导航服务时,都需要对大量的时空数据进行高效的处理。时空数据库是管理空间、时态以及移动对象数据的数据库系统,与传统的关系型数据相比,时空数据具有多维度、多类型、动态变化、更新快等特点。关系型数据库不能很好地处理此类数据,需要新的有效的数据管理方法。近年来,时空数据库在地理信息系统、城市交通管理及分析、计算机图形图像、金融、医疗、基于位置服务等领域有着广泛的应用。

(5) 众包数据库。大数据的价值密度通常较低,例如社交媒体中大量的图片数据在未经标注之前,并不具备显著的价值。众包正是解决该问题的有效手段之一。众包通常是指"一种把过去由专职员工执行的工作任务通过公开的 Web 平台以自愿的形式外包给非特定的解决方案提供者群体来完成的分布式问题求解模式",是完成大规模地对计算机较为困难而对人类相对容易的任务的有效手段,例如数据标注。为了对众包过程中的数据和众包参与者群体进行有效管理,学者们借鉴传统数据库的思想提出了众包数据库的概念,其封装了任务发布者、众包平台以及众包工人之间的复杂交互过程,为发布者提供友好的应用程序编程接口(application programming interface,API),使发布者可以通过简单的类 SQL 与平台交互。

12.2　分布式数据库

分布式数据库系统是一种与集中式数据库系统相对的数据库技术和网络技术相结合的产物,它将数据存储在多个物理位置上,并提供了跨越这些位置分布的数据的访问和管理能力。

1. 分布式数据库的定义和特点

分布式数据库(distributed database,DDB)是用计算机网络将物理上分散的多个数据库单元连接起来组成的一个逻辑上统一的数据库。它由一组数据组成,这些数据分布在计算机网络的不同计算机上,网络中的每个节点具备独立的处理能力,具有场地自治性,这意味着它能够执行本地应用程序,同时,每个节点也可以通过网络通信子系统执行全局应用程序。

负责建立、查询、更新、复制、管理和维护分布式数据库的软件称为分布式数据库管理系统。分布式数据库管理系统确保了数据在分布式数据库中的物理分布对用户是透明的。当一个计算机网络组成的计算机系统配置了分布式数据库管理系统，并在其上构建了分布式数据库和相应的应用程序时，这个系统就被称为分布式数据库系统。值得注意的是，分布式数据库管理系统是分布式数据库系统的核心组成部分。

从以上定义可以看出，分布式数据库有以下几个特点：

（1）数据分布性。在分布式数据库中，数据通常分布在多个地理位置的节点上，这些节点可以位于不同的计算机、数据中心或云服务中。它既不同于传统的集中式数据库，也不同于通过计算机网络共享的集中式数据库系统。

（2）位置透明性。分布式数据库的设计旨在隐藏数据分布的细节，使应用程序能够像访问集中式数据库一样访问数据，而无须考虑数据的物理位置。用户需要关注的仅仅是整个数据库的逻辑结构。有了位置透明性，当数据从一个节点移动到另一个节点时不必改写应用程序，当增加某些数据的重复副本时也不必改写应用程序。数据分布的信息由系统存储在数据字典中。

（3）统一性。主要表现在数据在逻辑上的统一性和在管理上的统一性两方面。分布式数据库系统通过网络技术把局部的、分散的数据库构成一个在逻辑上单一的数据库，从而呈现在用户面前的就如同是一个统一的、集中式的数据库。这就是数据在逻辑上的统一性，因此，它不同于由网络互联的多个独立数据库。分布式数据库是由分布式数据库管理系统统一管理和维护的，这种管理上的统一性又使它不同于一般的分布式文件系统。

（4）并发性。分布式数据库需要处理多个并发事务和查询，这需要有效的并发控制机制，各局部数据库应满足集中式数据库的一致性、并发事务的可串行性和可恢复性。除此之外还应保证数据库的全局一致性、全局并发事务的可串行性和系统的全局可恢复性。这是因为在分布式数据库系统中全局应用涉及两个以上节点的数据，全局事务可能由不同场地上的多个操作组成。

（5）可伸缩性或可扩展性。分布式数据库能够根据需求扩展，以处理大规模数据和高负载的情况。

与集中式数据库相比，分布式数据库具有下列优点。

（1）坚固性好。由于分布式数据库系统是由多个位置上的多台计算机构成的，在个别节点或个别通信链路发生故障的情况下，它可以降低级别继续工作，如果采用冗余技术，还可以获得一定的容错能力。因此，系统的坚固性好，即系统的可靠性和可用性好。

（2）可扩展性好。可根据发展的需要增减节点或对系统重新配置，这比用一个更大的系统代替一个已有的集中式数据库要容易得多。

（3）可改善性能。在分布式数据库中可按就近分布、合理的冗余的原则来分布各节点上的数据，构造分布式数据库，使大部分数据可以就近访问，避免了集中式数据库中的瓶颈问题，减少了系统的响应时间，提高了系统的效率，同时也降低了通信费用。

（4）自治性好。数据可以分散管理，统一协调，即系统中各节点的数据操纵和相互作用是高度自治的，不存在主从控制，因此，分布式数据库较好地满足了一个单位中各部门希望拥有自己的数据，管理自己的数据，同时又想共享其他部门有关数据的要求。

虽然分布式数据库系统与集中式数据库相比有不少优点，但同时也需要解决一些集中式数据库所没有的问题。首先，异构数据库的集成问题是一项比较复杂的技术问题，目前还很难用一个通用的分布式数据库管理系统来解决这一问题。其次，如果数据库设计得不好，数据分布不合理，以致远距离访问过多，尤其是分布连接操作过多，不但不能改善性能，反而会使性能降低。再者，分布式数据库通常需要更复杂的管理和监控，其成本也更高，包括硬件、网络、管理和维护成本。

2. 分布式数据库的分类

分布式数据库及其分布式数据库管理系统根据多种因素有不同的分类方法，总的原则是分布式数据库及数据库管理系统必须是其数据和软件分布在用计算机网络连接的多个场地上。从应用需要或本身的特征方面考虑可将它从以下几方面来划分。

（1）按分布式数据库管理系统的软件同构度来分。当所有服务器软件（或每个局部数据库管理系统）和所有客户软件均用相同的软件时称为同构型分布式数据库。反之，则称为异构型分布式数据库。

（2）按局部自治度来分。当对分布式数据库管理系统的存取必须通过客户软件，则系统称为无局部自治；当局部事务允许直接对服务器软件进行存取，则系统称为有一定的局部自治。自治的两个系统分别是无局部自治和联邦型分布式数据库管理系统或称多数据库系统。多数据库系统本质上是集中式与分布式的混合体。对一个局部用户而言，它是自治的，那么它是一个集中式数据库系统；对一个全局用户而言，则是一个分布式数据库系统，这个分布式数据库系统没有全局概念模式，只有一个各局部数据库提供给全局允许共享的有关模式的集成。

（3）按数据复制方式来分。根据数据在分布式环境中的复制方式，可以分为主从复制、多主复制和数据分片。主从复制是指其中一个节点充当主节点，负责写操作，其他节点是从节点，用于读取数据；多主复制指多个节点都可以执行读和写操作，数据在多个节点之间复制和同步；数据分片是指数据被水平划分成多个分片，每个分片存储在不同的节点上，通常按数据的某个特定属性进行分片。

（4）按数据一致性模型来分。若要求在任何时间点，所有节点都具有相同的数据视图，写操作会等待所有节点确认，称为是强一致性；在一段时间后，所有节点的数据将达到一致状态，但在某一时刻数据可能不一致，称为最终一致性；维护写操作的因果关系，确保与因果相关的操作在不同节点上被看到的顺序相同，称为因果一致性。

3. 分布式数据库的体系结构

分布式数据库系统的体系结构在原来集中式数据库系统的基础上增加了分布式处理功能，比集中式数据库系统增添了四级模式和映像，其模式结构如图12-1所示。

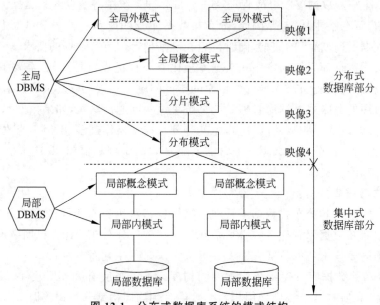

图 12-1　分布式数据库系统的模式结构

在图 12-1 所示的分布式数据库系统的模式结构中,图的下半部分就是原来集中式数据库系统的结构,只是加上了"局部"二字,实际上每个"局部"就是一个相对独立的数据库系统。图的上半部分增加了四级模式和映像,包括以下 4 种模式。

(1) 全局外模式。全局应用的用户模式,是全局概念模式的子集,根据业务需要可以有多个全局外模式。

(2) 全局概念模式。定义分布式数据库系统的整体逻辑结构,为便于向其他模式映像,一般采取关系模式,其包括一组全局关系的定义。

(3) 分片模式。全局关系可以划分为若干不相交的部分,每个部分就是一个片段。分片模式定义片段及全局关系到片段的映像。一个全局关系可以定义多个片段,每个片段只能来源于一个全局关系。

(4) 分布模式。一个片段可以物理地分配在网络的不同节点上,分布模式定义片段的存放节点。如果一个片段存放在多个节点,就是冗余的分布式数据库,否则是非冗余的分布式数据库。

由分布模式到各个局部数据库的映像,把存储在局部节点的全局关系或全局关系的片段映像为各个局部概念模式。局部概念模式采用局部节点上 DBMS 所支持的数据模型。

分片模式和分布模式是定义全局的,在分布式数据库系统中增加了这些模式和映像使得分布式数据库具有了分布透明性,即隐藏数据分布的细节,使应用程序能够像访问集中式数据库一样访问数据,而无须考虑数据的物理位置。

4. 分布式数据库的数据分布策略

分布式数据库的数据分布策略是确定如何将数据分散存储在不同的节点上,其主要目的是提高访问的局部性。通过数据的合理分布,使更多的数据尽可能就地存放,减少远距离数据访问。选择适当的数据分布策略对于分布式数据库的性能、可用性和可扩展性至关重要。以下是一些常见的数据分布策略。

(1)水平分区。水平分区策略将数据表的行拆分成多个分区,每个分区存储在不同的节点上。通常,分区基于数据的某个属性,例如,按照客户 ID、日期范围或地理位置进行分区。这种策略适用于需要按行进行查询和分析的应用。

(2)垂直分区。垂直分区策略将数据表的列拆分成多个分区,每个分区存储在不同的节点上。通常,分区基于数据的某个属性集,例如,将敏感信息(如社会安全号码)与常规信息分开存储。这种策略可以提高数据隔离和访问效率。

(3)混合分区。混合分区策略结合了水平分区和垂直分区的特点,将数据同时按行和列进行分区。这种策略可以根据应用的查询需求来进行优化,提高性能和效率。

(4)数据复制。数据复制策略将数据的副本存储在多个节点上,以提高数据的可用性和容错性。通常,数据的写操作将在主节点上执行,然后将数据副本复制到其他节点。这种策略适用于需要高可用性和容错性的应用。

(5)哈希分区。哈希分区策略是通过按照数据的关键字或者用户指定的一个或者多个字段计算哈希值,然后将计算后的哈希与计算节点进行映射,从而将不同哈希值的数据分布到不同节点上。如果选取的哈希函数散列性较好,则可以将数据大致均匀地分布到几个分区中。

(6)范围分区。范围分区策略是根据数据的范围值将数据分区。例如,按照时间范围将数据分区,以便更容易进行时间范围查询。与哈希分布不一样的是,范围分区需要记录所有的数据分布情况,可能会有大量元数据。范围分区还有一个问题是,对于特定的数据处理请求可能会造成热点访问,例如,按时间进行范围分区,每天的数据保存在一个分区上,则对某一天的数据查询处理,只能在这一个分区上进行,无法利用多分区的并行处理能力,这时就要求应用开发人员定义分片特征时,仔细选择特征字段进行范围分区。

选择合适的数据分布策略需要考虑应用的查询模式、性能需求、数据分布的均匀性以及节点故障时的容错性等因素。不同的分布式数据库系统和应用可能会采用不同的数据分布策略来满足其需求。

12.3 图 数 据 库

现代商业社会对数据库性能方面的要求推动了数据处理基础架构与技术的发展。以数据库为中心的数据处理基础架构和技术的进化路径经历了关系型数据→大数据→快数据→深数据→图数据的过程。

1980—2010 年是关系型数据库主导的阶段。

2010—2020 年是大数据(NoSQL、数据仓库、大数据框架)主导的大数据时代。

2020—2030 年是可以预见的图计算(图数据库)的时代。

以数据仓库、NoSQL 为代表的技术框架,本质上依然是在用二维表的模式对真实世界的业务场景进行数据建模,依然会在处理海量、动态数据以及在复杂、深度查询时出现严重的性能问题,依然会受到 SQL 关系型建模与查询僵化及浅层缺陷的限制。而智能化时代的核心技术一定是可以进行高维数据建模,处理高维数据关联关系的图数据库(包括图计算与存储引擎)应运而生。

例如,在银行业中的各种指标计算与归因分析,会涉及全行明细级数据、分行、客群、客户经理、集团、供应链、指标子项、客户账户信息等多个维度的综合计算。用 SQL 和关系型数据库来计算的复杂度是个天文数字(多表关联会导致"笛卡儿积"计算,计算复杂度指数级增加,进而时耗巨大,导致无法在有限资源与时间内完成计算)。而用图计算来建模和实现,是加和而非乘积的关系,计算复杂度指数级降低——与 RDBMS 相比有着指数级的性能优势。

换言之,用 SQL 来实现,会耗费大量的计算、存储资源,并且效率非常低下,任何复杂一点的指标计量或归因分析都无法完成,但用图计算来实现,可以做到实时,并且耗费较少的硬件资源,这也是图数据库的颠覆性优势之一——高性能、高性价比。

1. 图计算的主要研究问题

图计算等价于复杂网络计算,是人类大脑工作的最为贴切的逆向工程。针对大规模图数据处理,主要有以下几个常见问题。

(1) 图搜索。图搜索是一种在给定图中从一个起始节点出发,通过遍历图的边来访问其他所有节点的过程。常见的图搜索方法包括宽度优先搜索(BFS)、深度优先搜索(DFS)和最短路径算法等。这些方法在网络路由、推荐系统等领域都有广泛应用。

(2) 基于图的社区发现。社区发现是社交网络分析中一个重要的任务。它旨在识别图中的密集子图或社区,以帮助理解用户行为、进行朋友推荐等。社区发现方法有助于揭示社交网络中隐藏的关系和结构。

(3) 图节点的重要性和相关性分析。这一领域关注计算图中节点的重要性和节点之间的相关性。例如,PageRank 是一种常用于计算网页链接图中网页重要性的算法。另外,SimRank 和 Random Walk 等方法用于衡量图中两个节点之间的相似性和关联性,适用于社交网络中分析人际关系等应用。

(4) 图匹配查询。图匹配查询是一种用于寻找数据图中与查询图同构的子图的问题。这在多个领域中有应用,包括化学分子结构查询和社交网络中的特定结构查询。

这些问题在信息检索、数据挖掘、社交网络分析以及知识图谱等领域中具有广泛的应用,有助于解决复杂的问题和进行有关数据和关系的洞察。

2. 主流的图数据库服务提供商

图技术能以更高效、深度、准确、白盒化的方式揭示出数据的内部关联,图数据库在传统意义上被归类为 NoSQL 数据库的一种。NoSQL 数据库一般而言被分为许多类别,比如键值数据库、文档数据库、时序数据库和图数据库。在众多 NoSQL 类数据库中,最好的用来诠释数据建模灵活性——无模式的例子就是图数据库——除了点和边这两种基础数据结构以外,图数据库不需要任何预先定义的模式或表结构。

这种极度简化的理念恰恰和人类如何思考以及存储信息有着很大的相似性——人们通常并不在脑海中设定二维的、僵化的表结构,因为人脑是可以通过对实体与关系构建的高维、动态的数据模型“随机应变”的,所以说图计算是人类大脑工作的最为的贴切逆向工程。

近年来,全球 IT 市场上涌现出多家图数据库服务商,从传统的、非常学术化的 RDF(resource description framework,资源定义框架)模式图,到基于原生图理念构建的 LPG(labeled property graph,标签属性图)或 PG(property graph,属性图)数据库,还有那些在传统 SQL 数据库上或 NoSQL 数据库上搭建的各种非原生图。

目前业界图数据库的架构分为三类。

(1) 基于传统关系型数据库的图计算。代表产品诸如 Cosmos DB、Oracle PGX 等。

(2) 基于 Hadoop/Spark 或 NoSQL 存储引擎的图数据库。代表产品诸如星环、创邻、JanusGraph、Nebula 等。

(3) 原生图数据库流派。例如 Neo4j、TigerGraph、Ultipa,它们区别于前两类的地方在于计算与存储的原生性(Native Graph)。

从严格意义的图数据库产品性能进化的角度来看,作为前沿科技的图计算、图数据库技术在近十年历经了四代演进。

第一代是诸如基于非原生图架构的 JanusGraph,其存储引擎基于第三方 NoSQL 构建,性能瓶颈明显,时效性差。

第二代的代表是最早的原生图数据库 Neo4j,缺点在于基于 Java 架构,性能瓶颈明显,难以在大规模、复杂、实时性场景中得到推广。

第三代是并行图数据库 TigerGraph,主要挑战在于使用门槛高,面向数据科学家,二次开发困难,且基于“单边图”理念构建,图建模不灵活。

最新一代就是第四代图数据库,如 Ultipa Graph,属于具备高密度并发、融合 HTAP+MPP 架构、建模灵活的实时图数据库。

3. 图数据库的优势

图数据库的发展要解决的并不是数据仓库系统所追求的无限的数据存储,而是要解决复杂查询、深度查询的计算时效性的问题。因此,高性能的图数据库一定是优先解决算力问题,即具备高算力。图数据库赋能的业务场景也必然和传统数据库、大数据框架有所不同,无论是风控反欺诈、智能营销与推荐,还是实时决策、智能分析、数据治理等场景。

图数据库相比其他类型数据有以下优势。

（1）支持高维建模、动态建模，即模式可以动态调整。

（2）支持复杂查询与计算，比如递归查询、深度下钻和多维度组合筛选。

（3）可以进行归因、贡献度分析、溯源、溯因、反向追溯、正向模拟等类操作。

（4）支持面向动态海量数据的复杂业务模型实时计算与分析。

12.4　时空数据库

1. 时空数据的定义和特点

时空数据是指同时包含了时间和空间信息的数据。这种数据可以用来描述事件、现象或对象在特定时间和地点的位置、状态、属性等信息。时空数据在各种领域中都有广泛的应用，例如地理信息系统、气象学、交通规划、环境科学、流行病学、物流和城市规划等。通过分析和可视化时空数据，可以揭示趋势、模式和关联，帮助做出决策、规划资源、解决问题和理解空间和时间之间的复杂关系。

时空数据通常具有以下特点。

（1）时间维度。时空数据包括时间维度，即数据的时序性。这意味着数据的值会随着时间的推移而发生变化。时空数据通常包含时间戳或时间标签，以记录数据的观测时间。

（2）空间维度。时空数据也包括空间维度，即数据的地理位置或空间坐标。这意味着数据与地理空间中的特定位置或区域相关联。空间信息可以用点、线、面等几何对象表示。

（3）多维度和多尺度。时空数据通常是多维的，因为它们涉及时间和空间两个维度。此外，时空数据还可以包括其他属性维度，如温度、湿度、人口等。时空数据也具有多尺度性，因为可以在不同的时间和空间粒度上进行表示和分析。

（4）时空关系。时空数据中存在时空关系，即数据点之间的时间和空间相互关联。这些关系可以用于分析事件的演变、趋势的发展以及空间上的相互作用。

（5）动态性。时空数据通常是动态的，因为它们随着时间的推移而不断演变。这种动态性可以涉及短时间内的快速变化，也可以涉及长时间内的趋势和周期性变化。

（6）数据不确定性。由于观测和记录的限制，时空数据可能存在不确定性。这包括观测误差、不完整的数据、空间插值等因素，这些不确定性在时空数据处理和分析中需要考虑到。

总之，时空数据是涉及时间和空间维度的多维数据，具有动态性、多尺度性以及复杂的时空关系。这些特点使得时空数据处理和分析具有挑战性，但也为许多领域如地理信息系统、气象学、交通管理、环境科学等提供了丰富的分析和应用机会。

2. 时空数据库的定义和分类

时空数据库是为了存储、管理和查询空间、时态以及移动对象数据的数据库系统。与传统的关系型数据相比，时空数据具有多维度、多类型、动态变化、更新快等特点，关系型数据库不能很好地处理此类数据，需要新的、有效的数据管理方法。近年来，时空数据库在地理信息系统、城市交通管理及分析、计算机图形图像、金融、医疗、基于位置服务等领域有着广泛的应用。

时空数据库的发展经历了早期时空数据存储阶段、轨迹数据库阶段、制定时空数据标准阶段,以及时空数据库管理系统阶段。具体地,时空数据库的发展历史可以追溯到地理信息系统的早期阶段,早期的 GIS 使用平面数据库来存储地理数据,但这些系统无法有效地处理时间和三维空间数据。随着计算能力的提高,人们开始将时间和空间数据整合到数据库中,以满足更复杂的应用需求。之后,随着移动设备和全球定位系统(GPS)的普及,轨迹数据变得更加重要。轨迹数据库被用来存储和查询移动对象的轨迹信息,如车辆、人员或野生动物的移动路径。为了促进时空数据的互操作性,许多标准和规范得到了制定,例如开放地理空间信息联盟(OGC)制定的时空数据标准 Simple Feature Specification for SQL 和 Web Feature Service(WFS)等。近些年来,针对时空数据的专用数据库管理系统逐渐出现。这些系统具有高度优化的时空索引和查询机制,以提高时空数据的存储和检索性能。时空数据库在许多领域中得到广泛应用,包括地理信息系统、城市规划、环境监测、物流和交通管理、农业、天气预测、地震研究等。这些数据库支持各种应用,如位置分析、路径规划、资源管理、犯罪分析和自然灾害监测等。随着大数据和云计算技术的兴起,时空数据的处理和分析能力得到了显著提高。分布式存储和处理技术、机器学习和深度学习等技术也逐渐与时空数据库相结合,用于更复杂的时空分析和预测。

根据时空数据特点,时空数据库大致包括以下三种。

(1)空间数据库。空间数据库主要处理点、线、区域等二维数据,数据库系统须提供相应的数据类型以支持数据表示、存储、常见拓扑运算操作和高效查询处理,同时需要与传统的关系数据库系统融合以扩展数据库系统处理能力,支持不同类型数据的查询处理。

(2)时态数据库。时态数据库管理数据的时间属性,包括有效时间、事务时间等。时间可以为时间点或者时间区间。如果是时间区间,数据库管理系统将对开始和结束时间两个属性或一个区间属性进行存储。不同的应用场景下,时间属性会有相应的特点(例如周期性)。

(3)移动对象数据库。移动对象数据库管理位置随时间连续变化的空间对象,主要有移动点和移动区域。前者仅是位置随时间变化,后者还包括形状和面积的变化。移动对象具有数据量大、位置更新频繁、运算操作复杂等特点。近年来,随着定位设备的不断普及,例如智能手机,采集这类数据越来越容易。同时,与地图兴趣点(例如酒店、餐馆等)相结合,使得移动对象具有语义信息,这带来各种新的应用,例如基于位置服务、最优路径规划等。

3. 主流的时空数据库管理系统

时空数据管理系统的设计主要有两种策略:一种是修改或扩展传统关系数据库管理系统的内核,以支持时空数据管理,包括数据类型、访问方法、查询语言等方面的改进。另一种方法是在应用层和传统数据库管理系统层之间引入中间层结构,用于实现时空数据与传统数据的互相转换。换句话说,在应用层处理时空数据,而在底层数据库存储层以传统数据的形式进行处理。第一种方法能够保证最佳性能,而第二种方法可以更快速地实现可行的效果。

与此同时,在时空数据库领域,并行处理技术也取得了迅速的发展。这些技术主要用于处理大规模的数据查询。在空间数据库领域,SpatialHadoop 和 HadoopGIS 都是基于 Hadoop 平台的空间数据处理系统,而 Simba 则是基于 Spark 技术的空间数据分析系统,它对 SparkSQL 进行了扩展,有效支持并行查询。在时态数据库领域,有基于 PostgreSQL 的时态数据查询原型系统和在线实时时态数据分析系统 OceanRT。在移动对象数据库领域,存在一系列引擎和系统,如适用于轨迹数据处理的 Hermes、支持多种轨迹数据挖掘操作和可视化的 MoveMine、基于内存的分布式系统 SharkDB、DITA、轨迹数据在线分析系统 T-Warehouse,以及大规模轨迹数据管理和分析平台 UlTraMan。此外,SECONDO 是一个开源的可扩展性数据库管理系统,可有效管理空间、时态和移动对象数据,同时支持并行进行处理。

此外,还有一些轻量级的常见时空数据库,例如 PostGIS 是一个开源的地理空间数据库扩展,可以与 PostgreSQL 数据库一起使用。它提供了强大的地理和时空数据处理功能,支持地理信息系统应用程序的开发和分析;Oracle Spatial and Graph 是 Oracle 数据库的一个组件,提供了高度优化的时空数据存储和查询功能。它支持地理和时空数据类型,并提供了丰富的地理分析工具;Microsoft SQL Server Spatial 是 Microsoft SQL Server 数据库的时空扩展,允许存储和查询地理和时空数据。它提供了一套广泛的地理信息系统功能;MySQL Spatial 是 MySQL 数据库的一个扩展,支持存储和查询地理和时空数据。尽管相对于其他时空数据管理系统来说功能较为有限,但它是一个轻量级的选择,适用于一些简单的时空数据需求;类似地,SpatiaLite 也是一个轻量级的时空数据库,是 SQLite 数据库的扩展。它适用于一些较小规模的时空数据存储和分析需求;GeoMesa 是一个开源的分布式时空数据存储和分析平台,可用于大规模地理空间数据的处理,特别适用于地理空间大数据和地理信息系统应用。

这些时空数据库管理系统各自具有不同的特点和适用范围,选择适合特定项目或应用需求的时空数据库管理系统时,需要综合考虑数据量、性能、功能和成本等因素。

12.5　与人工智能的融合

人工智能和数据库技术在过去的 50 年中得到了广泛研究。首先,数据库系统已经在许多应用中广泛使用,因为数据库通过提供用户友好的声明性查询范式并封装复杂的查询优化功能而易于使用。其次,随着大语言模型的出现,AI 技术取得了很大突破,原因有三个驱动力:大规模数据、新算法和高计算能力。AI 和数据库可以互相赋能并受益。

一方面,AI 可以使数据库更加智能。例如,传统的经验性数据库优化技术(例如代价估算、连接顺序选择、Knob 参数调优、索引和视图选择、索引推荐等)大多是基于经验方法和规则进行的,并需要人类参与(例如数据库管理员)来调整和维护数据库。因此,传统的经验数据库优化技术无法满足大规模数据库实例的多样化、高性能需求。借助人工智能的发展,基于学习的技术(learning-based techniques)可以缓解这个问题。例如,深度学习可以提高成本估算的质量,强化学习可用于优化连接顺序的选择,深度强化学习可用于进行数据库参数调优。

另一方面,数据库技术可以优化 AI 模型。AI 在许多实际应用中存在以下挑战:原始数据质量不高,数据处理过程低效;模型训练实现过程复杂,难以部署;模型生命周期管理能力欠缺。而数据库技术可以用来降低使用 AI 模型的复杂性,加速 AI 算法,并在数据库内嵌 AI 功能。例如数据库技术可以用来提高数据质量(例如数据发现、数据清理、数据集成、数据标记和数据血统),自动选择适当的模型,推荐模型参数,并加速模型推断。

1. 人工智能赋能数据库

传统数据库系统面临诸多挑战,包括超大规模的用户数据、多变的业务场景和工作负载,需要人类参与(例如数据库管理员 DBAs)来调整和维护数据库。而 AI 技术可以用来缓解这些限制,以探索更大的参数空间,提升数据库的性能与可靠性。人工智能赋能数据库技术主要体现在以下几方面。

(1) 基于 AI 的数据库系统配置调优。采用人工智能技术自动化数据库的配置,包括参数调整、索引/视图推荐、SQL 重写、数据库的分区,这些配置很大程度上会影响数据库的性能表现。例如,采用机器学习方法可以根据工作负载的变化持续地调整数据库的参数,使得目标数据库始终处于高效的工作状态;基于强化学习的索引推荐方法使用马尔可夫决策过程模型,从查询和数据库表的列信息中构造特征并学习,形成模型,输出一组创建或删除索引的操作。

(2) 基于 AI 的优化。利用人工智能技术解决数据库的优化问题,包括基数与成本估计、连接顺序选择和端到端优化器。传统的数据库优化器非常依赖于基数与成本估计来选择最优的训练计划,估计值越准确,执行效率越高。但传统优化器很难捕获不同列、不同表之间的相关性,因此无法提供高质量的估计。将深度学习的方法引入到优化器中可以解决该问题,例如可以通过深度神经网络有效地捕获数据的相关性,在很大程度上提升了准确度,从而提升了优化器的性能。此外,在连接顺序选择时,根据用户查询中连接表的数量,一个复杂的查询可能有几百万甚至数亿的可能的执行计划,传统的启发式和动态规划的方法搜索空间很大,同时时间开销很大,而基于深度学习的方法(如蒙特卡洛树的搜索方法)适用于大空间的搜索任务可以很好地解决这一问题。

(3) 基于 AI 的数据库设计。传统数据库是由数据库架构师根据他们的经验进行设计的,但数据库架构师只能探索有限数量的可能设计空间,而人工智能技术使得近期出现了一批基于学习的自我设计技术。主要包括学习型索引、学习型数据结构设计和基于学习的事务管理。例如,不同的数据结构可能适用于不同的环境(例如不同的硬件、不同的读/写事务),传统情况下很难为每种情况设计合适的结构。而基于人工智能技术可以大大缓解这一问题,自动推荐和设计数据结构。在事务管理方面,有效的工作负载调度可以通过避免数据冲突来极大地提高数据库的性能。对于事务预测,传统的工作负载预测方法是基于规则的。而现在可以基于机器学习方法预测不同工作负载的未来趋势。其次,对于事务调度,传统的数据库系统要么按顺序调度工作负载,无法充分考虑潜在的冲突,要么根据数据库优化器预测的执行成本来调度工作负载。现在有学者提出了一种基于学习的事务调度方法,可以使用有监督机器学习算法来平衡并发性和冲突率。

(4) 基于 AI 的数据库系统监控和安全。传统方法依赖于数据库管理员来监视大多数数据库活动并报告异常,但这些方法容易有疏漏且效率低下。因此,基于机器学习的数据库系统监控与安全保障措施被提出,主要用于运行状况监控、活动监控、性能预测、敏感数据挖掘和访问控制等方面。

2. 数据库赋能人工智能

数据库赋能人工智能又被称为 DB4AI 技术,致力于在数据库中引入新的组件,来提升 AI 技术的可消费性,包括但不限于在数据库系统中内嵌数据治理、模型训练、模型推理等模块和组件。

(1) 数据治理。机器学习依赖于高质量的数据,数据治理的目标就是发现、清理、集成和标记数据,从而提高数据质量。数据库本身就是管理数据的平台,可以在数据入库时就自动执行各种数据治理的操作,传统的数据治理通常需要将数据全量地导出到其他平台,效率较低,导致整个系统的维护成本较高。将人工智能操作内嵌到数据库中,这比传统的全量导出后再进行数据治理要高效得多。

(2) 模型训练。将特征选择和模型训练的操作内嵌到数据库中,可以最大限度地贴近训练数据,从而得到较高的训练效率。但值得指出的是,机器学习模型的算法框架发展非常迅速,而数据库系统软件属于基础软件,版本更新较慢,更多的是追求稳定性,那么兼容机器学习模型快速迭代的同时如何保持数据库本身的稳定性是一个关键的问题。

(3) 模型推理。由于模型的推理所需要的数据一般都是存储在数据库中,如果模型部署在数据库内部,就可以很大程度上提升模型推理的效率,且数据库系统可以内嵌机器学习的相关算子,这在一定程度上可以加速模型推理的过程,并且模型推理的结果也可以高效地保存到数据库中。

数据库和人工智能的融合可以提供更智能、高效和可靠的数据处理和分析能力,推动各个领域的创新和发展。然而,在实际应用中仍然存在许多机会和挑战。例如,在使用 AI 技术优化数据库方面,对于 AI 模型的选择、模型有效性的验证、训练数据集的选择、模型在不同类型数据库上的适应性、模型是否收敛等方面都仍然存在很大的研究空间;在使用数据库内嵌技术优化 AI 算法方面,对于数据库内部的模型训练、效率提升以及容错学习等方面还存在较大的挑战。

参 考 文 献

[1] SILBERSCHATZ A，KORTH H F，SUDARSHAN S. 数据库系统概念(原书第 6 版)[M]. 北京：机械工业出版社，2012.

[2] 李雁翎，刘征，翁彧，等. MySQL 数据库从入门到实践[M]. 北京：中国水利水电出版社，2021.

[3] 孟凡荣，闫秋艳. 数据库原理与应用(MySQL 版)[M]. 北京：清华大学出版社，2019.

[4] 夏辉，白萍，李晋，等. MySQL 数据库基础与实践[M]. 北京：机械工业出版社，2022.

[5] 于啸，陆丽娜，张宇. 数据库原理与应用[M]. 北京：电子工业出版社，2017.

[6] 王珊，萨师煊. 数据库系统概论[M]. 5 版. 北京：高等教育出版社，2014.

[7] LI G L，ZHOU X H，CAO L. AI meets database：AI4DB and DB4AI[C]. Proceedings of the 2021 International Conference on Management of Data (SIGMOD'21)，Virtual Event，China，June 20-25，2021：2859-2866.

图书资源支持

感谢您一直以来对清华版图书的支持和爱护。为了配合本书的使用，本书提供配套的资源，有需求的读者请扫描下方的"书圈"微信公众号二维码，在图书专区下载，也可以拨打电话或发送电子邮件咨询。

如果您在使用本书的过程中遇到了什么问题，或者有相关图书出版计划，也请您发邮件告诉我们，以便我们更好地为您服务。

我们的联系方式：

清华大学出版社计算机与信息分社网站：https://www.shuimushuhui.com/

地　　址：北京市海淀区双清路学研大厦 A 座 714

邮　　编：100084

电　　话：010-83470236　010-83470237

客服邮箱：2301891038@qq.com

QQ：2301891038（请写明您的单位和姓名）

资源下载： 关注公众号"书圈"下载配套资源。

资源下载、样书申请

书圈

图书案例

清华计算机学堂

观看课程直播